Andreas Trotzke
Sprachevolution

Andreas Trotzke

Sprachevolution

Eine Einführung

DE GRUYTER

ISBN 978-3-11-051561-9
e-ISBN (PDF) 978-3-11-051562-6
e-ISBN (EPUB) 978-3-11-051579-4

Library of Congress Cataloging-in-Publication Data
A CIP catalog record for this book has been applied for at the Library of Congress.

Bibliografische Information der Deutschen Nationalbibliothek
Die Deutsche Nationalbibliothek verzeichnet diese Publikation in der Deutschen Nationalbibliografie; detaillierte bibliografische Daten sind im Internet über http://dnb.dnb.de abrufbar.

© 2017 Walter de Gruyter GmbH, Berlin/Boston
Einbandabbildung: Katharina-Maria Fonferek
Druck und Bindung: CPI books GmbH, Leck
♾ Gedruckt auf säurefreiem Papier
Printed in Germany

www.degruyter.com

Vorwort

Das vorliegende Studienbuch ist die erste deutschsprachige Einführung zum Thema der Sprachevolution. Es bietet eine Orientierungshilfe für die Einordnung und das Verständnis der vielfältigen Positionen, die innerhalb der aktuellen Forschung zu diesem Thema bestehen, und richtet sich vor allem an Studierende der Sprachwissenschaften. Das Buch kann sowohl als Seminarlektüre als auch im Selbststudium verwendet werden. Während die einzelnen Kapitel der separaten Teilabschnitte (Teil 1 bis 5) inhaltliche Blöcke bilden und somit in der gegebenen Reihenfolge bearbeitet werden sollten, sind die Teilabschnitte selbst so konzipiert, dass sie auch einzeln gelesen werden können.

Die Frage nach der Sprachevolution beschäftigt mich seit meinem Studium; das vorliegende Studienbuch ist daher auch eine Arbeit, welche ich mir in meiner eigenen Studienzeit gewünscht hätte. Der Auslöser, mich mit diesem Thema zu beschäftigen, war ein Freiburger Oberseminar, bei dem sich sechs Professoren aus Biologie und Sprachwissenschaft zusammen mit einer Handvoll Studenten für drei Tage in Klausur begaben, um neuere Texte zur Sprachevolution gemeinsam zu lesen. Ich bin den Organisatoren dieses Seminars – und hier vor allem der sprachwissenschaftlichen Fraktion: Jürgen Dittmann, Daniel Jacob und Wolfgang Raible – für diesen frühen Anstoß sehr zu Dank verpflichtet.

Ich danke ferner Uli Sauerland, der zusammen mit mir die Veröffentlichung einer Sonderausgabe der Zeitschrift *Biolinguistics* gestemmt hat, die sich mit dem Thema der Rekursion im Rahmen der Debatte um die Sprachevolution befasst und auf einen im Jahr 2010 gemeinsam organisierten DGfS-Workshop zurückgeht.

Der Leser dieses Buches wird schnell feststellen, dass die Arbeiten der Linguisten Noam Chomsky und Ray Jackendoff eine große Rolle für meine Ausführungen spielen. Ich danke beiden für persönliche Gespräche am MIT sowie an der Universität Konstanz.

Zur Fertigstellung des Manuskriptes haben die mehr als angenehmen Arbeitsbedingungen beigetragen, die mir Josef Bayer in Konstanz sowie Christopher Potts in Stanford ermöglicht haben.

Zu guter Letzt danke ich einem anonymen Gutachter sowie Daniel Gietz und Antje-Kristin Mayr, die dieses Buchprojekt von Verlagsseite gewissenhaft begleitet haben. Frau Katharina-Maria Fonferek hat mir freundlicherweise die Erlaubnis erteilt, eine ihrer Fotografien für das Buchcover zu verwenden.

Andreas Trotzke
Stanford, CA (US)

Inhalt

Vorwort —— v

Teil 1: Sprachevolution: Eine interdisziplinäre Annäherung —— 1

1	Sprachevolution: Reine Spekulation? —— 3	
1.1	Wo und wann? —— 6	
1.2	Kommentierte Literaturhinweise —— 16	
2	Die komparative Methode: Was unterscheidet uns vom Tier? —— 18	
2.1	Die anthropologische Differenz —— 18	
2.2	Können Tiere sprechen? —— 22	
2.3	Eine linguistische Perspektive: Ziel und Aufbau dieser Einführung —— 30	
2.4	Kommentierte Literaturhinweise —— 35	

Teil 2: Der große Sprung: Sprache als qualitativer Unterschied —— 37

3	Sprachevolution und generative Linguistik —— 39	
3.1	Grundannahmen der ‚Biolinguistik' —— 40	
3.2	Die Schwächung der biolinguistischen Perspektive —— 50	
3.3	Wegbereiter der biolinguistischen Perspektive auf Sprachevolution —— 59	
3.4	Rekursive Syntax & FLN? —— 64	
3.5	Kommentierte Literaturhinweise —— 76	
4	Sprachevolution und Experiment in biolinguistischer Perspektive —— 78	
4.1	Artificial Grammar Learning: Die komparative Methode —— 78	
4.2	Die neurobiologischen Grundlagen der Fähigkeit zur rekursiven Syntax —— 90	
4.3	Kommentierte Literaturhinweise —— 94	

Teil 3: Schritt für Schritt: Sprache als quantitativer Unterschied —— 97

5 Sprachevolution und alternative Grammatikmodelle —— 99
5.1 Sprachtheoretische Implikationen: Die Parallelarchitektur —— 100
5.2 Evolutionstheoretische Implikationen: Sprache als Ergebnis von Adaptation —— 107
5.3 Kommentierte Literaturhinweise —— 113

6 Rekursion als allgemeine kognitive Strategie —— 115
6.1 Rekursion in visueller Kognition —— 116
6.2 Rekursion in musikalischer Kognition —— 119
6.3 Rekursion in kognitiven Grundlagen komplexer Handlungen —— 121
6.4 Begründet die Sprachfähigkeit einen qualitativen oder quantitativen Unterschied? —— 125
6.5 Kommentierte Literaturhinweise —— 126

Teil 4: Sprachevolution und die menschliche Kommunikationsfähigkeit —— 129

7 Die Evolution der Kommunikationsfähigkeit —— 131
7.1 Sprachevolution und kulturelle Evolution —— 131
7.2 Kollektive Intentionalität als Grundlage von Sprache —— 136
7.3 Sprachevolution und Sprachwandel —— 139
7.4 Kommentierte Literaturhinweise —— 143

8 Sprachevolution ohne UG? —— 145
8.1 Sprachfähigkeit ohne rekursive Syntax? —— 146
8.2 Gebrauchsbasierte Rekursion und Konnektionismus —— 150
8.3 Die minimale UG und die Grenzen konnektionistischer Modelle —— 157
8.4 Kommentierte Literaturhinweise —— 159

Teil 5: Schluss: Sprachevolution und der qualitative Unterschied —— 161

9	Rekursive Kognition und der qualitative Unterschied —— 163
9.1	Rekursives Gedankenlesen —— 165
9.2	Rekursive Syntax als Gedankensprache —— 167
9.3	Kommentierte Literaturhinweise —— 170

10	Sprache und die Komplexität der menschlichen Kognition —— 172
10.1	Sprache als Form menschlicher ‚Qualia' —— 175
10.2	Sprache als kognitive Voraussetzung menschlicher Kreativität —— 180
10.3	Schlusswort —— 187
10.4	Kommentierte Literaturhinweise —— 188

Literaturverzeichnis —— 191
Index —— 205

Teil 1: **Sprachevolution: Eine interdisziplinäre Annäherung**

1 Sprachevolution: Reine Spekulation?

Wie würde unsere Welt aussehen, wenn nicht irgendwann in der Evolutionsgeschichte des Menschen unsere Sprachfähigkeit entstanden wäre? Innerhalb dieses evolutionären Szenarios hätte sich vermutlich unsere Kultur und unsere Gesellschaft nicht zu der hochkomplexen Form entwickelt, in der wir heute leben. Ohne Sprache könnten wir unseren Kindern nicht mehr erklären, wie sie komplexe Aufgaben des Alltags bewältigen können – und auch die Weitergabe von Wissen über die Natur oder über unsere moralischen Standards wäre extrem erschwert. Kann man sich das Planen und Durchführen großer kollektiver Projekte wie den Bau eines Hauses, die industrielle Landwirtschaft oder die Entwicklung neuer Technologien wie das Internet ohne Sprache vorstellen? Wohl kaum. Die menschliche Sprache kann sicherlich als maßgebliche Bedingung für die heutige Komplexität der menschlichen Gesellschaft angesehen werden.

Das vorliegende Buch ist eine Einführung in das große Thema der Sprachevolution – geschrieben von einem Sprachwissenschaftler. Obwohl man sich als Sprachwissenschaftler in interdisziplinären Zusammenhängen bewegen und austauschen kann (und vielleicht sogar sollte), so bleibt doch das erworbene Wissen über Evolutionsbiologie, Paläoanthropologie und viele weitere relevante Disziplinen immer nur das Wissen eines (wenn auch gut informierten) Laien. Der Schwerpunkt dieses Buches liegt daher auf den linguistischen Hintergründen aktueller Theorien zur Sprachevolution und somit auf der Frage nach dem jeweiligen Sprachbegriff, der mit unterschiedlichen Evolutionsszenarien verbunden ist. Als Motto der Einführung kann daher der folgende Aufsatztitel des Linguisten Ray Jackendoff dienen: *Your theory of language evolution depends on your theory of language* (Jackendoff 2010).

Aber natürlich ist Sprachevolution, wie oben angedeutet, erst einmal ein äußerst interdisziplinäres Forschungsfeld. Dies kommt daher, dass viele unterschiedliche Disziplinen, die sich mit der Natur des Menschen befassen, von der Annahme ausgehen, dass der moderne Homo sapiens keine andere Fähigkeit besitzt, die so herausragend ist wie die Beherrschung einer komplex strukturierten Sprache. Es ist folglich nicht überraschend, dass sich dieses Thema auch in neuerer Zeit eines enormen Zulaufs aus unterschiedlichsten Disziplinen erfreut. Gerade in jüngerer Zeit ist Sprachevolution zu einem faszinierenden interdisziplinären Forschungsfeld avanciert, das immer mehr Aufmerksamkeit auf sich zieht. So besteht bereits seit 1996 im Zweijahrestakt eine eigens auf das Thema zugeschnittene Konferenz (*EVOLANG* ‚Evolution of Language International Conferences') und im Jahre 2012 wurde erstmals ein umfangreiches internationales Handbuch zu diesem Thema veröffentlicht (Tallerman und Gibson 2012). Zudem gibt es seit 2016 eine eigene Zeitschrift, die speziell zu dieser Thematik begründet worden ist und vom renommierten Verlag Oxford University Press verlegt wird (*Journal of Language Evolution*); die Zeitschrift *Biolinguistics*, bei der das Thema der Sprachevolution immer wieder eine zentrale Rolle spielt, gibt es bereits seit 2007.

Obwohl also diese Infrastruktur anzeigt, dass sich interdisziplinär arbeitende Wissenschaftler zu diesem Thema austauschen und ihre Forschung einer breiteren Öffentlichkeit vorstellen wollen, so bleibt dem Forschungsfeld der Sprachevolution doch der Beigeschmack, dass wissenschaftliche Arbeit zu diesem Thema unumgänglich immer wieder auf reine Spekulation hinauslaufe.

Dieser schlechte Ruf ist alles andere als neu. Bereits im 19. Jahrhundert verbannte die *Société de linguistique de Paris* dieses Thema aufgrund seines spekulativen Charakters offiziell aus dem wissenschaftlichen Diskurs. Wenngleich solch eine Verbannung heute nicht mehr möglich wäre, beklagen doch viele Forscher die scheinbar unvereinbaren Positionen und den damit verbundenen Mangel an echtem Erkenntnisfortschritt in dem Forschungsgebiet der Sprachevolution. Die gegenwärtige Diskussion zu diesem Thema ist von einer extremen Polarisierung gekennzeichnet, die scheinbar jegliche Hoffnung auf eine Konvergenz der Ansätze auszuschließen scheint.

Auf der einen Seite argumentieren Linguisten und Kognitionspsychologen, dass Sprache eine äußerst komplexe Fähigkeit sei und sie daher ein langes ‚Feintuning' durch den Prozess der natürlichen Selektion erfordere. Gemäß dieser Auffassung reichen die Ursprünge von Sprache vermutlich sehr weit in die menschliche Evolutionsgeschichte zurück (Teil 3 und 4 dieser Einführung). Auf der anderen Seite haben Forscher immer wieder herausgestellt, dass Sprache in einem abrupten, plötzlichen Modus den Weg in das Inventar der menschlichen Fähigkeiten gefunden haben könnte (Teil 2 dieser Einführung).

Dass solche diametral entgegengesetzten Ansichten bis zum heutigen Tag nebeneinander existieren können, ohne dass sich eine der beiden Ansichten letztlich innerhalb des wissenschaftlichen Diskurses durchsetzt, geht zum größten Teil darauf zurück, dass die Sprachfähigkeit nicht direkt in Fossilien konserviert ist. Daher muss sich die Frage, ob bereits ausgestorbene hominide Vorfahren über Sprache verfügt haben, immer anhand von Fossilfunden beurteilen lassen, die nur indirekte Hinweise geben können. Das größte Problem bei diesen Fossilfunden ist zudem, dass sich Wissenschaftler alles andere als einig darüber sind, was sie als potenzielle Hinweise auf Sprache akzeptieren. Diese Probleme münden dann des Öfteren in dem, was man resignierend als reine Spekulation bezeichnen könnte.

Wie der Biologe W. Tecumseh Fitch kürzlich herausstellte (siehe Fitch 2016b), entbehrt dieser resignative Schluss jedoch jeglicher Grundlage: In vielen weiteren Bereichen der modernen Wissenschaft, wie etwa in der Geo- oder Kosmologie, werden komplexe historische Prozesse in Augenschein genommen, die zum Teil in einer ähnlichen, so Fitch, ‚Dunkelheit' liegen (z. B. im Bereich der Erdverschiebung oder des sogenannten ‚Big Bang'). Dies hält die Forscher in diesen Gebieten jedoch nicht davon ab, Hypothesen zu entwickeln und sie empirisch zu testen. Auf diesem Wege wird dann auf lange Sicht eine Übereinkunft innerhalb der jeweiligen Disziplin erzielt – vorausgesetzt, dass genug empirische Evidenz in eine Richtung weist beziehungsweise für eine Theorie spricht.

Sind Forschungen zur Evolution der menschlichen Sprachfähigkeit also wirklich so aussichtslos? Sicherlich sind wir, wie diese Einführung zeigen wird, noch nicht so weit, ausreichend Licht in das oben angeführte Dunkel zu bringen. Dennoch hat sich seit dem mittlerweile berühmten Artikel des US-amerikanischen Evolutionsbiologen Richard Lewontin in dem Feld der Sprachevolution einiges getan. Lewontin (1998) betonte, dass wir niemals herausfinden werden, wie die menschliche Kognition im Allgemeinen evolutionär entstanden sei. Ähnlich äußerte sich bereits in den 1970er Jahren der Linguist Noam Chomsky, indem er herausstellte:

> Like physical structures, cognitive systems have undoubtedly evolved in certain ways, though in neither case can we seriously claim to understand the factors that entered into a particular course of evolution and determined or even significantly influenced its outcome [...] We know very little about what happens when 10^{10} neurons are crammed into something the size of a basketball, with further conditions imposed by the specific manner in which this system developed over time.
>
> Chomsky (1975: 58-59)

Diese Einführung ist eine überfällige Bestandsaufnahme der Forschung, die in neuerer Zeit zum Thema Sprachevolution durchgeführt wurde. Das Buch teilt hierbei die Perspektive auf Sprache als kognitive Fähigkeit und geht davon aus, dass wir natürlich die Evolution eines kognitiven Systems nur in dem Maße untersuchen können, in dem wir wissen, was dieses System ist.

Wenn wir aus dieser kognitionswissenschaftlichen Perspektive argumentieren, dann sind nicht Sprach*en* evolutionär entstanden, da Einzelsprachen bekanntlich verschiedene Formen haben. Vielmehr ist die Sprach*fähigkeit* entstanden – will sagen: die Fähigkeit eines jeden menschlichen Kindes, jede Sprache der Welt erwerben zu können. Chomsky vergleicht dies an mehreren Stellen mit dem Unterschied zwischen der unsinnigen Frage nach der Evolution bestimmter Zustände des menschlichen visuellen Systems und der sinnvollen Frage nach der genetischen Basis für die Evolution des menschlichen visuellen Systems im Vergleich zum visuellen System etwa von Insekten.

In diesem Buch werden also unterschiedliche Sprachtheorien im Hinblick auf die Evolution der Sprach*fähigkeit* diskutiert. Wenngleich die oben wiedergegebene Forschungslage eine Unvereinbarkeit unterschiedlicher sprachtheoretischer Positionen zum Thema der Sprachevolution suggeriert, so unternimmt dieses Buch dennoch den Versuch, zwischen den unterschiedlichen Positionen zu vermitteln. In diesem Punkt geht diese Einführung folglich über eine bloße Darstellung und Einordnung einschlägiger Positionen hinaus. Dem Leser (und insbesondere dem kundigen Studenten sowie Fachkollegen) bleibt die Bewertung überlassen, ob dieser Teil des Buches noch als ‚Einführung' bewertet werden kann oder bereits eine eigene Forschungsmeinung darstellt. Ich denke jedoch, dass meine Ausführungen auch in diesem Punkt in ‚einführender' Absicht geschrieben sind und daher einen linguistischen Umgang mit dem Thema der Sprachevolution illustrieren.

Obwohl dieses Buch, wie oben angedeutet, keine originär evolutionsbiologische Einführung in das Thema sein kann, möchte ich gleichwohl in diesem Kapitel den Leser zunächst mit ein paar wesentlichen Informationen aus der nicht-linguistischen Literatur versorgen, bevor wir sodann in die grundsätzlichen sprachtheoretischen Positionen einsteigen. Beginnen wir also mit den fundamentalen (und naheliegenden) Fragen, *wo* und vor allem: *wann* Sprache entstanden sein könnte.

1.1 Wo und wann?

Die Fragen, *wo* und *wann* die menschliche Sprache entstanden sei, fallen einem zuerst ein, wenn man an das Thema der Sprachevolution denkt. Hier tauchen bereits die ersten Probleme auf: Meinen wir das Auftauchen einzelner Wörter oder das Sprechen in ganzen Sätzen? Bezüglich beider Domänen begeben wir uns in den Bereich der Spekulation, wenn wir einen genauen Zeitraum und Ablauf angeben wollten (vgl. zu diesem spekulativen Charakter etwa Bickerton 2014). Es kann zwar angenommen werden, dass Wörter vor Sätzen entstanden sein müssten, da Sätze ja aus Wörtern geformt werden – aber das ist ein reines Plausibilitätsargument und nicht wirklich empirisch überprüfbar.

Selbst wenn wir also von dieser linguistischen Fragestellung zunächst abstrahieren, so müssen wir uns fragen: Wie können wir überhaupt feststellen, wann Sprache entstanden ist? Was gibt es für Anhaltspunkte? Abhängig von den Antworten, die bezüglich der Anhaltspunkte gegeben werden, gibt es die verschiedensten Ansichten darüber, wie weit die Evolution der Sprache in der Menschheitsgeschichte zurückliegt. Dies mag zum größten Teil daran liegen, dass Schriftsysteme erst eine neuere Entwicklung sind und somit die menschliche Sprachfähigkeit in indirekter Weise, das heißt: auf der Grundlage von anderen Materialfunden erschlossen werden muss. Zumeist wird hier ein Zusammenhang zwischen Sprache und sogenanntem ‚komplexen Verhalten' hergestellt.

1.1.1 Prähistorische Betrachtungen: Sprache und komplexes Verhalten

Ebenso wie bezüglich der Evolution menschlicher Kognition im Allgemeinen festgestellt werden kann, so können wir uns auch bei der Sprachfähigkeit letztlich nur auf indirektem Wege einem plausiblen Szenario annähern – meist über Fossilien oder archäologische Funde.

Die vorhandene empirische Evidenz erlaubt jedoch nur sehr vage und abstrakte Ableitungen (Lewontin 1998). Das Problem mit diesem Ansatz ist, dass zunächst einmal geklärt werden muss, welche Verhaltensweisen, die paläontologisch und archäologisch nachweisbar sind, als Evidenz für das Vorhandensein von Sprache gelten können. Lassen wir uns einmal auf solche Überlegungen ein und begeben uns in dieses zugegebenermaßen recht spekulative Terrain.

Box 1. Die empirische Evidenz für eine materialgestützte Rekonstruktion der Sprachevolution liefern die Disziplinen der Paläoanthropologie und der Archäologie.
Die Paläoanthropologie (eine mit der Paläontologie eng verwandte Disziplin) behandelt die Stammesgeschichte des Menschen. Eine wichtige empirische Domäne sind hierbei Fossilienfunde, die Rückschlüsse auf die evolutionäre Entwicklung des Homo sapiens zulassen. Hierbei werden zumeist körperliche Überreste unserer Vorfahren mithilfe weiterer Indikatoren aus evolutionsbiologischen Ansätzen (z. B. der Paläoökologie oder Paläogenetik) interpretiert.
Im Gegensatz zur Paläoanthropologie befasst sich die Archäologie (und in unserem Falle: die prähistorische Archäologie oder Primatenarchäologie) mit materiellen Hinterlassenschaften, welche auf die kulturelle Entwicklung der Menschheit hindeuten. Hier sind insbesondere die Entdeckung von ersten Steinwerkzeugen und Kunstwerken in Form von Höhlenmalereien zu nennen.

Erst vor etwa 80.000 Jahren können wir in Afrika Anzeichen einer radikalen Veränderung des Verhaltens von Homo sapiens nachweisen. Archäologen fanden diesbezüglich Evidenzen für symbolischen Körperschmuck in der Form von farbigem Umhängeschmuck und symbolische Objekte wie beispielsweise Gravurtafeln, auf denen mit Ocker gezeichnete geometrische Figuren zu sehen sind. Etwa zur selben Zeit wurde auch die Herstellung von Werkzeug immer professioneller. War dies anfangs nur die Ausnahme, so wurde technologischer Wandel jetzt zur Routine. Laut Berwick und Chomsky (2016) kann die Blombos-Höhle in Südafrika mit ihren Funden der vielleicht ältesten Kunstwerke der Menschheit überhaupt als Evidenz für einen Zeitraum gelten, in dem Sprache bereits vorhanden gewesen sein muss. Diese Funde stammen, wie oben erwähnt, aus einem Zeitraum von vor ca. 80.000 Jahren (siehe hierzu Henshilwood et al. 2002).

Da die ersten anatomisch modernen Homo-Varianten vor ungefähr 200.000 Jahren im südlichen Afrika nachgewiesen werden können, könnten wir also den für uns relevanten Zeitraum zwischen diesen beiden Anhaltspunkten ansetzen. Insgesamt muss die menschliche Sprachfähigkeit folglich irgendwann im Zeitraum von vor 200.000 bis vor 80.000 Jahren entstanden sein. Diese grobe Vermutung wird von vielen Forschern geteilt.

Der Exodus einer Gruppe des modernen Homo sapiens aus Afrika erfolgte dann vor ungefähr 60.000 Jahren. Dies kann aus der Kombination genetischer Forschungen und der Daten zu klimatischen Umständen erschlossen werden, die einen Korridor aus Afrika heraus eröffneten (siehe Pagani et al. 2015 für konkrete Hypothesen). Die Nachkommen dieser Gruppe verbreiteten sich dann nach und nach auf alle Kontinente. Ab dieser Zeit des Exodus finden Archäologen nun an zahlreichen Orten in den verschiedensten Regionen der Welt verbesserte Werkzeuge, Begräbnisspuren, Ornamentschmuck sowie eindeutige Zeichen von Kunst (insbesondere Höhlenmalereien, in denen Sternbilder, Tiere, Jäger, Zahlen usw. dargestellt werden). Diese Funde sind insofern relevant für unser Thema der Sprachevolution, da in der Forschung eine Art Konsens darin besteht, dass es eine Korrelation zwischen der Sprachfähigkeit und der Fähigkeit zu komplexem symbolischen Handeln gibt. Noch einmal: Bevor in neuerer Zeit Schriftsysteme erfunden worden sind, gibt es keine eindeutig auf Sprache verweisenden Materialfunde, die Rückschlüsse in Bezug auf die Sprachevolution zulassen würden. Dies ist anders bei der Fähigkeit zum symbolischen Handeln und Denken. Hier gibt es laut einschlägiger Arbeiten klare Evidenzen wie die oben angeführten (siehe hierzu zuletzt Tattersall 2016).

Der Exodus aus Afrika bietet somit einen weiteren wichtigen Anhaltspunkt, denn betrachtet man die Sprachfähigkeit als biologische Veranlagung, als Kind jede beliebige Sprache der Welt lernen zu können, so sollte die Sprachfähigkeit vor der Verteilung des Menschen auf den ganzen Erdball entstanden sein, da es bezüglich der biologischen Veranlagung keine Variation innerhalb unserer Spezies gibt. Nicht wenige Forscher datieren deshalb den Anfang von Sprache im engeren Sinn auf die Zeit kurz vor dem Verlassen Afrikas (vgl. etwa Hauser et al. 2002). Später kann die evolutionäre Entstehung der Sprachfähigkeit nicht passiert sein, da in diesem Falle nicht erklärbar wäre, warum Menschen auf der ganzen Welt dieselbe Art von Sprach*lern*fähigkeit haben. Nehmen wir eine biologische (und letztlich: genetische) Basis an, so gibt es für Kinder überall auf der Welt ja keinerlei Beschränkung darin, welche Sprache sie lernen können. Und wie oben angedeutet, müssen unsere Vorfahren zum Zeitpunkt des Exodus schon über komplexe Verhaltenstechniken verfügt haben. Im Zusammenhang mit diesem Exodus wird in der Literatur auch oft auf eine regelrechte ‚Revolution' verwiesen.

Genauer: Archäologische Funde innerhalb Europas sprechen für das Szenario der sogenannten ‚Paläolithischen Revolution' – will sagen: einer radikalen Neuerung in der menschlichen Kultur und Technologie zu der Zeit, als unsere Vorfahren die Neandertaler in Europa verdrängten. Plötzlich gibt es Evidenz für Musik und Kunst sowie ein viel komplexeres Werkzeuginventar. Während der anatomisch moderne Mensch bereits vor ungefähr 200.000 Jahren in Afrika entstanden ist, gab es den modernen Menschen im Hinblick auf seine Kulturtechniken folglich erst ein wenig später. Laut einiger Forscher sind diese plötzlichen Innovationen auf eine genetische Veränderung zurückzuführen, welche dieses kognitive ‚Upgrade' verursachte (siehe z. B. Klein 2009).

Andere Forscher betonen jedoch in neuerer Zeit, dass gar keine Paläolithische Revolution stattgefunden hat, da es keine archäologische Evidenz dafür gebe, dass sich dieser Wechsel wirklich in dieser plötzlichen Art und Weise vollzogen hat. Innerhalb dieser Richtung wird betont, dass wesentliche Merkmale moderner Kulturtechniken auftauchen, aber dann auch wieder verschwinden – alle komplexen Verhaltensweisen lassen sich auch bereits im Rahmen von Funden, die in Afrika gemacht wurden, nachweisen (Stichwort: Blombos-Höhle, siehe oben) und liegen somit vor der Zeit der behaupteten Revolution.

Besonders wichtig ist innerhalb dieser Argumentation die Idee, dass kulturelle Neuerungen anscheinend auch wieder für eine Zeit verschwunden waren (vgl. McBrearty 2007). Auf dieser Basis haben nämlich Forscher wie der australische Wissenschaftsphilosoph Kim Sterelny argumentiert, dass die moderne menschliche Kultur nicht ausschließlich und vor allem nicht in erster Linie auf genetische Veränderungen zurückgehe, welche eine Verbesserung der kognitiven Fähigkeiten von Individuen zur Folge haben. Die Alternative zu diesem genetischen Modell einer ‚plötzlichen Revolution', liegt, so Sterelny (2011, 2016), in den Mechanismen der sogenannten ‚kulturellen Evolution' (siehe hierzu ausführlich Teil 4 der vorliegenden Einführung).

Sterelny betont hier vor allem die Größe der jeweiligen Populationen beziehungsweise menschlichen Gemeinschaften. Sowohl die Größe der Gruppe als auch häufige Interaktionen mit benachbarten Gruppen befördern die Redundanz des Vorlebens kultureller Techniken. Konkret ausgedrückt: Wenn der Erwerb einer bestimmten kulturellen Fähigkeit sehr schwer ist, dann hilft es einem naiven Individuum, dass diese Fähigkeit möglichst oft und durch unterschiedliche Artgenossen vorgelebt wird. Die Größe einer Gruppe kann folglich auf der Basis der kulturellen Weitergabe den Verlust einer bereits in der Gruppe vorhandenen Fähigkeit verhindern. Wir werden auf die linguistische Variante dieser Sichtweise in Teil 4 dieser Einführung im Detail zurückkommen – zunächst jedoch noch ein weiteres wichtiges Problemfeld, das im Rahmen von paläoanthropologischen Forschungen zur Sprachevolution und auch im Kontext der Paläolithischen Revolution immer wieder eine Rolle spielt.

Eine Frage, die im Zusammenhang der Sprachevolution oft gestellt wird, ist die nach den Fähigkeiten des Neandertalers. Die evolutionären Wege des modernen Menschen und des Neandertalers haben sich vor ungefähr 500.000 oder 700.000 Jahren getrennt; und das erste Auftauchen des modernen Menschen im südlichen Afrika kann – wie bereits erwähnt – auf einen Zeitpunkt von vor etwa 200.000 Jahren datiert werden. Der Zeitraum zwischen diesem Auftauchen und den symbolischen Akten, wie sie in der Blombos-Höhle nachgewiesen werden konnten, stellt also eine Periode dar, in der moderne Menschen überhaupt keinen Kontakt mehr mit Neandertalern hatten – diese waren bereits nach Europa gewandert. Die Frage ist somit, ob Neandertaler bereits über Sprache verfügten oder diese Fähigkeit erst im Zeitraum nach der Aufsplittung der evolutionären Pfade von Neandertaler und Homo sapiens anzusiedeln ist. Auch in diesem Zusammenhang müssen wir auf fossile Evidenzen für ein eventuelles Vorhandensein von Sprache zurückgreifen. Die Fundlage, welche sich auf symbolisches Verhalten wie Kunstwerke bezieht, ist im Hinblick auf den Neandertaler jedoch recht dünn (Tattersall 2010).

In der neueren Forschung sind Evidenzen für symbolische Aktivitäten beim Neandertaler in Frage gestellt worden, indem bezüglich der bedeutenden Funde in den Höhlen von Arcy-sur-Cure herausgestellt worden ist, dass es sich höchstwahrscheinlich um Materialien handelt, die auch moderne Menschen vor etwa 40.000 Jahren angefertigt haben könnten. Die Frage, die auch Mellars (2010) stellt, ist daher, warum es nicht eine viel größere Anzahl überzeugender Funde gibt, die auf ein symbolisches Verhalten bei Neandertalern hindeuten. Dies sollte der Fall sein, wenn Kunstwerke, Verzierungen etc. ein integraler Bestandteil der Kultur der Neandertaler gewesen wären, die immerhin 250.000 Jahre in Europa andauerte. Vor dem Hintergrund dieser kontroversen Debatte, ob Neandertaler überhaupt symbolisches Verhalten zeigten, scheint es sehr fragwürdig (oder zumindest schwer nachweisbar), dass sie über so etwas wie die menschliche Sprachfähigkeit verfügten.

Im Gegensatz dazu finden wir – wie oben skizziert – mit Beispielen wie der Blombos-Höhle klare Belege für komplexes symbolisches Verhalten beim modernen Menschen – und das vor seinem Auszug in die ganze Welt.

Die Lage wird jedoch komplizierter, wenn wir nicht nur das Vorhandensein von Kunstwerken wie Höhlenmalereien in unsere Überlegungen einbeziehen, sondern auch Fähigkeiten wie das Verfügen über Feuer, das Benutzen von Kleidung und ähnliche Kulturtechniken. Signalisieren diese weniger symbolischen Verhaltensweisen das Vorhandensein von Sprache? Der moderne Mensch verfügt über all diese Fähigkeiten – und auch beim Neandertaler können einige Bestandteile dieser Kollektion nachgewiesen werden. Doch bedeutet dies tatsächlich, dass der Neandertaler auch über unsere Sprachfähigkeit verfügte? Verfolgen wir diesen Gedanken zum Abschluss dieses Abschnittes noch ein wenig genauer.

Die in dieser Beziehung relevante archäologische Dokumentation beginnt vor etwa 2.5 Millionen Jahren; für diesen Zeitraum sind die ersten Handwerkzeuge aus Stein belegt worden. Frühe Hominiden, welche über ein relativ kleines Gehirn verfügten, stellten diese einfachen Schneidewerkzeuge her. Wenngleich diese Hominiden oft (in degradierender Absicht) als zweibeinige Affen bezeichnet werden, so zeigt doch die Tatsache, dass sie passende Steine sorgfältig auswählten und zunächst eine lange Zeit mit sich trugen, bevor sie sie entsprechend bearbeiteten, einige Fähigkeiten, welche über die intellektuellen Fähigkeiten moderner Affen hinausgeht (vgl. Plummer 2004). Zudem involvierte die Produktion von Steinwerkzeugen beträchtliche handwerkliche Klugheit. Für die Periode von vor ungefähr 400.000 Jahren können zudem weitere signifikante Neuerungen wie die reguläre und kontrollierte Nutzung von Feuer, die Konstruktion von Schutzbehausungen sowie die Anfertigung von hölzernen Speeren nachgewiesen werden (siehe Klein 2009 für eine Übersicht dieser Fertigkeiten). Die letztgenannten Neuerungen sind nun schon mit Hominini-Arten verbunden, die über ein ähnlich großes Gehirn wie der heutige Mensch verfügten. Hier wird meistens der Homo heidelbergensis genannt.

Obwohl all diese Neuerungen sicherlich beindruckend sind und von bereits hoch entwickelten Kulturtechniken zeugen, so gibt es, wie bereits oben erwähnt, auf dieser technologisch schon weit fortgeschrittenen Ebene immer noch wenige materiale Funde, die eindeutig als Produkte symbolischen Verhaltens (wie Kunst) identifiziert werden können. Dasselbe kann, wie bereits diskutiert, auch über die ebenfalls mit einem großen Gehirn ausgestatteten Neandertaler gesagt werden, die im europäischen Raum vor ungefähr 200.000 Jahren auftauchten. Eine notwendige konzeptuelle Verbindung beziehungsweise eine Abhängigkeit, die zwischen Sprache und diesen Kulturtechniken bestünde, wurde bislang nicht in der Forschung belegt – und vielleicht kann diese auch gar nicht belegt werden. Vor dem Hintergrund der bis hierhin gegebenen Schilderungen ist es daher fraglich, ob der Neandertaler und weitere enge Verwandte des Menschen tatsächlich schon Sprache und den dazugehörigen kognitiven Apparat besessen haben, wie es etwa jüngst Dediu und Levinson (2013) in Betracht ziehen. Die hier angeführte archäologische Evidenz beschränkt sich auf vermutlich nicht-symbolische Funde, wie sie oben skizziert worden sind.

Zusammenfassend können wir also festhalten, dass das Entstehen der Sprachfähigkeit höchstwahrscheinlich irgendwann im Zeitraum von vor 200.000 Jahren (dem ersten Auftreten anatomisch moderner Menschen in Afrika) bis vor 60.000 Jahren (dem letzten Exodus aus Afrika) anzusiedeln ist. Aufgrund der Funde vor allem in der Blombos-Höhle könnte der Zeitraum hierbei weiter auf von vor ca. 200.000 bis 80.000 Jahren eingegrenzt werden. Dies ist die vage Vermutung, die wir hinsichtlich der Entstehung der Sprachfähigkeit auf der Basis archäologischer Funde anstellen können.

Ansätze, welche die Evolution der Sprache mit archäologischen Dokumentationen verbinden wollen, suchen gemeinhin nach einem bestimmten Verhaltens- oder Technikmerkmal, welches das Vorhandensein von Sprache belegt. Wie wir gesehen haben, wird zum Beispiel die reguläre Produktion von Kunstwerken als symbolisches Verhalten bewertet und daher in diesem Zusammenhang oft ins Feld geführt. Ein anderer Ansatz, der ebenfalls auf prähistorischen Materialfunden beruht, betrifft die paläoanthropologische Evidenz für die anatomische Fähigkeit, eine menschliche Sprache sprechen zu können. Diesem Forschungszweig wenden wir uns im folgenden Abschnitt zu.

1.1.2 Fossiliengestützte Betrachtungen: Sprache und ‚Sprechen'

Sprechen ist das physikalische Signal, das benutzt wird, um gesprochene Sprache zu übermitteln. Da es von physikalischer Natur ist, ist das Sprechen meist einfacher als andere Sprachaspekte mit dem Verhalten anderer Spezies zu vergleichen. Überdies ist die ‚Sprechfähigkeit' aufgrund ihrer anatomischen Voraussetzungen auch einfacher anhand von Fossilfunden zu rekonstruieren als andere Komponenten der Sprachfähigkeit.

Zahlreiche Forscher argumentieren, dass eine Vielzahl an Fossilfunden eine funktionsgerichtete Anpassung des Menschen an die Anforderungen komplexer

Vokalisierungen nahelegt und dass diese Adaptationsprozesse (siehe Box 2) bis zum gemeinsamen Vorfahren von Neandertaler und modernem Menschen zurückreichen (siehe zuletzt de Boer 2016). Aber auch im Falle der Vokalisierung sind die angebrachten Fakten und Daten nicht ganz eindeutig. Darüber hinaus soll hier die ‚Sprechfähigkeit' von der ‚Sprachfähigkeit' unterschieden werden. Innerhalb der Linguistik gibt es prominente Ansätze, welche die physikalische Realisierung von Sprache, die ‚Externalisierung' als nebensächlichen, ja untergeordneten Aspekt von Sprache ansehen. Dieser Aspekt hat dann eine separate, eine andere evolutionäre Vergangenheit als die kognitiven Voraussetzungen, welche nötig sind, um eine Sprache sprechen zu können (siehe Teil 2 dieser Einführung). In diesem Abschnitt soll dennoch kurz auf die Forschungen zur Evolution der Sprechfähigkeit eingegangen werden.

Box 2. Der evolutionsbiologische Begriff der ‚Adaptation' bezeichnet eine evolutionäre Anpassung, die sich für das Überleben beziehungsweise den Fortpflanzungserfolg innerhalb einer Population als vorteilhaft erwiesen hat. Da das in dieser Hinsicht vorteilhafte Merkmal eines Organismus biologisch vererbbar ist, hat es eine genetische Basis und ist somit zuerst infolge natürlicher Mutation entstanden. Der Fortpflanzungserfolg der mit dem vorteilhaften Merkmal ausgestatteten Individuen resultiert sodann über lange evolutionäre Zeiträume in einer ‚natürlichen Selektion' zugunsten dieser Individuen. Die Selektionstheorie sowie die Bezeichnung ‚natürliche Selektion' ist zentraler Bestandteil der Evolutionstheorie des Naturforschers Charles Darwin (* 1809, † 1882).

Viele Forscher gehen, wie oben bereits angedeutet, davon aus, dass der Vokaltrakt des Menschen in der Tat auf der Basis natürlicher Selektion entstanden sei und dass die Verbesserung der vokalen Kommunikation ein evolutionärer Vorteil gewesen ist. Schauen wir uns zunächst offensichtliche Unterschiede zwischen uns, unseren nächsten Verwandten sowie unseren Vorfahren an.

Zum einen ist der menschliche Vokaltrakt verschieden vom Vokaltrakt anderer Primaten. Genauer: Der Kehlkopf (der ‚Larynx') ist beim Menschen deutlich abgesenkt und wir haben zudem eine größere Lücke zwischen dem Kehlkopf und dem Gaumensegel (‚Velum') als andere Primaten. Diese Lücke unterscheidet den Menschen auch von anderen Säugetieren mit permanent abgesenkten Kehlköpfen (z. B. von Hirschen) und erhöht somit beim Menschen das Risiko, sich an seinem Essen zu verschlucken – wenn nicht sogar daran zu ersticken (siehe zuerst Heimlich 1975).

Die folgende Abbildung verdeutlicht diesen Unterschied anhand der diesbezüglichen Anatomie von Orang-Utan (a), Schimpanse (b) sowie Mensch (c). Man erkennt hier deutlich die größere, langgezogene Mundhöhle sowie den tiefer abgesenkten Kehlkopf des Menschen; dies geht außerdem mit einer Krümmung des Zungenkörpers einher.

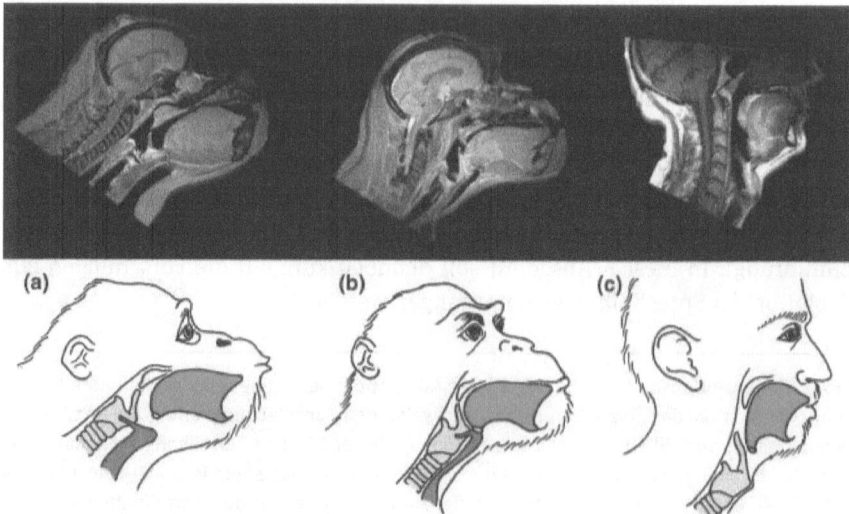

Abb. 1: Der Vergleich zwischen den Vokaltrakten von Orang-Utan (a), Schimpanse (b) und Mensch (c) nach Fitch (2000); dargestellt durch Aufnahmen der Magnetresonanztomographie (oben) sowie schematische Abbildungen (unten). Im Schema ist der Zungenkörper in dunkler Farbe oben, die Luftsäcke bei Affen in dunkler Farbe unten und der Kehlkopf in heller Farbe wiedergegeben.

Auf Basis der in Abbildung 1 dargestellten Unterschiede haben viele Forscher argumentiert, dass der menschliche Vokaltrakt für Vokalisierungen optimiert worden sei (vgl. jedoch für gegenteilige Positionen z. B. Badin et al. 2014).

Als weitere Unterscheidung wird angeführt, dass die meisten Affen über sogenannte Luftsäcke verfügen, wie in Abbildung 1 ebenfalls zu sehen ist. Der Mensch weist diese anatomische Eigenschaft nicht auf. Mit diesen Luftsäcken und zusätzlichen Hohlräumen haben viele Affen anatomische Voraussetzungen, um ihre Rufe sehr effektiv zu verstärken (Fitch 2000). Dies gleicht der Mensch durch bessere Atemkontrolle sowie die Möglichkeit aus, seine Vokalisierungen feinmotorisch kontrollieren zu können. Vor diesem Hintergrund könnte man davon ausgehen, dass es einen Selektionsdruck gegeben hat, der für die Optimierung der für die Sprechfähigkeit notwendigen Feinmotorik sorgte.

Um uns nun der Frage zuzuwenden, wann mit der Sprechfähigkeit zusammenhängende Adaptationen als erstes aufgetreten sind, müssen wir uns ein wenig genauer der paläoanthropologischen Evidenz zuwenden (siehe etwa Barney et al. 2012 sowie Fitch 2009a).

Die älteste, jedoch auch umstrittenste Evidenz betrifft die nun bereits eingeführte besondere Position des Kehlkopfes. Lieberman und Crelin (1971) haben den Vokaltrakt des Neandertalers auf der Basis von Fossilfunden und dem Vokaltrakt des Menschen anatomisch rekonstruiert. Sodann benutzten sie ein Computermodell, um die akustischen Eigenschaften von Artikulationen auszuloten, welche mit dem von ihnen rekonstruierten Vokaltrakt des Neandertalers produziert werden können. Sie schlossen aus ihren Ergebnissen, dass Neandertaler nicht fähig gewesen wären, die komplette Bandbreite menschlicher Artikulationseigenschaften zu produzieren. Diese Arbeit war die erste ihrer Art und wurde späterhin sowohl hinsichtlich der Rekonstruktionsmethode (Arensburg et al. 1990) als auch bezüglich des verwendeten Computermodells kritisiert (Boë et al. 2002).

Neuere Forschungen in dieser Tradition schlussfolgern nun, dass der Neandertaler höchstwahrscheinlich über artikulatorische Fähigkeiten verfügt hat, die denen des modernen Menschen sehr nahekommen (siehe etwa Barney et al. 2012). Der größte Streitpunkt innerhalb dieses Forschungsfeldes besteht darin, dass es keine allgemein akzeptierte Rekonstruktion des Vokaltrakts der Neandertaler gibt, da die Fossilfunde bis jetzt noch unzureichend für dieses Ziel seien. Gleichwohl scheint die Tendenz in der jüngeren Forschung zu sein, dass den Neandertalern durchaus menschenähnliche artikulatorische Fähigkeiten zugeschrieben werden.

Wenn wir diese Annahme akzeptieren, so kann folglich behauptet werden, dass sowohl Homo sapiens als auch Neandertaler die gleichen anatomischen Voraussetzungen für die Sprechfähigkeit besitzen. Frühere Spezies hingegen waren, nach allem was die Forschung sagt, in diesem Punkt verschieden. Dies legt nahe, dass die Fähigkeit, komplexe Vokalisierungen zu produzieren, vor ungefähr 500.000 oder 700.000 Jahren entstanden ist; dies ist der Zeitpunkt, zu dem der gemeinsame Vorfahre von Neandertaler und Mensch lebte.

Aber auch wenn wir die Theorie übernehmen, dass die Adaptationen für komplexe Vokalisierungen und damit letztlich die *Sprech*fähigkeit in diesem Zeitraum entstanden sind, so heißt das nicht, dass auch die *Sprach*fähigkeit in einem gleichsam koevolutionären Zusammenhang innerhalb dieser Periode nachgewiesen ist, wie es etwa de Boer (2016) annimmt.

Wir können uns nämlich die Frage stellen, ob komplexe Vokalisierungen wirklich in erster Linie genutzt worden sind, um Sprache zu realisieren. Vielleicht hatten komplexe Vokalisierungen ganz andere Zwecke. Einen anderen, für viele Forscher einleuchtenden Zweck stellt eine Art Singen dar (siehe hierzu vor allem Fitch 2010a: Kapitel 14). Des Weiteren könnten die kognitiven Voraussetzungen für Sprache auch ohne komplexe Vokalisierungen entstanden sein, wenn Sprache zum Beispiel seinen Ursprung in Zeigegesten unserer Vorfahren hat, wie es prominente Theorien zur Sprachevolution annehmen (vgl. namentlich Corballis 2002). Es ist bekannt, dass Menschenaffen komplexe Gebärden erlernen können – warum sollte solch eine Kommunikationsform bei unseren Vorfahren also ausgeschlossen sein? Da es für komplexe Gebärden jedoch keine eindeutigen Fossilfunde gibt, betreten wir mit dieser Betrachtung bereits einen Bereich der Forschungen zur Sprachevolution, dem wir uns im folgenden Kapitel widmen wollen. Hier geht es innerhalb der sogenannten ‚komparativen Methode' darum, menschliche Fähigkeiten mit den Fähigkeiten anderer lebender Spezies zu vergleichen, um auf diesem (nicht auf Fossilfunden beruhenden) Wege auf die Fähigkeiten der gemeinsamen Vorfahren zu schließen.

1.2 Kommentierte Literaturhinweise

Gut verständliche Einführungen in das Thema der Evolution des modernen Menschen und seiner Fähigkeiten sind die folgenden Bücher, die zudem ein starker Bezug auf die empirische Domäne der Fossilfunde eint:

Klein, Richard G. 2009. *The human career*. Chicago: Chicago University Press.
Tattersall, Ian. 2015. *The strange case of the rickety Cossack, and other cautionary tales from human evolution*. New York: Palgrave Macmillan.

Zu den bedeutenden Funden in der Blombos-Höhle in Südafrika und zum Exodus des modernen Homo sapiens aus Afrika können folgende einschlägige Arbeiten empfohlen werden:

Henshilwood, Christopher, Francesco d'Errico, Royden Yates, Zenobia Jacobs, Chantal Tribolo, Geoff A. T. Duller & Norbert Mercier. 2002. Emergence of modern human behavior: Middle Stone Age engravings from South Africa. *Science* 295. 1278–1280.
Pagani, Luca, Stephan Schiffels, Deepti Gurdasani, Petr Danecek, Aylwyn Scally, Yuan Chen & Yali Xue. 2015. Tracing the route of modern humans out of Africa using 225 human genome sequences from Ethiopians and Egyptians. *American Journal of Human Genetics* 96. 1–6.

Die folgenden neueren Artikel beschäftigen sich mit den kognitiven Fähigkeiten und anatomischen Voraussetzungen des Neandertalers im Hinblick auf die menschliche Sprach- bzw. Sprechfähigkeit:

Barney, Anna, Sandra Martelli, Antoine Serrurier & James Steele. 2012. Articulatory capacity of Neanderthals, a very recent and human-like fossil hominin. *Philosophical Transactions of the Royal Society B* 367. 88–102.
Dediu, Dan & Stephen C. Levinson. 2013. On the antiquity of language: The reinterpretation of Neandertal linguistic capacities and its consequences. *Frontiers in Psychology* 4. 1–17.

Unsere Stellung in Bezug auf den Neandertaler hängt auch mit der allgemeinen Debatte um die sogenannte ‚Paläolithische Revolution' zusammen; hierzu sind folgende Texte sehr interessant:

McBrearty Sally. 2007. Down with the revolution. In Paul Mellars, Katie Boyle, Ofer Bar-Yosef & Chris Stringer (Hrsg.), *Rethinking the human revolution: New behavioural and biological perspectives on the origin and dispersal of modern humans*, 133–151. Cambridge: McDonald Institute for Archaeological Research.
Mellars, Paul. 2010. Neanderthal symbolism and ornament manufacture: The bursting of a bubble? *Proceedings of the National Academy of Sciences of the United States of America* 107. 20147–20148.

In diesem Zusammenhang sei auch auf die Arbeiten des Wissenschaftsphilosophen Kim Sterelny verwiesen, der die Perspektive der ‚kulturellen Evolution' starkmacht, wenn es um die Evolution menschlicher Kulturtechniken im Allgemeinen geht:

Sterelny, Kim. 2011. From hominins to humans: How sapiens became behaviourally modern. *Philosophical Transactions of the Royal Society B* 366. 809–822.

2 Die komparative Methode: Was unterscheidet uns vom Tier?

2.1 Die anthropologische Differenz

Das Thema der Sprachevolution ist unlösbar mit der Frage verbunden, hinsichtlich welcher Fähigkeiten sich der Mensch am deutlichsten von anderen Spezies unterscheidet und inwieweit hier sogar qualitative Entwicklungssprünge zu verzeichnen sind. Zahlreiche Antworten auf diese Frage setzen voraus, dass Menschen Tiere besonderer Art sind – aufgrund der kulturellen Überlegenheit und Dominanz des Menschen auf diesem Planeten.

Nun ist jedoch jedes Tier in irgendeiner Hinsicht von besonderer Art. So können etwa nur Fledermäuse mittels Ultraschall winzig kleine Insekten erkennen. Oder: Welche Tierart kann schon die Farbpigmente seiner Haut in einer ebenso verblüffenden Art und Weise an seine Umgebung anpassen wie das Chamäleon?

Menschen können innerhalb kurzer Zeit eine komplexe Lautsprache erlernen. In der Tradition der Beschäftigung mit dieser besonderen Fähigkeit des Menschen wird oft angenommen, dass die Frage, ob nur Menschen über eine Fähigkeit wie Sprache verfügen, eng damit zusammenhängt, ob andere Spezies denken können. Diese Frage, ob andere Tiere über eine ähnlich komplexe Kognition verfügen, hat die Philosophie seit der Antike beschäftigt. Neben der dominanten Auffassung, dass nur Menschen komplexe kognitive Fähigkeiten haben und dass sie die Fähigkeit zu denken von allen anderen Lebewesen unterscheide und auszeichne, gab es auch Forschungsmeinungen, welche immer wieder Gemeinsamkeiten zwischen Tieren und Menschen in diesem Zusammenhang betonten oder einfach eine Position der Zurückhaltung bei der Zuschreibung von Geist einnahmen (vgl. Wild 2006 zu dieser Debatte in philosophiehistorischem Kontext).

Das allgemein philosophische Interesse an der Frage der Sprachevolution besteht folglich nicht darin, Besonderheiten einzelner Tierarten hervorzuheben. Arten müssen sich sogar in vielerlei Hinsicht auszeichnen, um überleben zu können. Vielmehr besteht in vielen Forschungsgebieten zum Thema Sprachevolution die (teils stillschweigende) Übereinkunft, dass die Sprachfähigkeit maßgeblich zur dominanten Stellung des Menschen auf diesem Planeten beigetragen hat beziehungsweise weiterhin beiträgt.

Diese Übereinkunft nährt die theoretische Hoffnung, eine Fähigkeit des Menschen zu isolieren, welche in der Philosophie die ‚anthropologische Differenz' genannt wird (vgl. Perler und Wild 2005 sowie Wild 2006). Genauer: Es soll eine einzige Eigenschaft dingfest gemacht werden, die es erlauben würde, eine erschöpfende Erklärung für die Tatsache zu geben, dass der Mensch offensichtlich kognitiv und sozial allen anderen bekannten Lebewesen in einem hohen Ausmaß überlegen ist.

Die anthropologische Frage lautet folglich, inwiefern der Mensch sich von anderen Tieren fundamental unterscheidet. In vielen Fällen lässt sich die in der Forschung hierauf gegebene Antwort auf die Formel reduzieren: Der Mensch ist ein Tier plus Sprache. Es existieren jedoch auch weitere Ausprägungen dieser Formel (vgl. wiederum Wild 2006): Der Mensch ist das vernünftige Tier, das Tier, das Staaten bildet, das lügen kann, eine Geschichte hat sowie um seinen Tod weiß usw. Eine Formel, die in dieser prägnanten Weise eine Mensch-Tier-Unterscheidung zum Ausdruck bringen will, muss also einen Unterschied benennen, der die kulturelle Überlegenheit des Menschen in ihrer Gesamtheit mittels einer einzigen grundlegenden Eigenschaft erklärt. Diese eine anthropologische Differenz wird von vielen Wissenschaftlern in der Tradition der Philosophie des Geistes in der menschlichen Sprachfähigkeit gesehen. Anders: Viele Forscher glauben, dass es am vielversprechendsten sei, in der Erforschung der anthropologischen Differenz die Aufmerksamkeit auf den größten offensichtlichen Unterschied zu anderen Spezies zu lenken: Menschen sprechen und verstehen, was von ihren Artgenossen gesprochen wird.

Auch diese Einführung widmet sich, wie die Tradition in der Philosophie, vorrangig kognitiven Unterschieden. Eine kognitive anthropologische Differenz identifiziert ein bestimmtes kognitives Merkmal, das den Menschen von anderen Tieren unterscheidet – und dieses Merkmal ist grundlegend für alle weiteren kognitiven (in vielen Fällen auch für alle weiteren sozialen) Unterschiede zwischen dem Menschen und anderen Tieren.

Das allgemeine Erkenntnisinteresse besteht deshalb darin, herauszufinden, inwieweit sich die menschliche Sprachfähigkeit von den Kommunikationsfähigkeiten aller anderen Tiere unterscheidet. Das Thema der Sprachevolution dient also vor dem Hintergrund der oben angedeuteten Überlegungen immer auch der Beantwortung der Frage, was das – pathetisch gesprochen – ‚Wesen' des Menschen sei. Die anderen Lebewesen nehmen dabei gleichsam eine Abgrenzungsfunktion ein. Es ist bereits angedeutet worden, dass zwischen Mensch und Tier auf vielfältige Art und Weise Grenzen gezogen und unterschieden werden kann. Der Unterschied, der die meisten Unterschiede überhaupt erst ermöglicht, besteht jedoch für zahlreiche Theorien in der Geistes- und Naturwissenschaft in der menschlichen Sprachfähigkeit.

Weiter oben wurde die Frage angeschnitten, ob andere Tiere ebenfalls ‚denken' können. Wie wir in diesem Buch noch sehen werden, ist auch in der modernen Sprachwissenschaft die Annahme sehr beliebt, dass es einen äußerst engen Zusammenhang zwischen Sprache und Denken gibt. Da wir sprechend unsere Gedanken ausdrücken, liegt die Vermutung nahe, dass andere Tiere keine Gedanken haben, die ausgedrückt werden könnten. Unser Sprechen ist, so gedacht, der entscheidende Hinweis auf unsere komplexe Kognition. Das Nicht-Sprechen der anderen Lebewesen ist andererseits der entscheidende Hinweis auf ihren kognitiven Mangel gegenüber dem Menschen. Kennzeichnend für diese Position ist folglich, dass dem physikalisch realisierten Sprechen eine wichtige Rolle zugeschrieben wird, indem es den entscheidenden kognitiven Unterschied zu anderen Spezies anzeigt.

Nun gibt es jedoch zwei grundlegende Ausprägungen der Annahme einer anthropologischen Differenz – und diese beiden Ausprägungen werden die vorliegende Einführung strukturieren.

Zum einen kann behauptet werden, dass sich Tiere kognitiv überhaupt nicht wesentlich vom Menschen unterscheiden. Will sagen: Selbst wenn für die menschliche Kognition gezeigt werden kann, dass die Fähigkeit, Gedanken zu fassen, das Ausführen von Handlungen oder die Bildung von Begriffen auf die menschliche Sprachfähigkeit angewiesen ist, so folgt daraus noch nicht, dass dies auch auf die Kognition der Tiere zutrifft. Es könnte sein, dass die fraglichen kognitiven Komponenten beim Menschen lediglich durch den Besitz einer Sprache verbessert und gleichsam ‚verfeinert' werden. Gemäß dieser Sicht könnten somit auch andere Tiere über vergleichbare kognitive Fähigkeiten verfügen. Es gäbe also nur einen Unterschied ‚quantitativer Art' zu anderen Spezies. Im Folgenden möchte ich daher abgekürzt von der Theorie eines **quantitativen Unterschieds** sprechen. Die linguistische Version dieser Sichtweise behandeln wir ausführlich in Teil 3 dieser Einführung.

Innerhalb dieser Sicht positioniert man den Menschen sozusagen möglichst nahe bei anderen Lebewesen, indem man davon ausgeht, dass die kognitiven Eigenschaften, die traditionell nur dem Menschen zugeschrieben wurden, nun auch in oft ähnlicher Form bei anderen Tieren nachgewiesen werden können. Man betont folglich die Entwicklungskontinuität verschiedener Tierarten, zu denen natürlich auch der Mensch gehört. Im Gegensatz zu einer Sicht, die von Sprache als einem eindeutigen und qualitativen kognitiven Unterscheidungsmerkmal ausgeht, kann man die Besonderheit der menschlichen Sprache also auch schwächer ansetzen und gewissermaßen über mehrere Fertigkeiten verteilen. Das heißt: Es wird ein den Tieren und Menschen gemeinsames Geflecht kognitiver Fähigkeiten identifiziert, die sich – jede Fähigkeit für sich genommen – nur graduell voneinander unterscheiden. So kann dann zur Unterscheidung des Menschen von anderen Tieren eine bestimmte Menge kognitiver Merkmale angenommen werden, die in der Einzigartigkeit des Menschen und letztlich auch in der Sprachfähigkeit kulminiert.

Diese Sichtweise bedeutet also keinesfalls einen Verzicht auf eine Mensch-Tier-Unterscheidung, denn offenbar unterscheiden sich die kognitiven Fähigkeiten von Menschen beträchtlich von denjenigen der anderen Tiere. Es bedeutet aber einen Verzicht auf einen Unterschied, der alle Überlegenheit des Menschen letztlich auf ein einziges kognitives Merkmal zurückführt.

Die Annahme eines solchen alleinigen Unterschieds zeichnet eine weitere einflussreiche Strömung aus, welche innerhalb der Skala der Lebewesen den einen entscheidenden Sprung annimmt, der all die Unterschiede zu anderen Spezies hervorgebracht hat. Ansätze, die einen solchen qualitativen Sprung postulieren, werde ich in diesem Buch als Theorien eines **qualitativen Unterschieds** bezeichnen. Dieser Perspektive auf Sprachevolution werden wir uns im nachfolgenden Teil 2 dieser Einführung widmen.

Die Theorie eines qualitativen Unterschieds erhebt die Sprache zum entscheidenden Kriterium. Dieser Ansatz muss daher bezüglich der oben genannten kognitiven Überlegenheit des Menschen aufzeigen, wie diese konzeptuell beziehungsweise logisch von der Sprachfähigkeit abhängt. Aufgrund der Verknüpfung der Sprachfähigkeit mit zentralen Aspekten der menschlichen Kognition werden den nicht-sprachlichen Tieren komplexe Gedanken, Handlungsgründe und Begriffe abgesprochen. Das bedeutet, dass Sprache auf irgendeine Weise Bedingung für komplexes Denken ist oder sich umgekehrt in der komplexen Sprache die komplexen Gedanken des Menschen zeigen. Meistens ist diese Position also mit der Annahme verbunden, dass das komplexe Denken des Menschen erst das Sprechen in einer Sprache ermöglicht und dass demzufolge die anderen Tiere über keine mit dem Menschen vergleichbare komplexe Kognition verfügen, da sie nicht sprechen. Dies entspricht einer prominenten Position, die eine lange philosophische Tradition hat. Wir kommen auf diese traditionelle Position in Kapitel 3 zurück, indem wir kurz auf die hier einschlägigen Ansichten des Philosophen René Descartes eingehen. Er behauptete, kurz gesagt, Sprache sei das einzige sichere Anzeichen für rationales Denken.

Wir können somit zwei Positionen unterscheiden: Zum einen wird behauptet, die menschliche Sprachfähigkeit sei die ausschlaggebende Konstitutionsbedingung für menschliches Denken. Andere Spezies, die nicht sprechen, können über keine komplexe Kognition wie die des Menschen verfügen. Diese Position steckt auch in der konzeptuellen Variante, dass Sprache und Denken gleichsam ‚koemergent' sind. Konkret: Entweder sind sie in einem koevolutionären Zusammenhang gemeinsam entstanden oder sie hängen konzeptuell-logisch voneinander ab (vgl. etwa die dementsprechende ‚holistische' Position von Davidson 1999 und in nachfolgenden Arbeiten). Zum anderen wird Sprache als kognitives Merkmal des Menschen betrachtet, das prinzipiell auch schon bei unseren nächsten Verwandten und Vorfahren vorhanden, jedoch durch viele Faktoren quantitativ verbessert worden sei.

Wir werden sehen, dass die Entscheidung zwischen der Annahme eines qualitativen oder eines quantitativen Unterschieds wesentlich davon abhängt, wie sowohl Sprache selbst als auch das Zusammenspiel zwischen Sprache und Denken definiert sind. Wer sehr hohe Maßstäbe bei der Definition menschlicher Kognition oder Sprache benutzt, wird bei den meisten anderen Tieren weder auf komplexes Denken noch auf Sprache schließen können. Wer dagegen aus Interesse an der allmählichen Evolution kognitiver Fähigkeiten eher minimale Anforderungen stellt, wird viele Anzeichen für verschiedene Grade oder Abstufungen kognitiver Komplexität finden.

Da die sprachtheoretische Herausarbeitung und Konkretisierung dieser beiden grundlegenden Positionen zur Sprachevolution Gegenstand aller folgenden Teile dieses Buches ist, wird im Folgenden zunächst noch einmal kurz von diesen theoretischen Hintergründen abstrahiert, damit wir uns theoretisch unbedarft der oben aufgeworfenen Frage annähern können, ob andere Tiere ‚sprechen' können. Diese Frage spielt eine zentrale Rolle in Forschungen, die sich mit dem Vergleich zwischen dem Menschen und anderen lebenden Spezies beschäftigen, um auf die Fähigkeiten gemeinsamer Vorfahren zu schließen; das Thema nimmt also eine wichtige Stellung innerhalb der sogenannten ‚komparativen Methode' ein.

2.2 Können Tiere sprechen?

2.2.1 Vokale Kommunikation

Ob Tiere über eine Fähigkeit wie die menschliche Sprache verfügen, ist bekanntermaßen umstritten. Ein berühmtes und immer wieder zitiertes Beispiel aus der Affenforschung stellen die von Cheney und Seyfarth (1990) beschriebenen Resultate zu Grünen Meerkatzen dar (eine Spezies von ostafrikanischen Altweltaffen oder auch: Schmalnasenaffen).

Diese Affenart verfügt über mindestens drei unterschiedliche sogenannte Alarmrufe: einen Ruf für Leoparden, einen für Adler und einen für Schlangen. Diese Rufe lösen bei den Artgenossen Reaktionen aus, die in freier Wildbahn ihrem Überleben dienen können. Will sagen: Beim Leopardenruf flüchten die

Meerkatzen auf Bäume, beim Adlerruf beobachten sie den Himmel und verschwinden dann gegebenenfalls in einem Versteck und beim Schlangenruf stellen sie sich auf die Hinterbeine und schauen auf die Bewegungen der Schlange.

Doch kann man deshalb wirklich von einer ‚Sprache' der Meerkatzen sprechen? Ohne an dieser Stelle des Buches bereits auf die wesentlichen formalen Merkmale menschlicher Sprache eingegangen zu sein, könnte man das Verhalten der Meerkatzen natürlich auch folgendermaßen erklären (vgl. zu den folgenden Überlegungen Wild 2006: Kapitel 3).

Eine Meerkatze ist physiologisch so disponiert, dass sie auf drei Klassen von Stimuli als Reaktion drei unterschiedliche Laute produziert. Wenn beispielsweise ein Leopardenbild im visuellen System der Meerkatze durch Außenreizungen erzeugt wird, dann werden bestimmte Regionen des Gehirns aktiviert, was die Äußerung eines Lautes sowie weitere motorische Bewegungen (wie etwa das Flüchten auf Bäume) zur Folge hat. Die Wirkung des Leopardenrufs auf andere Meerkatzen könnte dann hierzu analog verstanden werden – nur dass eben der akustische Leopardenruf die Rolle des visuellen Leopardenbilds als Stimulus übernimmt.

Diese Sichtweise spiegelt sich in vielen Forschungen seit den 1970er Jahren wider, in denen Affenrufe als mehr oder weniger unwillkürlich beschrieben werden (Cheney und Seyfarth 1990). Das heißt: Die Rufe sind auf einen angeborenen Reflex zurückzuführen und die Affen müssen daher das Rufinventar nicht erst lernen oder im Sinne einer Sprache erwerben; die Alarmrufe sind dem Affen angeboren und werden von bestimmten (visuellen) Reizen zuverlässig und unabänderlich hervorgerufen. Innerhalb dieser Argumentation wird also nicht nur behauptet, dass Meerkatzen dazu fähig sind, Alarmrufe auszustoßen. Vielmehr ist hier die Annahme, dass die einzelnen Ruftypen mit einzelnen Wahrnehmungsmustern qua genetischer Disposition verbunden sind.

Folgt man nun dieser Logik, so zeigen die Alarmrufe lediglich einen affektiven Zustand des Affen an. Es handelt sich also um den Ausdruck einer inneren Erregung. Der Affe fürchtet sich etwa beim Anblick eines Leoparden und äußert diesen Affekt auf dem Wege eines entsprechenden Rufes. Der Alarmruf ‚referiert' folglich nicht auf (den) Leoparden im Sinne der menschlichen Sprache.

Gemäß dieser Interpretation lässt sich an dieser Stelle anhand der Alarmrufe ein wesentlicher Unterschied zwischen Sprache und tierischen Kommunikationssystemen feststellen. Alarmrufe von Meerkatzen sind an situationsabhängige Stimuli gebunden. Die Rufe sind also Reaktionen auf eine gegenwärtige Bedrohung. Folglich können sich andere Meerkatzen die Bedeutung dieser Rufe durch einfache Mechanismen des assoziativen Lernens aneignen. Diese Rufe sind daher nicht zu vergleichen mit unserem Wort *Leopard*; Alarmrufe können weder als Teile von komplexeren Äußerungen benutzt werden noch referieren die Rufe auf Leoparden im Allgemeinen. Im Gegensatz zu den Rufen der Meerkatzen werden menschliche Wörter wie *Leopard* auch nicht unbedingt in der Anwesenheit von Leoparden geäußert – Wortbedeutungen können folglich nicht rein assoziativ (auf der Basis eines einfachen Reiz-Reaktion-Schemas) gelernt werden (siehe zu dieser Diskussion vor allem Deacon 1997).

Bei allem, was wir also über die vokale Kommunikation von nichtmenschlichen Primaten wissen, so gibt es folglich beträchtliche Unterschiede zwischen dieser Kommunikationsart und der gesprochenen Sprache des Menschen. Ein wesentlicher Aspekt von Affenrufen, wie oben herausgestellt wurde, ist, dass sie eine starke angeborene Komponente haben. Affen, die alleine aufwachsen, produzieren immer noch die speziesspezifischen Rufe in den relevanten Situationen (siehe Owren et al. 1993), ohne dass die Rufe ihnen situationsabhängig vorgelebt worden sind. Dies ist in etwa vergleichbar damit, dass auch taube und blinde Babys weinen und lachen können (Eibl-Eibesfeldt 1973). Ein wesentlicher Unterschied zwischen menschlichen Wörtern und Affenrufen ist somit, dass menschliche Wörter (das ‚Lexikon') gelernt werden müssen, während dies nicht auf Affenrufe zutrifft.

Dies muss nicht bedeuten, dass Affenrufe reine Reflexe und absolut unwillkürlich sind – das trifft aber auch nicht auf menschliches Lachen oder Weinen oder vokale Äußerungen bei anderen Säugetieren zu (siehe Fitch und Zuberbühler 2013). Fitch (2016a) stellt heraus, dass die Vorstellung, Affenrufe seien völlig unwillkürlich, ein Strohmann sei, der durch vielfältige Evidenz innerhalb der Primatologie widerlegt werden könne. Insbesondere in neueren Arbeiten werden Aspekte von bewusster vokaler Kontrolle in dieser Domäne nachgewiesen (siehe vor allem Crockford et al. 2012; Watson et al. 2015).

Gleichwohl kann sicherlich festgehalten werden, dass Affenrufe in ihrem semiotischen Gehalt deutlich von der Komplexität der menschlichen Sprache unterschieden werden können. Die ersten experimentellen Analysen der Alarmrufe von Meerkatzen legten zunächst die Idee nahe, dass zumindest einige Affenrufe auch einen symbolischen Charakter haben und nicht nur die Expression rein emotionaler Zustände seien. Dies markierte einen bedeutenden Wendepunkt in der Forschung zur Tierkommunikation (siehe Seyfarth et al. 1980 und folgende Arbeiten). Aber auch in diesen Arbeiten wurde immer wieder hervorgehoben, dass Alarmrufe nicht in der Weise auf etwas in der Welt referieren, wie es bei menschlichen Wörtern der Fall sei (vgl. etwa Seyfarth und Cheney 2003).

Die Forschungen zu Grünen Meerkatzen sind sicherlich der berühmteste Fall im Feld der komparativen Psychologie. Wagen wir nun einen kleinen Zeitsprung in die jüngste Forschung. Auch hier stellen wir fest, dass Wissenschaftler in diesem Bereich zu dem Schluss kommen, dass unsere nächsten Verwandten keine ‚Sprache' im menschlichen Sinne besitzen.

Eine neuere Strömung in der interdisziplinären Forschung versucht, die Analyseinstrumente der modernen formalen Linguistik auf Daten anzuwenden, die mittlerweile bezüglich zahlreicher Affenrufe von unterschiedlichen Affenarten in der Primatologie vorliegen (Schlenker et al. 2016). Die Forscher schlagen in diesem Zusammenhang die neue Disziplin einer ‚Formalen Affenlinguistik' (*Formal Monkey Linguistics*) vor. Hierbei ersetzen Schlenker et al. (2016) die prominente Frage: ‚Verfügt Spezies X über Sprache?' durch die Fragestellung: ‚Was sind die formalen Eigenschaften der Sprache von Spezies X?'. Obwohl sich die Arbeit von Schlenker et al. (2016) auf Affenrufe bezieht, kann ihre Methodologie natürlich auch auf andere Arten von Tierkommunikation angewendet werden (siehe etwa Berwick et al. 2011). Es handelt sich folglich in einer breiteren Perspektive nicht nur um ein Beispiel von ‚Affenlinguistik', sondern um ein Beispiel von ‚Tierlinguistik'.

Diese formalen Arbeiten zur Sprache von nicht-menschlichen Primaten sind bereits in wichtigen linguistischen Zeitschriften erschienen (wie etwa in *Linguistics & Philosophy*, *Lingua* sowie in *Theoretical Linguistics*). Es besteht also die Hoffnung, dass eine Affenlinguistik tatsächlich ein etablierter Teil der Allgemeinen Sprachwissenschaft wird – ebenso wie Forschungen zur Kognition von Primaten mittlerweile fester Bestandteil der Kognitionspsychologie sind (siehe hierzu vor allem Teil 4 dieser Einführung).

In unserem Zusammenhang kann nun festgestellt werden, dass die Forscher innerhalb der Affenlinguistik bezüglich aller untersuchten Fälle herausfanden, die Kombination von Rufen in diesem Zusammenhang entspreche nicht einer komplexen Struktur im Sinne menschlicher Grammatiken.

Sie begründen ihre Feststellung auf der Basis von Beobachtungsdaten und Feldexperimenten in der Primatologie, welche detaillierte Informationen über vokale Kommunikation bei Primaten zutage gebracht haben (siehe etwa Zuberbühler 2009 für einen Überblick). Diese Daten betreffen das Inventar, den spezifischen Gebrauch sowie die Struktur der bereits erwähnten Alarmrufe, bei denen es sogar eine Art dialektaler Variation zu geben scheint (Schlenker et al. 2014). Die interdisziplinär zusammengesetzte Forschergruppe fand stabile Korrelationen zwischen bestimmten Eigenschaften einer Situation (z. B. die Anwesenheit einer bestimmten Bedrohung) und der spezifischen Rufe, die in dieser Situation verwendet werden. Die einschlägigen Feldexperimente folgen hierbei generell zwei unterschiedlichen Methodologien: Zum einen wird die Anwesenheit einer Bedrohung beispielsweise durch ein Leopardenknurren oder die Schreie eines Adlers mittels Playback simuliert, um sodann die Rufe der Affen zu dokumentieren. Zum anderen werden die Affenrufe vom Band abgespielt und dann die Reaktionen der Affen auf diese Rufe aufgezeichnet und ausgewertet.

Grundsätzlich gilt auch bei diesen neueren Studien: Es muss offenbleiben, ob Affensprachen wirklich nicht-triviale Eigenschaften mit der menschlichen Sprache teilen, da die Bewertung ‚nicht-trivial' selbstredend in den Augen des jeweiligen Betrachters liegt. Die Resultate der Forschergruppe um Philippe Schlenker können aber durchaus als nicht-trivial gewertet werden, da sie auf der strukturellen Ebene etwa die Existenz von morphologischen Suffixen oder auf der pragmatischen Ebene das Vorhandensein bestimmter Implikaturen bei diesen Sprachen nachweisen konnten. Hierzu ein kurzes Beispiel:

Ein Resultat von Schlenker et al. ist, dass Campbell-Meerkatzen das Lautzeichen -*oo* mit zwei anderen Zeichen ihres Repertoires verbinden: *krak* (Leopardenalarm) und *hok* (Adleralarm). Hierbei konnten sie interessante Eigenschaften nachweisen: -*oo* taucht niemals isoliert auf, sondern immer mit den oben stehenden Zeichen und ohne Ausnahme in einer Anordnung, bei der -*oo* wie ein Suffix angehängt wird. Hierbei kann das Suffix nur mit bestimmten Rufen verbunden werden (z. B. nicht mit *boom* – einem anderen Ruf). Das Anhängen von -*oo* scheint eine distinkte Bedeutung zu haben, die etwa dem Englischen -*ish* in *eagle-ish* ‚adlerhaft, adlerartig' entspricht.

Im Kontext der Diskussion um die Sprachevolution stellen die Arbeiten von Schlenker et al. eine interessante neue Methodologie dar, da eine ausgearbeitete Affenlinguistik als Basis für einen fundierten Vergleich unterschiedlicher Spezies dienen kann. Es ist in diesem Zusammenhang wichtig, hervorzuheben, dass die Kommunikation nicht-menschlicher Affen nicht nur Vokalisierungen, sondern auch ein reiches Inventar an Gebärden beinhaltet (siehe etwa Hobaiter und Byrne 2011). Dieses Inventar (siehe Abschnitt 2.2.2 unten) sollte ebenfalls Gegenstand des allgemeinen Unterfangens sein, Beschreibungsmittel der theoretischen Linguistik auf natürliche Kommunikationsformen unserer nächsten Verwandten anzuwenden.

Zudem beinhaltet, wie bereits oben angedeutet, die vokale Kommunikation von Affen mehr als ein fixes Repertoire mehr oder weniger unartikulierter Rufe, die nicht wirklich der willentlichen Kontrolle der jeweiligen Primaten unterliegen. Neuere Arbeiten haben gezeigt, dass nicht-menschliche Primatenvokalisierungen bei vielen Spezies viel flexibler, komplexer und artikulierter sind, als in vorheriger Forschung gezeigt werden konnte (siehe etwa Zuberbühler et al. 2011 und, wiederum, Schlenker et al. 2016). Vokalisierungen in Kombination mit Zungen- und Lippensignalen wie etwa dem Schmatzen, das in intimen und freundschaftlichen Interaktionen benutzt wird, können eine weitere Möglichkeit anzeigen, wie das menschliche Sprechen aus oralen und gehörmäßigen Verhaltensweisen unserer Vorfahren entstanden sein könnte. Wenngleich nur Menschen eine willkürliche Kontrolle über den Kehlkopf haben, welche durch eine direkte Verbindung zum menschlichen Kortex ermöglicht wird (siehe etwa Fitch 2010a: Kapitel 9), so konnte gezeigt werden, dass auch Affen wie das Totenkopfäffchen über eine solche direkte kortikale Verbindung im Zusammenhang mit ihren Lippen und ihrer Zunge verfügen und daher Bewegungen in diesen Domänen ebenso willentlich kontrolliert werden können (vgl. Jürgens 1998).

Wenn nun die Lippen- und Zungenbewegungen mit Vokalisierungen kombiniert werden, so ergibt dies bereits die Produktion einer komplexen Bandbreite von Sprechsignalen. Es ist nun nicht schwierig, sich weitere Verfeinerungen der neuronalen Kontrolle vorzustellen, die in einer vollends entwickelten Kontrolle des Sprechapparates resultieren. In diesem Zusammenhang ist bemerkenswert, dass etwa das Lippenschmatzen beim Dschelada („Blutbrustpavian") in seiner Rhythmizität sowie hinsichtlich weiterer Merkmale in vielen Punkten den Merkmalen menschlicher Sprache ähnelt, wie Fitch (2012) zeigen konnte. Solche Evidenzen können die Idee eines Szenarios unterstützen, nach dem die artikulatorische Komplexität des menschlichen Sprechens aus bisher nur wenig betrachteten Kommunikationsmöglichkeiten unserer Vorfahren entstanden ist. Am einflussreichsten in diesem Bereich der weniger umfangreich erforschten Kommunikationsmöglichkeiten war jedoch schon immer die Erkenntnis, dass nicht-menschliche Primaten anscheinend ein komplexes Inventar an Gebärden lernen können.

2.2.2 Kommunikation mittels Gebärden

Die Idee, dass Menschen zunächst fähig waren, in komplexer Weise zu kommunizieren, indem sie Gebärdensprache benutzten, hat eine lange Tradition in der Diskussion um die Sprachevolution. Seit Beginn des 18. Jahrhunderts, als Forscher zum ersten Mal der Frage nach dem Sprachursprung vertieft nachgingen, wurde diese Theorie von namhaften Wissenschaftlern vertreten. Ein prominentes Beispiel ist etwa der Franzose Étienne Bonnot de Condillac, der diese These im Jahre 1746 in Paris präsentierte (vgl. Condillac 2006 [1746]); auch im 19. Jahrhundert ging die Diskussion dieser These weiter – so etwa im deutschsprachigen Raum durch den Psychologen Wilhelm Wundt (1975 [1900-1912]). Seit Hewes' (1973) bedeutendem Artikel wurde die Gebärdensprachentheorie des Sprachursprungs in vielen modernen Ansätzen behandelt und als zentral angesehen (z. B. in den Arbeiten von Arbib 2012 oder Corballis 2002) – und es gibt in der Tat einige Aspekte, die für eine solche Theorie sprechen.

Der grundlegende Artikel von Hewes (1973), der explizit für ein Evolutionsszenario argumentierte, in dem die Gebärdensprache als Ursprung der menschlichen Sprachfähigkeit angesehen wird, war unter anderem inspiriert von einem Unterfangen in den 1960er Jahren, einem Schimpansen Elemente der Amerikanischen Gebärdensprache beizubringen (Gardner und Gardner 1969). Die damit verbundenen Experimente zeigten, dass der Menschenaffe tatsächlich gelernt hat, von existierenden Gebärdensprachen abgeleitete Gebärden in konsistenter und produktiver Weise zu verwenden. Im Vergleich zu vorherigen Versuchen, Affen das Sprechen beizubringen (siehe etwa Hayes 1951), erschien diese Arbeit als spektakulärer Erfolg. Dieser Erfolg hat auch wesentlich zur Erforschung des linguistischen Status von Gebärdensprachen im Allgemeinen beigetragen.

Wenn die Fähigkeit, gemäß einer komplexen Grammatik zu gebärden, bei unseren nächsten Verwandten somit nachgewiesen werden kann, dann lässt sich auf dieser Basis ein Evolutionsszenario formulieren, nach dem die Ursprünge von Sprache in den Gebärden liegen, welche vermutlich auch schon bei den Vorfahren des modernen Menschen vorhanden waren. Es gibt eine Reihe von Evidenzen und Überlegungen, die in der Regel für ein solches Szenario angeführt werden.

Da wäre zum Beispiel der Zusammenhang von Spracherwerb und phylogenetischen Überlegungen. Da einige Studien von sehr jungen Kindern zeigen, dass Zeigegesten und sodann gehaltvollere Gebärden dem Erwerb des Sprechens vorangehen, wurde argumentiert, diese Abfolge könne auch als Möglichkeit für die Sprachevolution angenommen werden (vgl. Meguerditchian et al. 2011).

Zudem gibt es eine Reihe von evolutionären Vorteilen, welche das Sprechen im Vergleich zum Gebärden gehabt haben könnte. Aus diesen Vorteilen lassen sich innerhalb eines Evolutionsszenarios mögliche Gründe dafür ableiten, weshalb aus der Gebärdensprache überhaupt eine Lautsprache entstanden sei. Zum Beispiel wird in diesem Zusammenhang behauptet, dass Sprechen in einer höheren Frequenz Informationen übermitteln kann und daher ‚schneller' sei als das Gebärden. Außerdem ständen die Hände bei einer Lautsprache für andere Tätigkeiten zur Verfügung, was als extrem nützlich gewertet wird. Weitere Vorteile sind die Informationsübermittlung im Dunklen sowie in Umgebungen, in denen die Kommunikationspartner sich nicht direkt sehen können (wie z. B. in einem dichten Busch oder Wald).

Als weitere unterstützende Evidenz für die evolutionäre Relevanz der Gebärden wird des Öfteren bemerkt, dass die Flexibilität sowie die Lernfähigkeit bezüglich der Gebärden der Vordergliedmaßen insbesondere bei Menschenaffen nahelegen, dass dies die Modalität sei, aus der Sprache höchstwahrscheinlich entstanden sei (siehe z. B. Pollick und de Waal 2007).

Kendon (2016) hebt jedoch hervor, dass solche Überlegungen keine Antwort auf die Frage liefern könnten, warum gerade das Sprechen evolutionär begünstigt worden ist. Evolution, so hebt er hervor, funktioniere nicht auf der Basis möglicher und lediglich noch nicht realisierter Vorteile. Sie funktioniere nur auf der Basis gradueller Veränderungen existierender Systeme, die dann aufgrund ihrer größeren Effizienz im Hinblick auf relevante Funktionen positiv selegiert werden. Dies kann dann natürlich dazu führen, dass die modifizierten Systeme letztlich ganz neue Funktionen erfüllen können – aber diese Funktionen können den evolutionären Prozess nicht gesteuert haben. Diese von Kendon (2016) geäußerten Bedenken können als stellvertretend für die in der Literatur oft angeführten Einwände gelten, die sich gegen ein allzu schlüssiges Szenario wie dem oben skizzierten wenden.

So bemerken viele weitere kritische Stimmen zum Gebärdenursprung der menschlichen Sprachfähigkeit, dass Menschen in vielerlei Hinsicht (etwa neurologisch sowie anatomisch) auf die Produktion und Wahrnehmung menschlichen Sprechens spezialisiert zu sein scheinen. Theorien, welche das Gebärden als Ursprung der Sprache ansehen, haben keine gute Erklärung für diese Spezialisierung. Wenn die Vorfahren des Homo sapiens eine komplexe Gebärdensprache entwickelt hätten, warum sollte dann im späteren Verlauf ein Wechsel auf eine andere Modalität, das Sprechen, stattgefunden haben? Die oben genannten Gründe reichen hierzu laut der Kritiker als Erklärung nicht aus, da sie auf einer funktionsgerichteten Anpassungsgeschichte des Menschen beruhen, die in dieser idealtypischen Weise nicht passiert sein kann.

Außerdem: Obwohl Affengebärden in mancherlei Hinsicht vergleichbar mit menschlichen Gebärden sind, da sie ebenso zwischenmenschliche Beziehungen steuern (wie etwa jemanden/etwas ablehnen, etwas anbieten, jemanden grüßen etc.), so gibt es doch kein eindeutiges Beispiel, bei dem Affen Gebärden beziehungsweise nonverbale Kommunikation benutzen, um einen Referenzakt im menschlichen Sinne zu vollführen. Vor allem sogenannte deklarative Zeigegesten sind in der Kommunikation von Affen anscheinend abwesend. Menschliche Kinder vollziehen solche Akte jedoch schon in sehr frühem Alter.

Zum Schluss sei also angemerkt, dass das Gebärden im Sinne menschlicher Gebärdensprachen vermutlich keine natürliche Verhaltensweise der Affen darstellt, sondern nur in enger und kontinuierlicher Beziehung zu menschlichen Lehrern entwickelt werden kann. Es erscheint daher fraglich, ob der Lernerfolg der oben angesprochenen Experimente irgendetwas darüber aussagen kann, wie diese Fähigkeit als natürliches Verhalten evolutionär entstanden sein könnte.

Wir können daher mit der berechtigten Annahme schließen, dass Affen keine der menschlichen Sprachfähigkeit ähnelnde komplexe Grammatik in ihren natürlichen Kommunikationsformen zeigen. Um dennoch zu testen, ob nicht-menschliche Affen trotzdem dazu fähig sind, eine solche Grammatik zu erlernen beziehungsweise zu verarbeiten, wurden in jüngerer Zeit die Erkenntnisse der formalen Sprachtheorie im Bereich der Syntax auf Mustererkennung bei nicht-menschlichen Primaten angewendet (vgl. Fitch und Hauser 2004 sowie Fitch und Friederici 2012 für einen Überblick). Wir werden solche Studien in Kapitel 4 dieses Buches diskutieren, nachdem in Kapitel 3 eingeführt worden ist, was unter einer komplexen Grammatik genau zu verstehen ist.

2.3 Eine linguistische Perspektive: Ziel und Aufbau dieser Einführung

Die oben unternommenen Ausflüge in so unterschiedliche Disziplinen wie Paläoanthropologie, komparative Psychologie etc. haben angedeutet, dass das Thema der Sprachevolution nur schwer innerhalb einer einzigen Übersichtsdarstellung greifbar ist. Demzufolge beschränkt sich diese Einführung fortan auf die linguistische Perspektive auf dieses komplexe Thema.

Es wurde bereits angemerkt, dass Ansichten zur Sprachevolution wesentlich dadurch bestimmt sind, wie ‚das Wesen' von Sprache definiert wird. Die folgenden groben Richtungen liegen in der linguistisch orientierten Forschung zur Sprachevolution vor.

Eine einflussreiche Tradition geht von einem Sprachbegriff aus, der insbesondere vom Linguisten Noam Chomsky propagiert wird. Gemäß dieser Ansicht ist das zentrale, definierende Merkmal menschlicher Sprache seine syntaktische Komponente. Genauer gesagt: Ins Zentrum der Betrachtung rückt eine formale Prozedur, welche Sätze auf der Basis von Wörtern in produktiver Weise ‚generieren' kann. Ein wichtiger Aspekt dieser generativen Sicht auf Sprache ist, dass Sätze hierarchisch strukturierte Einheiten sind – und eben nicht nur lineare Aneinanderreihungen von Wörtern. Die grammatische Komponente, welche eine Generierung von hierarchisch strukturierten Sätzen erlaubt, kann dies in einer unbegrenzten Weise vollziehen, obwohl bekanntermaßen der menschliche Wortschatz begrenzt ist. Aus einer endlichen Anzahl an Wörtern lässt sich so in menschlichen Sprachen eine unendliche Anzahl an komplexen Strukturen bilden.

Innerhalb dieser Tradition wird folglich die entscheidende Differenz zwischen dem sprachbegabten Menschen und anderen Spezies als syntaktisch angesehen. Mit dieser Sicht auf die wesentliche Natur der Sprache gehen gemeinhin die folgenden Postulate einher: (i) Die Einzelsprachen dieser Welt unterscheiden sich nicht in fundamentaler Weise; der zugrunde liegende generative Mechanismus ist universell gültig. Die Variationen, welche zwischen Sprechern und Sprachen bestehen, sind marginal angesichts der abstrakten strukturellen Gemeinsamkeiten. (ii) Sprache ist zuallererst ein individuelles und kein soziales Phänomen. Will sagen: Die Sprachfähigkeit ist definiert als interne kognitive Kompetenz der individuellen Sprecher. (iii) Sprache hat einen wesentlichen Einfluss auf das menschliche Denken. Inwiefern Sprache auch die sozialen Kommunikationsfähigkeiten im zwischenmenschlichen Bereich verbessert hat, ist eine Fragestellung, die im Vergleich zum Einfluss der Sprache auf das menschliche Denken eine untergeordnete Stellung einnimmt. Und schließlich: (iv) Da das wesentliche Merkmal der Sprachfähigkeit ein eng definierter syntaktischer Mechanismus ist (dem wir uns in Kapitel 3 genauer widmen werden), beinhaltet die Evolution hier keine komplexe Adaptationsgeschichte. Stattdessen wird mit einem abrupten ‚großen Sprung' ein **qualitativer Unterschied** zu unseren Vorfahren angenommen (siehe zuletzt Berwick et al. 2013; Bolhuis et al. 2014; Berwick und Chomsky 2016; Chomsky 2016).

Die zweite linguistische Position zur Sprachevolution teilt die Sicht auf Sprache als ein individuelles, kognitives Phänomen. Allerdings wird hier lediglich ein **quantitativer Unterschied** zu unseren evolutionären Vorfahren angenommen. Innerhalb dieser inkrementellen Sicht wird die Existenz mehrerer Übergangsstufen behauptet, die gemeinhin als ‚protosprachliche' Stufen bezeichnet werden. In vielen Arbeiten kommt die Vorstellung einer Protosprache dabei von den Merkmalen sogenannter Pidginsprachen, die entstehen, wenn Menschen in Handelssituationen zusammenkommen, keine gemeinsame Sprache teilen und dennoch irgendwie miteinander kommunizieren müssen (für diese Analogie zwischen Proto- und Pidginsprache siehe vor allem Jackendoff 1999; Bickerton 1990, 2002, 2009). Wir werden auf Pidginsprachen in Kapitel 3 genauer eingehen. Es kann an dieser Stelle nur kurz herausgestellt werden, dass Pidginsprachen typischerweise ein ausgebautes Vokabular haben, jedoch wenig oder gar keine syntaktische sowie morphologische Struktur. Das gegenseitige Verständnis innerhalb dieser Kommunikationsform ist in hohem Maße kontextabhängig.

Eine dritte und viel heterogenere Forschungstradition zum Thema Sprachevolution argumentiert für eine Sicht auf Sprache als ein Werkzeug für kommunikative Zwecke. Somit rückt die öffentliche beziehungsweise soziale Dimension der Sprache in den Blickpunkt (siehe etwa Tomasello 2008; Tamariz und Kirby 2015; Henrich 2016). Eine Reihe von Folgerungen, die innerhalb dieser Forschungstradition gezogen werden, sind: (i) Das wesentliche Merkmal, welches die menschliche Kommunikation von anderen Kommunikationssystemen unterscheidet, sind kognitive Prozesse des Gedankenlesens ('Theory of Mind'). Diese werden als fundamental für die Bedeutungskomponente von Sprache angesehen, ja sprachliche Bedeutung wird innerhalb eines solchen Gedankenlesens erst ermöglicht. (ii) Sprache ist ein komplexes System von koadaptierten Elementen wie zum Beispiel erhöhte Leistungen des Arbeitsgedächtnisses, die Fähigkeit zum Gedankenlesen sowie eine erhöhte Kontrolle über den Vokaltrakt. (iii) Aufgrund dieses komplexen, koadaptierten Charakters von Sprache liegt ein inkrementelles Evolutionsszenario nahe, in dem diese komplexen Fähigkeiten letztlich schrittweise in der menschlichen Sprachfähigkeit kulminierten. In Teil 4 dieser Einführung beschäftigen wir uns ausführlich mit dieser Forschungstradition und ihren Annahmen.

Die meisten Forscher, welche die menschliche Sprachfähigkeit in dieser Weise als ein komplexes Kommunikationssystem betrachten, das inkrementell zur Optimierung der Kommunikationsfähigkeit des Menschen entstanden sei, nehmen zudem die folgende zentrale Idee an: Sprachevolution sei auf einen sozialen Lernprozess zurückzuführen, der auf einer generationenübergreifenden Weitergabe beruht. In dieser Hinsicht würde die Entstehung der Sprachfähigkeit mit anderen kulturellen Fähigkeiten, wie etwa mit der Kontrolle über Feuer oder mit dem Herstellen komplexer Steinwerkzeuge, vergleichbar sein. Das zentrale Stichwort ist hier 'kulturelle Evolution'.

Zum Ende dieses Abschnitts soll dem Leser nicht verschwiegen werden, welcher Forschungstradition (und somit auch: welchem Sprachbegriff) der Autor dieses Buches in weiten Teilen folgt. Obwohl mit dieser Einführung versucht werden soll, unterschiedlichsten Perspektiven auf das Thema der Sprachevolution gerecht zu werden, sei an dieser Stelle doch bemerkt, dass zumindest einem zentralen Punkt der Chomskyschen Tradition (siehe Teil 2 dieses Buches) uneingeschränkt zugestimmt wird: So etwas wie eine 'endliche', in der Anzahl ihrer Sätze beschränkte Sprache kann es dem Verständnis der modernen Linguistik nach nicht geben. Es gab Einwände des Linguisten Dan Everett, der behauptet, dass die Amazonassprache Pirahã ein Beispiel biete, das ohne einen produktiven Regelapparat der Syntax funktioniere (Everett 2005).

Aber selbst wenn wir annehmen, dass Everett recht hat und diese Sprache lediglich aus einer Menge an Sätzen besteht, denen kein generativer Mechanismus zugrunde liegt, so ist dieses Faktum gänzlich irrelevant für unsere Diskussion. Der wissenschaftliche Gegenstand in den Debatten um die Sprachevolution besteht in der Sprach*fähigkeit*, die auch Pirahã-Sprecher komplett mit anderen Menschen teilen. So lernen und sprechen sie etwa ohne Probleme Portugiesisch. Everetts Forschung (falls überhaupt empirisch zutreffend) würde daher lediglich bedeuten, dass die entsprechenden Sprecher in ihrer Sprache nicht alle Möglichkeiten der Sprachfähigkeit nutzen. Berwick (2016) hebt hervor, dass dieses Faktum jedoch irrelevant für die Erforschung der menschlichen Sprachfähigkeit sei, sondern lediglich eine biologische Kuriosität darstelle – wie etwa Vögel, die sich entscheiden würden, nicht zu fliegen. Die menschliche Sprachfähigkeit ist charakterisiert durch die Möglichkeit, dass jedes menschliche Kind jede Sprache der Welt lernen kann und dass diese Sprachen eben eine unbegrenzte Anzahl an Sätzen beinhalten können; jeder Satz kann auf Basis eines grammatischen Regelwerks beliebig verlängert werden, wie wir im folgenden Kapitel illustrieren werden. Die menschliche Sprache ist somit im Wesen eine Fähigkeit zur menschlichen Kreativität. Dieser kreative Aspekt wird insbesondere auch im letzten Teil der vorliegenden Einführung eine wichtige Rolle spielen.

Nach diesem offenen Wort an den Leser soll gleichsam noch eine weitere Warnung hinterhergeschickt werden: In diesem Buch geht es in höherem Maße um die wesentlichen Fragen für eine Theorie der Sprachevolution als um verlässliche Antworten. Wir werden uns also ‚lediglich' der Frage widmen, welche Fakten bezüglich unserer Sprachfähigkeit eine Theorie der Sprachevolution erklären muss, und es wird herausgearbeitet werden, inwieweit die Beantwortung dieser Frage von unserem Sprachbegriff abhängt.

Die zentrale Frage ist folglich: Was ist Sprache? Es ist offensichtlich, dass Sprache zu einem großen Teil kulturabhängig ist; es gibt eine große Sprachenvielfalt auf der Welt, die sich zu einem großen Teil aus Mechanismen der kulturellen Überlieferung und Weitergabe speist. Wenn dieser Aspekt von Sprache unseren Sprachbegriff erschöpfen würde, dann gäbe es wenig für eine biologisch orientierte Theorie der Sprachevolution zu erklären. Wir müssten lediglich die kulturelle Entstehung von Sprachen wie Deutsch, Englisch, Mandarin usw. untersuchen. Große Teile der modernen Sprachwissenschaft sind jedoch mit den allgemeinen Voraussetzungen von Sprache, mit der *Sprachfähigkeit* beschäftigt und abstrahieren somit von kulturellen Differenzen zwischen den

Einzelsprachen. Selbst diejenigen Ansätze, die argumentieren, Sprache sei ein rein kulturelles Phänomen, müssen immer noch erklären, wie die biologischen Prozesse im Rahmen der Evolution der menschlichen Kultur aussehen. Sonst kann nicht beantwortet werden, warum anscheinend nur Menschen und nicht auch andere Tiere über eine komplexe Sprache wie die unsrige verfügen.

Ich betone dies hier noch einmal, da in diesem Zusammenhang behauptet worden ist, die Forschung zur kulturellen Entwicklung von Sprache definiere das Feld der ‚evolutionären Linguistik' (siehe z. B. Croft 2008). In solchen Arbeiten wird hervorgehoben, dass menschliche Sprache im Vergleich zu Kommunikationsformen von Tieren so einzigartig sei, da menschliche Sprache auf kulturellem und nicht auf biologischem, genetischem Wege entstanden sei. Steels (2012, 2016) spricht hier sogar von ‚linguistischer' anstatt von ‚natürlicher' Selektion. Gemeint ist in diesen Arbeiten ein Prozess im Rahmen kultureller Überlieferung, bei dem Sprachvarianten über Generationen hinweg dominant werden, die sich als effizienter für kommunikative Zwecke erweisen. ‚Selektion' meint hier also nicht biologische Faktoren wie das Überleben und die Fortpflanzungsfähigkeit, sondern vielmehr erhöhten kommunikativen Erfolg bei reduziertem kognitiven Aufwand. Es gibt mit diesem Ansatz meines Erachtens viele Probleme und ich werde versuchen, dieser Forschungsrichtung in Teil 4 des Buches trotzdem gerecht zu werden.

Bei all den unterschiedlichen Auffassungen zum Thema Sprache und dem Mangel an eindeutiger Evidenz für Sprache in archäologischen Funden (siehe Kapitel 1 oben) stellt sich die Frage: Wie kann das Thema der Sprachevolution überhaupt untersucht werden? Welche Art von Evidenzen können angeführt werden, um Evolutionsszenarien über reine Spekulation und Plausibilitätsargumente hinauszuführen? Ein wichtiger Ansatz ist sicherlich, zu untersuchen, in welchem Maße andere lebende Spezies Anzeichen von kombinatorisch strukturierter Informationsverarbeitung zeigen. Dieses Vorgehen, von uns und anderen lebenden Spezies auf die Fähigkeiten gemeinsamer Vorfahren zu schließen, wurde in diesem Abschnitt die ‚komparative Methode' genannt. Hier bietet sich unmittelbar der auch bei vielen Tieren äußerst ausgeprägte Bereich der sozialen Kognition an, welcher komplex strukturierte kognitive Anforderungen wie Gruppenzugehörigkeit oder Konflikte beinhaltet (siehe z. B. Seyfarth und Cheney 2003 und wiederum Teil 4 dieser Einführung). Eine wichtige Domäne innerhalb der Forschungen zu Sprachevolution bleibt also immer der direkte Vergleich der kognitiven Fähigkeiten von nicht-menschlichen Primaten mit den Fähigkeiten des Menschen, um auf unsere gemeinsamen Vorfahren zu schließen. Doch wie kann man sich diesem Unterfangen aus biologischer Perspektive nähern?

Ein Ansatz, bezüglich dieser Fragestellung gleichsam Licht ins Dunkel zu bringen, besteht in einem komparativen Ansatz innerhalb der Neurobiologie. Indem Gehirnstrukturen im menschlichen Gehirn identifiziert werden, die speziell für grammatische Komplexität zuständig sind, können diese mit homologen Strukturen im Gehirn nicht-menschlicher Primaten verglichen werden. Strukturelle und funktionale neuroanatomische Differenzen können in diesem Zusammenhang wichtige Informationen über die neurobiologische Basis der Sprachevolution liefern, da diese Differenzen vor dem Hintergrund von Daten zur Phylogenese der relevanten Gehirnstrukturen betrachtet werden.

Wie wir im folgenden Teil des Buches sehen werden, sind dies zentrale Ansatzpunkte der sogenannten biolinguistischen Perspektive auf Sprachevolution, welche auf die grammatische, genauer: syntaktische Seite von Sprache fokussiert, da diese eine klar abgegrenzte empirische Domäne sei, welche den Menschen von anderen Spezies unterscheide. Wir werden im Verlauf der Einführung jedoch sehen, dass für die Aussparung der phonologischen sowie semantisch-pragmatischen Aspekte der menschlichen Sprache auch ein hoher Preis zu zahlen ist.

2.4 Kommentierte Literaturhinweise

In der folgenden Monografie spielt die sogenannte ‚komparative Methode' bei der Untersuchung der Sprachevolution in vielen Kapiteln eine zentrale Rolle:

Fitch, W. Tecumseh. 2010. *The evolution of language.* Cambridge: Cambridge University Press.

Zentrale Texte zum Kommunikationssystem der Alarmrufe bei diversen Affenarten sind:

Cheney, Dorothy L. & Robert M. Seyfarth. 1990. *How monkeys see the world.* Chicago: University of Chicago Press.
Seyfarth, Robert M. & Dorothy L. Cheney. 2003. Signalers and receivers in animal communication. *Annual Review of Psychology* 54. 145–173.
Zuberbühler, Klaus. 2009. Survivor signals: The biology and psychology of animal alarm calling. *Advances in the Study of Behavior* 40. 277–322.

Ein klassischer Text zur Hypothese, dass unsere Sprachfähigkeit aus Gebärden entstanden sei, ist der folgende Aufsatz:

Hewes, Gordon W. 1973. Primate communication and the gestural origins of language. *Current Anthropology* 14. 5–24.

Die folgenden Arbeiten geben einen Einblick in neuere Formen der traditionsreichen Debatte, ob die menschliche Sprachfähigkeit ihren Ursprung in einer Art Gebärdensprache unserer Vorfahren hat:

Corballis, Michael C. 2002. Did language evolve from manual gestures? In Alison Wray (Hrsg.), *The transition to language: Studies in the evolution of language*, 161–179. Oxford: Oxford University Press.
Hobaiter, Catherine & Richard W. Byrne. 2011. The gestural repertoire of the wild chimpanzee. *Animal Cognition* 14. 745–767.
Meguerditchian, Adrien, Hélène Cochet & Jacques Vauclair. 2011. From gesture to language: Ontogenetic and phylogenetic perspectives on gestural communication and its cerebral lateralization. In Anne Vilain, Jean-Luc Schwartz, Christian Abry & Jacques Vauclair (Hrsg.), *Primate communication and human language: Vocalisation, gestures, imitation and deixis in humans and non-humans*, 91–119. Amsterdam & Philadelphia: John Benjamins.
Pollick, Amy S. & Frans B. M. de Waal. 2007. Ape gestures and language evolution. *Proceedings of the National Academy of Sciences* 104. 8184–8189.

Eine etwas allgemeinere Perspektive auf die Kommunikationsmöglichkeiten unserer Vorfahren und nächsten Verwandten nehmen die beiden folgenden Autoren ein:

Fitch, W. Tecumseh & Klaus Zuberbühler. 2013. Primate precursors to human language: Beyond discontinuity. In Eckart Altenmüller, Sabine Schmidt & Elke Zimmerman (Hrsg.), *The evolution of emotional communication: From sounds in nonhuman mammals to speech and music in man*, 26–48. Oxford: Oxford University Press.

Zum Schluss sei noch auf das neuere Unterfangen einer Affenlinguistik verwiesen; der grundlegende Text zu diesem Forschungsprogramm ist:

Schlenker, Philippe, Emmanuel Chemla, Anne M. Schel, James Fuller, Jean-Pierre Gautier, Jeremy Kuhn, Dunja Veselinović, Kate Arnold, Cristiane Cäsar, Sumir Keenan, Alban Lemasson, Karim Ouattara, Robin Ryder & Klaus Zuberbühler. 2016. Formal monkey linguistics. *Theoretical Linguistics* 42. 1–90.

Teil 2: **Der große Sprung: Sprache als qualitativer Unterschied**

3 Sprachevolution und generative Linguistik

> We may hope to learn something about human nature; something significant, if it is true that human cognitive capacity is the truly distinctive and most remarkable characteristic of the species.
>
> (Chomsky 1975: 5)

> The empirical challenge is to determine what was inherited unchanged from th[e] common ancestor, what has been subjected to minor modifications, and what (if anything) is qualitatively new.
>
> (Hauser et al. 2002: 1570)

Die vorangestellten Zitate markieren die Kontinuität eines grundlegenden Erkenntnisinteresses innerhalb der vom Linguisten Noam Chomsky begründeten Sprachtheorie, die gemeinhin als ‚Generativismus', ‚generative Linguistik' oder auch: ‚generative Grammatik' bezeichnet wird. Dieses Interesse besteht darin, so könnte zusammenfassend formuliert werden, mittels der Erforschung der menschlichen Sprachfähigkeit einen Beitrag zum Verständnis der menschlichen Natur in Abgrenzung zur Natur anderer Spezies zu leisten. Die grundlegende Annahme ist hierbei, so wird im Folgenden herausgearbeitet, dass die Sprachfähigkeit in diesem Zusammenhang einen Unterschied qualitativer Art darstellt, der auf einen abrupten evolutionären ‚Sprung' zurückzuführen sei.

In diesem Kapitel wird diese Annahme der generativen Linguistik, die sowohl sprach- als auch evolutionstheoretisch gestützt wird, einer kritischen Betrachtung unterzogen. Ziel dieser Betrachtung ist es, diese Position vor dem Hintergrund ihrer theoriegeschichtlichen Voraussetzungen auf ihren Nutzen für das globale Ziel zu prüfen, wesentliche Distinktionsmerkmale der menschlichen Natur zu ermitteln.

Hierzu werde ich in Abschnitt 3.1 zunächst die theoriegeschichtlichen Voraussetzungen dieser jüngsten Diskussionen herausstellen, indem ich das seit Anbeginn der generativen Linguistik bestehende Interesse der disziplinübergreifenden Erforschung der menschlichen Natur nachzeichne. Sodann werden in Abschnitt 3.2 Aspekte der weiteren Entwicklung der generativen Linguistik herausgestellt, welche diese disziplinübergreifende Perspektive geschwächt haben. Abschnitt 3.3 legt dar, wie in jüngster Zeit die Aussicht auf eine disziplinübergreifende Erforschung der menschlichen Natur durch die Hinwendung zum Thema der Sprachevolution und die in diesem Zuge verstärkte Einbeziehung experimenteller Forschung wiederhergestellt werden konnte. In Abschnitt 3.4 führe ich schließlich das aktuelle Forschungsprogramm zum Thema Sprachevolution innerhalb der biolinguistischen Perspektive ein.

Da im vorliegenden Kapitel – wie aus dem Vorangegangenen erhellt – das innerhalb der generativen Grammatik verfolgte grundlegende Interesse an der Erforschung der Sprachevolution fokussiert wird, kann im Rahmen dieser Darstellung keine Diskussion der in der generativen Linguistik mit diesem Interesse verbundenen grammatiktheoretischen Einzelheiten geleistet werden. Lediglich an Stellen, an denen es um die Darstellung der diesen Einzelheiten zugrunde liegenden, für den Argumentationsgang relevanten Grammatikmodelle geht, soll gleichsam in die Tiefe gegangen werden – hier werden anhand von konkreten Beispielen grundlegende Aspekte dieser Modelle verdeutlicht.

Des Weiteren resultiert aus dem Gegenstand des vorliegenden Kapitels, dass zunächst eine angemessene Erwähnung der zahlreichen sprach- und grammatiktheoretischen Alternativen zum generativen Modell weitestgehend ausgespart werden muss. Mit diesen Alternativen, die grundlegende Annahmen der generativen Linguistik bestreiten, werden wir uns ausführlich in Teil 3 und 4 dieser Einführung beschäftigen.

3.1 Grundannahmen der ‚Biolinguistik'

Die neueren Diskussionen zur Sprachevolution innerhalb der in den 1950er Jahren begründeten Sprachtheorie der generativen Linguistik sind Resultat einer theoriegeschichtlichen Entwicklung. Diese Entwicklung hat die Theorie von einer vielversprechenden disziplinübergreifenden Perspektive der Erforschung der menschlichen Natur über eine Phase der Schwächung dieser Aussicht letztlich zu einer Wiederherstellung dieser Perspektive innerhalb des experimentell erforschbaren Themas der Sprachevolution geführt.

Um diesen Hintergrund aufzuzeigen, wird in diesem Abschnitt zunächst die vor allem in den frühen Schriften Chomskys formulierte Perspektive der generativen Linguistik als disziplinübergreifende Erforschung der menschlichen Natur skizziert.

Chomsky hat namentlich in seinen frühen Arbeiten die Erforschung der menschlichen Sprachfähigkeit als interdisziplinär angelegtes Unterfangen zum Verständnis wesentlicher Aspekte der menschlichen Natur formuliert. Hierzu hat er zum Ersten an traditionsreiche philosophische Annahmen angeschlossen und die Untersuchung der kognitiven Grundlagen der Sprachfähigkeit als Beitrag zur Erforschung des durch Kreativität ausgezeichneten menschlichen Geistes konzipiert.

Zum Zweiten hat Chomsky anhand von Betrachtungen zum Spracherwerb die biologische Determination dieser kognitiven Fähigkeit herausgestellt und somit die Perspektive eröffnet, über die menschliche Sprachfähigkeit Erkenntnisse über die menschliche Natur insgesamt zu erlangen. Die Sprachtheorie wird, wie wir unten sehen werden, letztlich als Teil der Biologie angesehen – daher die Bezeichnung: ‚Biolinguistik'.

Diese beiden fundamentalen Aspekte der generativen Linguistik ergeben zusammengenommen die Aussicht, mittels der Erforschung der Sprachfähigkeit Erkenntnisse bezüglich der grundlegenden, uns von anderen Spezies unterscheidenden Merkmale des menschlichen Geistes zu erhalten. Demzufolge kann die Erforschung der Sprache als ‚Schlüssel' zur Evolution der Kognition des modernen Menschen verstanden werden.

Die philosophischen Fundamente seiner sprachtheoretischen Arbeiten, so stellt Chomsky (1966) fest, bestehen in einem Ideenkapital, das sich aus der Vormoderne der europäischen Geistesgeschichte speist. Hierbei hebt er namentlich auf den Philosophen René Descartes ab, der in seiner Abhandlung *Discours de la méthode* (Descartes 1990 [1637]: 57-60)[1] einen qualitativen Unterschied des Menschen zum Tier behauptet. Descartes bestreitet vor dem Hintergrund des von ihm angenommenen Substanzdualismus (siehe Box 3), dass die Seele der Tiere mit der menschlichen Seele wesensgleich sei. Diesen Unterschied macht er daran fest, dass der Mensch mit der Vernunft über eine Fähigkeit verfüge, sich in einer unbegrenzten Anzahl von ‚Lebenssituationen' zurechtzufinden, und dass dieses ‚Universalinstrument' bei Tieren nicht vorhanden sei, da diese, laut Descartes, keinen Geist haben und allein nach der ‚Disposition ihrer Organe' handeln. Grob gesagt: Descartes betrachtet Tiere folglich als vernunft- und seelenlose Maschinen.

Box 3. Der Philosoph René Descartes (* 1596, † 1650) entwirft in seinem Werk *Meditationes de prima philosophia* einen Substanzdualismus, auf dessen Grundlage er behaupten kann, Menschen unterschieden sich qualitativ von anderen Lebewesen.
Descartes vertrat die Ansicht, dass es zwei Arten von Substanzen auf der Welt gibt: Materie und Geist. Die Haupteigenschaft der Materie sei ihre räumliche Ausdehnung (daher die Bezeichnung: *res extensa*), wohingegen der Geist sich durch das Denken auszeichne (*res cogitans*). Descartes behauptet, Materie und Geist seien unabhängig voneinander existierende Substanzen. Daher beinhaltet seine Sicht, dass mentale Vorgänge ohne materielle Grundlage existieren können und Materie niemals die Eigenschaft des Denkens aufweisen könne. Diese Position hat zu unzähligen Debatten rund um das sogenannte Leib-Seele-Problem geführt. Der

---

1 Die Seitenangaben beziehen sich auf die Originalpaginierung des *Discours*, die in der hier verwendeten Ausgabe angegeben ist.

kartesianische Substanzdualismus ist kompatibel mit der theologischen Auffassung, dass die Seele unsterblich sei und somit in einem Bereich außerhalb der vergänglichen Welt der Materie existiere. In der modernen (Natur-)Wissenschaft spielt diese Ansicht jedoch keine ernstzunehmende Rolle mehr.

Die einzigartige, den Menschen qualitativ von anderen Spezies unterscheidende Fähigkeit zur Bewerkstelligung einer unendlichen Anzahl von ‚Lebensfällen' zeige sich nun laut Descartes besonders deutlich – und dies ist der entscheidende Punkt für den Sprachtheoretiker Chomsky – an der von ihm gemachten Beobachtung, die Menschen könnten ungeachtet dieser unendlich vielen Situationen verschiedene Worte zusammenordnen und hieraus eine Rede erzeugen, mit der sie ihre Gedanken zu den unendlich vielen Situationen verständlich machen können. Kurzum: Sie können eine unendliche Anzahl an Lebenssituationen adäquat mittels der Sprache erfassen beziehungsweise auf sie in flexibler und produktiver Weise reagieren.

Chomsky folgt hieraus, dass sich die Einzigartigkeit menschlichen Denkens als speziesspezifische Fähigkeit in dem manifestiert, was er den ‚kreativen Aspekt des Sprachgebrauchs' nennt (Chomsky 1966: 4–5). In diesem Kontext rekurriert Chomsky nicht nur auf Descartes, sondern auch auf Wilhelm von Humboldt. Dieser hat die menschliche Sprache als Fähigkeit beschrieben, „von endlichen Mitteln einen unendlichen Gebrauch [zu] machen" (Humboldt 1907 [1836]: 99). Die sprachliche Kreativität des Menschen macht Chomsky nun zum zentralen Gegenstand seiner Sprachtheorie, denn:

> [t]he central fact to which any significant linguistic theory must address itself is this: a mature speaker can produce a new sentence of his language on the appropriate occasion, and other speakers can understand it immediately, though it is equally new to them.
>
> (Chomsky 1964: 7)

Gemäß der Auffassung des von ihm in Anspruch genommenen Descartes, diese Fähigkeit betreffe einen grundlegenden Aspekt des menschlichen Geistes, nimmt Chomsky eine geistige Fähigkeit, ein Wissen an, welches diesen kreativen Gebrauch der Sprache ermöglicht und dessen Beschreibung vorrangiges Ziel der von ihm begründeten Sprachtheorie ist.

Dieses Wissen, diese kognitive Fähigkeit bezeichnet Chomsky in Abgrenzung zur aktuellen Sprachverwendung (zur ‚Performanz') als ‚Kompetenz', über die ein ‚idealer Sprecher-Hörer' (Chomsky 1965) verfüge. Er konzipiert diese Kompetenz eines Sprechers als mental repräsentiertes Regelsystem, das er als ‚Grammatik' bezeichnet. Anders als etwa das bis dahin äußerst einflussreiche, in der Arbeit von Skinner (1957) exemplarisch repräsentierte behavioristische

Paradigma, in welchem Untersuchungen auf die im Sprachverhalten wahrnehmbaren Oberflächenphänomene der Sprache beschränkt worden sind, zielt Chomsky also auf das diesen Phänomenen zugrunde liegende sprachliche, genauer: grammatische Wissen ab.

Diese aus der Annahme der menschlichen Kreativität abgeleitete Vermutung eines endlichen kognitiven Regelwerks, welches die Erzeugung unendlicher Strukturen (und deren Verstehen) ermögliche, lässt sich anhand des folgenden Beispiels veranschaulichen:

(1) a. Der Hund attackierte die Passantin.
   b. Der Hund des Verkäufers attackierte die Passantin.
   c. Der Hund des Verkäufers der Filiale attackierte die Passantin.
   d. Der Hund des Verkäufers der Filiale der Kaufhauskette attackierte die Passantin.
   (...)

Die vorangehende Beispielsequenz verdeutlicht die Fähigkeit eines – nach Chomsky – ‚idealen Sprecher-Hörers', beliebig, ja unendlich lange Sätze bilden zu können (hier anhand der Genitivattribuierung des Deutschen gezeigt). Wenngleich sich an einem bestimmten Punkt dieser Verlängerung der Satzstruktur das Verstehen des Satzes aufgrund von – wie bei Chomsky (1965) angegeben – Begrenzungen des Arbeitsgedächtnisses verschlechtert, so betrifft diese Einschränkung doch die Performanz, hier: den psycholinguistisch zu beschreibenden Prozess der Sprachperzeption. Die sprachliche Kompetenz setzt der Verlängerung der Struktur jedoch keine Grenzen.

Die hieraus folgende Fähigkeit zur Produktion einer unendlichen Anzahl von Satzstrukturen kann nicht – so die Annahme Chomskys – aus der Speicherkapazität unseres Gehirns resultieren, da diese bekanntermaßen begrenzt ist. Vielmehr werde diese Fähigkeit durch ein Wissen um eine endliche Menge an Erzeugungsprozeduren ermöglicht, das als erzeugende, ‚generative' Grammatik beschrieben werden kann. Auf der Basis mathematischer Konzepte wie der Automatentheorie und der Theorie rekursiver Funktionen (vgl. zu diesem Hintergrund Tomalin 2006: 140–182) notiert Chomsky in seinen frühen Arbeiten die im Falle unseres Beispielsatzes (1) benötigten Regeln folgendermaßen (vgl. Chomsky 1957: 26–33):

(2) a. S → NP + VP
   b. VP → V + NP
   c. NP → (Det)N(NP)

Diese Regeln sind folgendermaßen zu lesen: Ein Satz (S) besteht aus den beiden Konstituenten Nominalphrase (NP) und Verbalphrase (VP). VP besteht in unserem Falle aus einem Verb (*attackierte*) und einer NP. Eine NP besteht wie in beiden Fällen unseres ersten Beispielsatzes (1a) aus einem Determinierer (in unserem Falle aus den Artikeln *der* sowie *die*) und einem Nomen (*Hund* sowie *Passantin*). Ebenso wie der Artikel durch die runde Klammer als fakultatives Element gekennzeichnet ist – ein Eigenname wie *Hans* wäre etwa eine NP ohne Determinierer –, ist auch die Hinzufügung einer weiteren NP fakultativ (wie etwa im Falle von *der Hund des Verkäufers* in [1b]).

In unserem Beispiel ist mit dieser Möglichkeit der weiteren Hinzufügung einer NP die Möglichkeit gegeben, die Nominalphrase unendlich zu verlängern, da in der Regelbeschreibung (2c) links und rechts des Pfeils dasselbe Symbol steht und somit die Regel in einer Schleifenbildung immer wieder auf sich selber angewendet werden, gleichsam immer wieder rekursiv ‚auf sich zurücklaufen kann'. Mit der auf solchen Erzeugungsregeln beruhenden Beschreibung einer Grammatik, die in rekursiver Weise syntaktische Ableitungen produziert, legt Chomsky folglich eine formale Beschreibung der sich in der Sprachfähigkeit niederschlagenden geistigen Fähigkeit menschlicher Kreativität vor.

Halten wir somit fest, dass Chomsky die den Menschen qualitativ vom Tier unterscheidende Fähigkeit geistiger Kreativität in Bezug auf die Sprachfähigkeit in Form von formalen Regeln expliziert, die zugleich als kognitionspsychologische Entität (als Kompetenz des Sprechers) begriffen werden. Um die Annahme dieser kognitiven Fähigkeit im Rahmen einer Sprachtheorie umfassend zu erklären, muss jedoch überdies – so Chomsky (1965) – der Frage nach deren Erwerb, das heißt dem Problem einer Theorie des Spracherwerbs nachgegangen werden – hieraus ergibt sich eine zweite Grundannahme der generativen Linguistik.

Bei der Erklärung des Spracherwerbs vertritt Chomsky einen nativistischen Erklärungsansatz, will sagen: er geht von angeborenen und somit genetisch determinierten sprachspezifischen Informationen aus. Mit diesem Postulat opponiert Chomsky gegen die bis dahin in den Verhaltenswissenschaften vorherrschende behavioristische Konzeption eines allein auf Reiz- und Reaktionsschemata, auf Konditionierungsprozessen beruhenden Erfahrungslernens. Gemäß dieser Theorie ist der Spracherwerb als ein Prozess der operanten Konditionierung zu beschreiben. Dieser vollzieht sich im Modus eines Verstärkungsprozesses, in dem die Eltern mittels eines Repertoires an Verstärkern eine bestimmte Reaktion (in diesem Fall: bestimmte sprachliche Äußerungen) begünstigen oder erschweren (Skinner 1957). Chomsky (1959b) wendet gegen dieses lernpsychologische Modell ein, die von ihm angenommene komplexe

Sprachkompetenz könne nicht allein auf allgemeine Lernstrategien wie Induktion und Analogie zurückgeführt werden. Er nimmt vielmehr an, dass wesentliche Eigenschaften dieser Fähigkeit angeboren, genauer: genetisch determiniert sind und somit – in einem rein biologisch zu verstehenden Sinne – Teil der menschlichen Natur sind.

Die Gründe für die Annahme, der Erwerb grammatischen Wissens könne nicht mithilfe einer rein behavioristischen Theorie erklärt werden, lassen sich laut Chomsky (1980) unter dem klassischen Argument von der ‚Armut des Stimulus' zusammenfassen. Dieses Argument besagt in puncto Spracherwerb, dass das Kind am Ende des Erwerbsprozesses über grammatisches Wissen verfügt, das es unmöglich allein aufgrund des ihm zur Verfügung stehenden Inputs induktiv, etwa im Rahmen eines behavioristischen Lernmodells, erworben haben kann.

Ein von Chomsky angeführtes Beispiel für die Unmöglichkeit des Erwerbs der Komplexität grammatischen Wissens aufgrund des dargebotenen Inputs ist die Bildung von Fragesätzen (vgl. Chomsky 1975: 30–32). Dieses Beispiel soll verdeutlichen, dass das Kind a priori (das heißt: vor aller Erfahrung) über ein Wissen um grundlegende Eigenschaften grammatischer Systeme verfügen muss. Betrachten wir hierzu folgende Beispiele:

(3) a. Der Hund wird den Verkäufer ruinieren.
    b. Wird der Hund den Verkäufer ruinieren?

Rezipiert das Kind die Sätze (3a) und (3b) als Input, so erhält es hiermit zunächst keine Informationen zur korrekten Generalisierung der grammatischen Regel für die Fragesatzbildung, denn die korrekte Generalisierung wird durch die oberflächenstrukturelle Form der dargebotenen Sätze nicht erzwungen. Genauer: Für das Kind besteht die Möglichkeit, durch den Vergleich der Sätze (3a) und (3b) eine Regel abzuleiten wie etwa: ‚Stelle das erste Hilfsverb des Aussagesatzes an den Satzanfang'. Dass diese Regel in Bezug auf andere Beispiele nicht mehr zutrifft und daher zu ungrammatischen Konstruktionen führt, zeigen folgende Beispiele komplexerer Satzgefüge:

(4) a. Der Hund, der den Verkäufer ruinieren wird, ist bissig.
    b. *Wird der Hund, der den Verkäufer ruinieren, ist bissig?

Ein kompetenter Sprecher des Deutschen beurteilt den Fragesatz (4b) als ungrammatisch und schließt damit aus, dass die grammatische Regel zur Fragesatzbildung ein lineares Absuchen der Wortkette impliziert. Die Regel scheint vielmehr grammatische Kategorien wie ‚Satzsubjekt' zu implizieren und folglich eine Strukturierung des Satzes oberhalb der Wortebene zu verlangen. Mithilfe einer solchen, auf der Basis von Strukturabhängigkeiten operierenden Regel – in diesem Fall: ‚Stelle das Hilfsverb des Hauptsatzes, das auf das Subjekt des Hauptsatzes folgt, an den Satzanfang' – ist die korrekte Fragesatzbildung möglich:

(4') a. [Der Hund, der den Verkäufer ruinieren wird,]$_{Subj.}$ ist bissig.
b. Ist [der Hund, der den Verkäufer ruinieren wird,]$_{Subj.}$ bissig?

Kinder scheinen von Anbeginn über ein sprachliches Prinzip wie die Strukturabhängigkeit zu verfügen, denn – so argumentiert Chomsky (1975) – obwohl Kinder unzählige Fehler im Spracherwerb begehen, so finden sich doch keine Fehler wie die Bildung der ungrammatischen Struktur (4b), die gegen grundlegende grammatische Prinzipien, wie etwa die Strukturabhängigkeit, verstoßen würden.

Da überdies ein Vorkommen des komplexen Satzgefüges (4'b) im Input mit hoher Wahrscheinlichkeit ausgeschlossen werden kann, scheint in Bezug auf dieses Beispiel nahe zu liegen, dass das Prinzip der Strukturabhängigkeit nicht gelernt, sondern vielmehr eine Grundvoraussetzung für das Lernen einer Sprache darstellt. Allgemeiner gewendet: Das Kind verfügt über ein angeborenes Wissen um grundlegende Prinzipien grammatischer Systeme.

Weitere anschauliche Beispiele für den grundlegenden Aspekt der Strukturabhängigkeit gibt etwa Chomsky (2016: 2) für das Englische:

(5) a. Birds that fly instinctively swim.
b. Instinctively, birds that fly swim.

Der Satz (5a) ist ambig: Entweder die Vögel fliegen instinktiv oder die Vögel schwimmen instinktiv. Der Satz (5b) ist jedoch semantisch eindeutig: Hier kann sich das Adverb *instinctively* nur auf *swim* beziehen. Hierdurch wird deutlich, dass lineare Nähe innerhalb eines Satzes in diesem Kontext keine Rolle spielt. Obwohl das Adverb in (5b) ‚näher' am Verb *fly* steht, bezieht es sich doch auf das Verb *swim* – es geht also bei der semantischen Interpretation nicht um eine minimale lineare, sondern um eine abstrakte strukturelle Distanz.

Die Prinzipien, welche hier das Verständnis der Sätze steuern sind laut der generativen Grammatiktheorie angeborene Strukturprinzipien. Diese angeborenen Aspekte der Sprachfähigkeit bestehen gemäß der von Chomsky vorgelegten Erwerbstheorie aus einem System universeller Prinzipien, das als ‚Universalgrammatik' – kurz: UG (siehe Box 4) – bezeichnet wird (Chomsky 1972 [1968]). Dieses System ist universal, da es als genetisch determinierte Komponente der menschlichen Natur spezies- und nicht sprachspezifisch gedacht werden muss – es muss den Erwerb aller Sprachen der Welt ermöglichen. Doch wie ist dann die Verschiedenheit der Sprachen zu erklären?

Box 4. Das generative Konzept einer Universalgrammatik (UG) darf nicht mit dem Nachweis universaler Eigenschaften von Sprachen innerhalb der Sprachtypologie verwechselt werden. UG bezeichnet die sprachspezifischen biologischen Voraussetzungen der menschlichen Kognition, die nötig sind, um eine menschliche Sprache zu erwerben. UG ist folglich eine biologische Entität. Wie wir weiter unten sehen werden, hat diese Annahme einer sprachspezifischen biologischen Besonderheit des Menschen einen wesentlichen Einfluss auf die entsprechende Theorie zur Sprachevolution.
Prominente Kritik an der Annahme einer UG wurde in neuerer Zeit von Evans und Levinson (2009) geäußert. Im Mittelpunkt dieser Kritik steht die Feststellung, dass innerhalb der generativen Linguistik eine Vielzahl von Versionen dieser Theoriekomponente bestehe. So sei es für Kritiker nahezu unmöglich, die Annahme einer UG empirisch zu überprüfen und zu falsifizieren.
Ebenso kritisch äußert sich schon seit langer Zeit der Psychologe Michael Tomasello in seinen Arbeiten zum Spracherwerb (siehe vor allem Tomasello 2003). Er behauptet in seinen Arbeiten, dass es zum Spracherwerb keiner sprachspezifischen angeborenen Prinzipien bedarf und der Erwerb einer menschlichen Sprache mit allgemeinen (= nicht für Sprache spezifischen) Lernprozessen vollständig erklärt werden kann. Wir werden in Teil 4 dieser Einführung ausführlich auf diese Position und ihre Hypothesen zum Thema Sprachevolution zu sprechen kommen.

Die ausdifferenzierteste Antwort auf diese Frage liefert die sogenannte ‚Prinzipien- und Parametertheorie' (vgl. etwa Chomsky und Lasnik 1993 sowie Thornton und Crain 2013). Nach dieser Konzeption enthält die UG Prinzipien, welche Optionen offenlassen, die erst durch den dargebotenen Input fixiert werden. Die Prinzipien enthalten somit Parameter, die eine beschränkte Menge von Wahlmöglichkeiten innerhalb eines Prinzips darstellen und deren jeweilige Werte die entsprechenden Einzelsprachen spezifizieren. Mit der Annahme einer solchen UG reicht dem Kind beim Spracherwerb ein beschränkter Input aus, da mehrere grammatische Phänomene von einem Parameter gesteuert sein können und der Input lediglich eine auslösende Rolle für den Erwerb der Grammatik spielt.

Ein anschauliches Beispiel für dieses Verhältnis von Prinzipien und Parametern ist der sogenannte „pro-drop parameter" (Chomsky 1981: 28 u. ö.). Er unterscheidet beispielsweise das Italienische vom Deutschen. Sehen wir uns hierzu die folgenden Beispiele an:

(6) a. Lui attaccò la passante.
    b. Attaccò la passante.
    c. Er attackierte die Passantin.
    d. *Attackierte die Passantin.

Das italienische Kind kann aufgrund des ihm dargebotenen Inputs diesen Parameter positiv setzen. Das heißt: Da es sowohl Sätze wie (6a) als auch Sätze ohne Subjektpronomen wie (6b) hört, kann es eine Entscheidung hinsichtlich der fakultativen Tilgung des Subjektpronomens in einem Satz treffen – daher der Name ‚Pro(noun)-Drop(ping)-Parameter'. Dies ist anders bei einem deutschen Kind.

Im Deutschen muss das Subjekt – wie in (6c) – immer lexikalisch realisiert sein und Konstruktionen wie (6d) sind in der deutschen Sprache ungrammatisch. Da Chomsky auch bei Sprachen wie dem Italienischen davon ausgeht, dass Sätze ein Subjekt haben, kann innerhalb seiner Konzeption als allen Sprachen gemeinsames Prinzip festgehalten werden, dass alle Sätze ein Subjekt haben müssen; als Parameter bestehen dann die Optionen, dieses Subjekt entweder durch ein eigenes Lexem zu realisieren oder lediglich durch die Flexionseigenschaften des Verbs anzuzeigen, wie es im Italienischen der Fall ist.

Dieses Zusammenspiel von genetisch determinierter UG und Inputdaten innerhalb der Prinzipien- und Parametertheorie wird demzufolge nicht als Lern-, sondern vielmehr als ein biologisch determinierter Reifungsprozess gedacht. Anders gewendet: Sprache wird nicht wirklich gelernt; Sprache ‚wächst' vielmehr innerhalb der menschlichen Kognition. Vor diesem Hintergrund schlägt Chomsky (1980) vor, die Sprachfähigkeit zusammen mit anderen kognitiven Systemen, wie etwa dem ‚Zahlenvermögen', als ‚mentale Organe' zu betrachten, analog zum Herzen oder zum visuellen System. Diese Konzeption der Sprachfähigkeit als ‚Organ', als geschlossenes System mit bestimmten Funktionen, beinhaltet, die Sprachfähigkeit sei ein modulares, distinktives System des menschlichen Geistes bzw. Gehirns.[2]

Mit dieser Modularitätsannahme distanziert sich Chomsky im Rahmen der Spracherwerbsdiskussion vor allem gegenüber der Theorie des Entwicklungspsychologen Jean Piaget, der die Sprachfähigkeit von allgemeinen kognitiven

---

[2] Gegen den Einwand, der Rede von einem ‚Sprachorgan' entspreche kein anatomisch isolierbares Areal im Gehirn, bemerkt Chomsky (1980: 60), dass auch das menschliche visuelle System oder das Herz keine wirklich physisch isolierbaren Entitäten seien. Chomsky zufolge geht es bei der Rede von einem ‚Organ' in erster Linie um eine in der Biologie übliche Idealisierung auf einer bestimmten abstrakt-funktionalen Ebene.

Leistungen ableitet und folglich den Spracherwerb als Resultat allgemeiner Komponenten der senso-motorischen Intelligenz betrachtet (Piaget 1980).

Chomsky setzt dem entgegen, diese Position beinhalte bisher keine systematischen Ansätze, welche den Erwerb der von ihm beschriebenen Eigenschaften der menschlichen Grammatik erklären könnten. Ohne Chomskys Einwände gegen Piaget im Einzelnen darzulegen, so sei an dieser Stelle doch bemerkt, dass auch Evidenzen außerhalb linguistischer Theorie gegen den von Piaget angenommenen Zusammenhang von allgemeiner Intelligenz und Sprachfähigkeit sprechen. So gibt es bereits seit den 1970er Jahren sprachpathologische Befunde, dass eine abnorme Entwicklung der Sprachfähigkeit nicht mit einer abnormen Entwicklung der allgemeinen Intelligenz einhergehen muss (vgl. Curtiss 1977 als wegbereitende Studie).

Aus der hiermit bereits angedeuteten Perspektive einer disziplinübergreifenden, über die Sprachtheorie hinausgehenden Erforschung der Sprachfähigkeit als biologisch isolierbaren Gegenstand ergibt sich die vielversprechende Aussicht, mithilfe der Erforschung der Sprache etwas Wesentliches über die Evolution der menschlichen Geistesfähigkeiten zu erfahren.

Chomsky löste mit der Begründung der generativen Linguistik nicht nur ein völliges Umdenken in der Sprachwissenschaft aus; überdies stieß er mit seinen Arbeiten wesentlich die sogenannte ‚kognitive Revolution' der 1950er Jahre an, welche mit der Entstehung der Kognitionspsychologie eine gänzlich neue Perspektive auf die Erforschung menschlichen Verhaltens insgesamt ermöglicht hat.

Aufgrund der oben skizzierten Annahme der Sprachkompetenz als kognitive Fähigkeit versteht Chomsky die generative Linguistik im Rahmen dieser Entwicklung als denjenigen Teil der Psychologie, der einen besonderen Fokus auf eine spezifische kognitive Domäne, nämlich: die menschliche Sprachfähigkeit legt. Mit der formalen Beschreibung dieser kognitiven Fähigkeit können innerhalb der generativen Linguistik Erkenntnisse über die Organisation der Kognition im Allgemeinen gewonnen werden. Infolgedessen können über die Sprachfähigkeit – als ‚Spiegel des Geistes'– entscheidende mentale Merkmale unserer Spezies erschlossen werden (Chomsky 1975). Somit kann die Linguistik der von Chomsky angeführten kartesianischen Vermutung Rechnung tragen, dass sich in der menschlichen Sprache wesentliche, den Menschen vom Tier unterscheidende geistige Fähigkeiten niederschlagen.

Mit der oben aufgezeigten Betrachtung der Sprache als ‚Organ' behauptet Chomsky zudem, mit seinen formalen Konzepten einen Teil der menschlichen Biologie zu beschreiben, so dass die Disziplin der Linguistik Teil der Psychologie und letztlich Teil der Biologie wird. Diesen Anschlussmöglichkeiten folgend, hat bereits in den 1960er Jahren der Biologe Eric H. Lenneberg (1967) in Kooperation mit Chomsky eine biologische Theorie der Sprachentwicklung unter Einbeziehung von Sprachpathologien sowie von Überlegungen zur Sprachevolution und Genetik formuliert.

Lennebergs Annahme einer aus der Gehirnentwicklung resultierenden kritischen Periode, eines altersbedingten Potenzials für den Spracherwerb, lieferte biologische Evidenz für die These, der Spracherwerb sei ein von einem biologischen Zeitfenster determinierter Reifungsprozess. Genauer: Lenneberg argumentierte, dass es eine Phase innerhalb der ersten Lebensjahre gibt, in der wir biologisch fähig sind, eine Sprache wie eine Muttersprache zu erwerben. Nach dieser Phase sei ein solcher Erwerb nicht mehr möglich. Neuere Arbeiten bestätigen, dass sich diese kritische Periode insbesondere auf den Grammatikerwerb auswirkt (siehe z. B. DeKeyser 2000).

Mit der Arbeit von Lenneberg – so betont Jenkins (2000: xi) in seiner wissenschaftshistorischen Skizze – seien die Grundlagen für eine neue Disziplin – die Biolinguistik – geschaffen worden.

Diese Perspektive der generativen Linguistik, mittels der Untersuchung der Sprachfähigkeit eine letztlich biologische Erforschung der uns von anderen Spezies unterscheidenden geistigen Fähigkeiten zu ermöglichen – diese Perspektive wurde indes durch einige Aspekte der weiteren theoriegeschichtlichen Entwicklung geschwächt. Dies soll im Folgenden verdeutlicht werden. Auf dieser Basis wird dann in Abschnitt 3.3 klar werden, warum sich Chomskys Grammatikmodell im Hinblick auf die Erforschung der Sprachevolution ändern musste.

3.2 Die Schwächung der biolinguistischen Perspektive

Wenngleich die frühen, grundlegenden Arbeiten Chomskys eine interdisziplinäre Erforschung des menschlichen Geistes und somit auch – im biologischen Zusammenhang – der menschlichen Sprachfähigkeit mitinitiierten, so zeichneten sich doch alsbald in den sich rasant entwickelnden Kognitionswissenschaften viele alternative Modelle zum generativen Sprachbegriff ab. Auf diese Weise verlor die generative Linguistik gegenüber konkurrierenden Ansätzen zur Erforschung des menschlichen Geistes an Einfluss, wie etwa gegenüber dem mit Netzwerkmodellen arbeitenden Konnektionismus. Dieser stellte die für die generative Linguistik zentrale Annahme regelgeleiteter Repräsentationen in Frage (siehe Rumelhart und McClelland 1986 und Kapitel 8 dieser Einführung). Infolgedessen wurde Chomskys anvisiertes Programm einer Biolinguistik an den Rand der neueren Entwicklungen in den Forschungen zur menschlichen Kognition gedrängt und stellte in diesem Feld nur noch – so Jenkins (2000: 11) rückblickend – eine „minority position" dar.

Die Gründe für diese Diversifizierung im Rahmen der mir Sprache beschäftigten Disziplinen sind vielfältig. Chomsky-Kritiker wie Christiansen und Chater (2016) nennen diese Schwächung der interdisziplinären Perspektive ‚Chomsky's hidden legacy'. Hiermit beschreiben sie die Separierung der theoretischen Linguistik von anderen Disziplinen, in denen Sprache ein zentraler Untersuchungsgegenstand ist. Überdies beklagen sie eine damit zusammenhängende disziplinäre Trennung der Phänomenbereiche der Sprachverarbeitung, des Spracherwerbs sowie der Sprachevolution.

Wenngleich diese Kritik sehr harsch ausfällt, so kann doch festgehalten werden, dass die methodologischen Axiome, die Chomsky insbesondere mit seiner Unterscheidung zwischen Kompetenz und Performanz eingezogen hat, maßgeblich zur Diversifizierung der wissenschaftlichen Landschaft der Sprachwissenschaft beitragen haben. So waren etwa bereits frühe Versuche, die formalen Theorien der generativen Grammatik für die Erforschung der Satzverarbeitung fruchtbar zu machen, mit enormen Schwierigkeiten konfrontiert. Die sogenannte ‚Derivational Theory of Complexity' (Miller und McKean 1964) scheiterte zum Beispiel in dem Versuch, die Anzahl an grammatischen Transformationen mit Verarbeitungsschwierigkeit in Verbindung zu bringen. Dies führte jedoch nicht zur Revision der Grammatiktheorie, sondern zu einer weiteren Separierung der beiden Domänen der theoretischen Linguistik und der psycholinguistischen Forschung.

Dabei bot der Aufstieg der generativen Grammatik in den 1960er Jahren eine Möglichkeit an, die Struktur der menschlichen Sprache sowie, hierauf aufbauend, die komputationellen Prozesse zu verstehen, die der Verarbeitung und dem Erwerb von Sprache zugrunde liegen. Außerdem wurde, wie im vorangegangenen Abschnitt angedeutet, eine Theorie entworfen, wie die Variation zwischen Sprachen zu erklären sei und was die biologische Basis und somit – auf lange Sicht – das passende Evolutionsszenario für Sprache sein könnte. Das biologische Versprechen konnte die Sprachtheorie der generativen Linguistik jedoch zunächst nicht einlösen.

Im Folgenden werden zwei theorieimmanente Aspekte der generativen Linguistik skizziert, die zu der Schwächung der disziplinübergreifenden Perspektive in besonderer Weise beigetragen haben. Hierzu wird zunächst herausgestellt, inwiefern die bereits skizzierte Unterscheidung zwischen Kompetenz und Performanz zu einem theorieimmanenten Hindernis interdisziplinärer Kooperation werden konnte. Sodann lege ich dar, wie sich die generative Linguistik infolge eines Spezialisierungsprozesses in mehrere Theorien aufspaltete und somit die globale Perspektive der Erforschung des menschlichen Geistes, ja der menschlichen Natur zugunsten einer Hinwendung zu meist rein sprachspezifischen, technischen Details hintangestellt wurde.

Kommen wir zum ersten negativen Aspekt, der hier angeführt werden soll. Ein wesentliches Problem für den Anschluss der generativen Linguistik an disziplinübergreifende experimentelle Forschung liegt in der Konzeption der bereits in Abschnitt 3.1 eingeführten Unterscheidung zwischen Kompetenz und Performanz. Diese Unterscheidung ermöglicht der generativen Linguistik, das grammatische Wissen eines ‚idealen Sprecher-Hörers' zu fokussieren und von der aktuellen, aus der generativen Sicht oft defizitären Sprachverwendung, der Performanz zu abstrahieren. Diese Unterscheidung beinhaltet, so Chomsky (1965), dass auch die psycholinguistisch sowie physiologisch beschreibbaren Aspekte der Sprachverarbeitung in den Bereich des Sprachgebrauchs und somit in den Bereich einer Theorie zur Performanz fallen.

Diese Unterscheidung kann laut der frühen Schriften Chomskys als heuristisches Mittel verstanden werden, welches dazu dient, zunächst allgemeine Gesetzmäßigkeiten unter Abstraktion der individuellen Sprachverwendung zu erforschen. Somit kann dem Umstand Rechnung getragen werden, dass der direkte Versuch notwendig scheitern muss, das Sprachvermögen des Menschen zu verstehen, ohne zuvor ein Verständnis über die Struktur der Grammatik erlangt zu haben. In späteren Formulierungen ist jedoch eine hiermit nahegelegte Integration der vorderhand ausgeschlossenen Phänomene gar nicht mehr vorgesehen (vgl. aber Ansätze wie Berwick und Weinberg 1984; Phillips 1996; und später Trotzke et al. 2013).

Genauer: In neueren Arbeiten wird ein direkter Zusammenhang von Kompetenz- und Performanzphänomenen so deutlich wie nie zuvor bestritten, indem immer wieder die logische Unabhängigkeit der idealisierten Sprachkompetenz von der Performanz behauptet wird. So schlussfolgert etwa Chomsky angesichts bisher erlangter syntaxtheoretischer Erkenntnisse Anfang der 1990er Jahre, dass das Sprachsystem formal elegant und schlecht ausgelegt für den Sprachgebrauch sei (Chomsky 1991). Diese Entwicklung und der damit deutlich werdende Unterschied zwischen einer ‚weichen' und ‚harten' Idealisierung (Jackendoff 2002) stellten ein wesentliches Hindernis bezüglich der Integration von experimentellen Evidenzen in die formalen Beschreibungen der die Kompetenz betonenden Sprachtheorie dar. Dies hatte für eine disziplinübergreifende Perspektive nachteilige Entwicklungen zur Folge.

Lange Zeit bestand ein Verhältnis, innerhalb dessen Linguisten Psychologen auf interessante Grammatikphänomene hinwiesen und Psychologen sodann diese Phänomene früher oder später realen mentalen Vorgängen zuordneten (vgl. etwa Kintsch 1984). Doch das Gros der Vertreter der generativen Linguistik bezog auf der anderen Seite die Ergebnisse experimenteller Forschung nur unzureichend in die eigene Theoriebildung ein; die generative Grammatik sparte in weiten Teilen psychologische und neurobiologische Evidenzen aus (vgl. zu dieser Kritik etwa Walenski und Ullman 2005). So entstanden weitestgehend unabhängige Forschungsbereiche, die bis zum heutigen Tag durch die Abwesenheit von einschlägigen ‚*linking hypotheses*' gekennzeichnet sind (Poeppel und Embick 2005). Der Ausschluss experimenteller Evidenz durch eine ‚Verhärtung' der Unterscheidung zwischen Kompetenz und Performanz hat einen wesentlichen Beitrag zum Relevanzverlust der generativen Linguistik Chomskyscher Prägung innerhalb der psychologischen und kognitionswissenschaftlichen Disziplinen geleistet. Die Position der von Chomsky formulierten Grammatikmodelle haben mittlerweile in weiten Teilen Modelle eingenommen, die explizit auf eine Implementierung im Bereich der Sprachverarbeitung ausgelegt sind (siehe unsere Diskussion von alternativen Modellen in Teil 3 und 4 dieser Einführung). Allerdings fehlt vielen dieser Modelle eine globale (und somit auch: philosophische) Theorie der Einzigartigkeit der menschlichen Natur, wie sie Chomsky in älteren Arbeiten mit dem kreativen Aspekt des Sprachgebrauchs formuliert hat.

Diese Entstehung alternativer Grammatiktheorien und der damit einhergehende Verlust einer Perspektive der disziplinübergreifenden Erforschung des menschlichen Geistes als uns von anderen Spezies wesentlich unterscheidendes Merkmal kann neben der ‚harten' Unterscheidung zwischen Kompetenz und Performanz noch auf einen weiteren theorieimmanenten Aspekt zurückgeführt werden.

Dieser weitere wesentliche Grund für den Verlust einer disziplinübergreifenden Perspektive der Erforschung der menschlichen Natur ist die technische Spezialisierung der generativen Linguistik und die auch hieraus resultierende Entwicklung verschiedener grammatiktheoretischer Alternativen. Die Ursache hierfür liegt in der Auseinandersetzung um eine Theoriekomponente, die – ebenso wie die Unterscheidung zwischen Kompetenz und Performanz – bereits in den frühen Schriften Chomskys eingeführt wird: die Tiefenstruktur. Diese Komponente ist innerhalb der Diskussion um Sprachevolution in der Form der konzeptuell-intentionalen Schnittstelle wieder ein zentraler Bezugspunkt geworden, wie wir in späteren Teilen dieser Einführung sehen werden. Letzten Endes geht es hier um den Zusammenhang zwischen Sprache und Denken, den wir bereits in Kapitel 1 mit der Frage angedeutet haben, ob Sprache konstitutiv für einen komplexen Geist sei.

Dies bedarf einer ausführlicheren Erläuterung: Zusätzlich zu den in Abschnitt 3.1 angedeuteten Phrasenstrukturregeln, welche den Aufbau einer syntaktischen Struktur ermöglichen, wird in den frühen Schriften der generativen Linguistik ein zweiter Regeltyp postuliert: die Transformationsregeln. Die Annahme dieses zusätzlichen Regeltyps und einer damit einhergehenden zusätzlichen Repräsentationsebene im Grammatikmodell lässt sich anhand des Phänomens der strukturellen Ambiguität, der Mehrdeutigkeit von Sätzen verdeutlichen (vgl. Chomsky 1957: 88–90). Betrachten wir hierzu folgendes Beispiel:

(7) Die Beschuldigung des Verkäufers verursachte Diskussionen.

Die in (7) vorliegende Satzstruktur kann mithilfe der bereits in (2) angegebenen Regeln erzeugt werden. Nun ist jedoch in diesem Beispiel die Beziehung zwischen den NPs *die Beschuldigung* und *des Verkäufers* nicht eindeutig. Genauer: Zum einen ist eine Interpretation möglich, nach welcher der Verkäufer beschuldigt wurde. Innerhalb dieser Interpretation wäre die Genitiv-NP *des Verkäufers* ein Objekt und somit – in traditioneller Terminologie – als ‚Genitivus obiectivus' zu beschreiben. Zum anderen kann jedoch *des Verkäufers* auch als ‚Genitivus subiectivus' interpretiert werden, insofern hier der Verkäufer jemanden beschuldigte. Diese mehrdeutige, ambige Beziehung erhellt jedoch nicht aus der linear-phonologischen Form des Satzes in (7).

Die Ambiguität des Satzes müsste jedoch beschrieben werden können, da Chomsky (1965) für eine beschreibungsadäquate Grammatik postuliert, diese müsse für eine unendliche Anzahl an Sätzen eine Repräsentation bereitstellen, die eindeutig beschreibt, wie der Satz vom idealen Sprecher-Hörer verstanden wird. Chomsky nimmt demzufolge aufgrund von ambigen Fällen wie (7) an, dass es zwei Repräsentationsstufen des Satzes geben muss: eine ‚Oberflächenstruktur' des Satzes wie in (7), der zwei unterschiedliche Strukturen, zwei ‚Tiefenstrukturen' zugrunde liegen. Diese repräsentieren je eine der beiden möglichen Interpretationen und werden mithilfe sogenannter Transformationsregeln in die Oberflächenstruktur (7) überführt.

Chomsky ordnet somit dem Satz (7) auf unterschiedlichen Repräsentationsebenen verschiedene Strukturen zu. Den Zusammenhang zwischen diesen Strukturen stellen Transformationsregeln in Form formaler Ableitungen her, welche aus der jeweiligen Tiefenstruktur durch Umstellung, Tilgung oder Hinzufügung die Oberflächenstruktur hervorbringen. Zusammen mit den in Abschnitt 3.1 angedeuteten Phrasenstrukturregeln und einer Lexikonkomponente, aus der im Langzeitgedächtnis gespeicherte lexikalische Elemente für die grammatischen Operationen entnommen werden, ergibt sich hieraus folgendes Grammatikmodell:

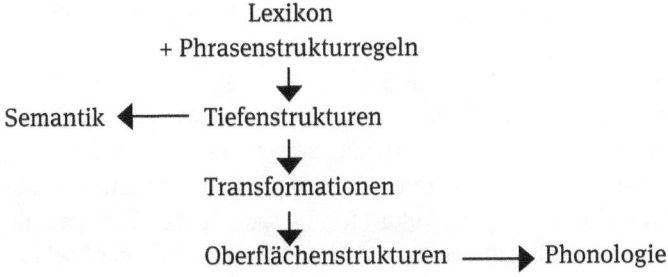

Abb. 2: Grammatikmodell der ‚Standardtheorie'.

Entscheidend in unserem Zusammenhang ist nun, dass gemäß diesem Modell die Oberflächenstruktur die lautliche Interpretation eines Satzes und die Tiefenstruktur die semantische Interpretation determiniert. Die formale Beschreibung der Tiefenstruktur, welche die semantisch relevanten Beziehungen des Satzes repräsentiert, verortet Chomsky (1966) in einem philosophischen Zusammenhang, in welchem eine Tiefenstruktur eines Satzes in allen Sprachen identisch sei, da sie eine Abbildung des mit dem Satz übermittelten Gedankens sei. Diesem vielversprechenden Pfad einer formalen Beschreibung menschlichen Denkens ist sodann die Theorie der generativen Semantik gefolgt, die ihre Anstrengungen vornehmlich darauf richtet, semantische Repräsentationen in Form von Phrasenstrukturen zu beschreiben (Lakoff 1971). Erinnern wir uns an Kapitel 2 und den dort dargestellten Zusammenhang von Sprache und Geist (Stichwort: ‚anthropologische Differenz'). Die Tiefenstruktur in der Theorie der generativen Semantik stellt also einen unmittelbaren Zusammenhang zwischen Sprache und Denken her. In Kapitel 9 dieser Einführung werden wir sehen, dass diese Perspektive mit neueren Arbeiten wie etwa Berwick und Chomsky (2016) sowie vor allem Hinzen (2006) auch innerhalb des Chomskyschen Paradigmas wieder an Bedeutung gewinnt.

Während Chomskys frühe Schriften diese Perspektive nahegelegt hatten, so argumentierte er jedoch fortan dezidiert gegen die generative Semantik und stellte klar, dass die Tiefenstruktur nicht mit der Bedeutung gleichzusetzen, sondern lediglich eine Eingabestruktur für die Interpretation innerhalb der semantischen Komponente sei, die neben anderen Komponenten die Bedeutung bestimme. Ohne an dieser Stelle seine genauen Einwände nachzuzeichnen, mit denen er aufzeigt, dass auch Eigenschaften der Oberflächenstruktur eine wichtige Rolle bei der semantischen Interpretation spielen können, so ist doch festzuhalten, dass seine Kritik zu einer Kontroverse führte, die Harris (1993) – so der Titel seines Buches – als *Linguistic Wars* bezeichnete. Kurzum: Diese Kontroverse endete damit, dass viele Linguisten von der Grammatiktheorie Chomskys Abschied nahmen und alternative Theorien – wie etwa Langacker (1987) die ‚Cognitive Grammar' – entwickelten.

Chomsky selbst zog aus seiner Behauptung, die Bedeutung werde nicht allein durch die Tiefenstruktur determiniert, die notwendigen Konsequenzen, indem er in der sogenannten ‚Revidierten Erweiterten Standardtheorie' die Tiefenstruktur nicht mehr als Eingabestruktur für die semantische Komponente konzipierte, sondern diese Eingabe erst nach der Derivation der Oberflächenstruktur erfolgen ließ. Damit die semantische Komponente innerhalb dieser Theorie die erzeugte Struktur lesen kann, muss die Oberflächenstruktur dementsprechend nicht nur die abgeleitete Struktur, sondern auch die Ausgangs-, will sagen: die Tiefenstruktur repräsentieren. Diese Möglichkeit, Sätze direkt in Form einer Oberflächenrepräsentation zu interpretieren, wird dadurch gewährleistet, dass die bewegten Elemente Spuren (engl. *trace*) hinterlassen, die mit *t* indiziert werden (Chomsky 1973a). Ein Beispiel aus dem Deutschen mag dies veranschaulichen:

(8)   a. Der Verkäufer fragt, wen der Hund attackiert hat.
        b. Wen, fragt der Verkäufer, hat der Hund attackiert?

In (8a) liegt ein indirekter Fragesatz vor, in welchem das W-Element *wen* die strukturelle Anfangsposition im Nebensatz einnimmt. In (8b) hingegen gehört das W-Element zum übergeordneten Satz, wodurch der gesamte Satz eine Frage darstellt. Da das W-Element auch in (8b) das Akkusativobjekt des eingebetteten Verbs erfragt, wird es – obwohl semantisch schon als Markierer des Fragebereichs des gesamten Satzes fungierend – so verstanden, als beziehe es sich auf das Objekt des eingebetteten Verbs. Technischer gewendet: Das W-Element wird sowohl gemäß seiner Stellung in der Oberflächen- als auch entsprechend seiner Position in der Tiefenstruktur interpretiert. Damit auf der Ebene der semantischen Komponente diese beiden Bedeutungsaspekte interpretiert werden können, müssen die grammatischen Prozesse Strukturbeschreibungen erzeugen, die neben der Oberflächen- auch die Tiefenstruktur repräsentieren. Wenn wir von den die Verbstellung betreffenden Transformationen sowie von weiteren Positionen, die das W-Element auf dem Weg zu der Oberflächenstruktur durchläuft, absehen, so können wir diese Repräsentation vereinfacht folgendermaßen darstellen:

(9) Wen$_i$, fragt der Verkäufer, t$_i$ hat der Hund attackiert?

Die Spuren indizieren im Rahmen dieser Beschreibung leere, das heißt phonetisch nicht realisierte Kategorien, die jedoch syntaktische Positionen besetzen und somit die nötigen Interpretationen ermöglichen.

Zusätzlich zu der theoretischen Ausformulierung solcher leeren Kategorien haben in der weiteren Theorieentwicklung die Ersetzung der verschiedenen Transformationen durch eine universale Transformation („Move α') dem Grammatikmodell eine neue Form gegeben. Diese universale Transformation ist durch die zahlreichen Prinzipien beschränkt, die innerhalb der schon erwähnten Prinzipien- und Parametertheorie (vgl. oben, Abschnitt 3.1) in Form einer komplexen UG formuliert wurden. All diese in der weiteren Theorieentwicklung beschriebenen Komponenten haben schließlich den Abstraktionsgrad der von Chomsky formulierten Grammatiktheorie erheblich erhöht. Das bis dahin sicherlich abstrakteste, von Chomsky (1981) formulierte Grammatikmodell der ‚Government-Binding-Theorie' (GB-Theorie), das aus diesen im Vorangegangenen skizzierten Entwicklungen resultiert, kann folgendermaßen schematisiert werden:

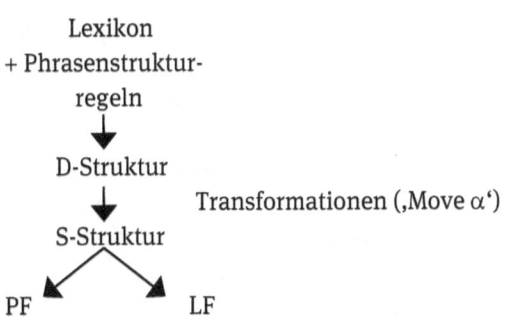

Abb. 3: Grammatikmodell der ‚GB-Theorie'.

Ebenso wie im Standardmodell wird zunächst eine Struktur aufgebaut, indem Elemente aus dem Lexikon zusammengefügt werden. Diese Strukturrepräsentation, die im Standardmodell als Tiefenstruktur bezeichnet worden ist, wird in der GB-Theorie ‚D-Struktur' (engl. *deep structure*) genannt. Die sodann durch Transformationen umgeformte Struktur wird als ‚S-Struktur' (engl. *surface structure*) bezeichnet. Dieser terminologische Unterschied ist eingeführt worden, da sich – wie oben skizziert – die Oberflächenstruktur mit ihren Spuren wesentlich von der Oberflächenstruktur im Standardmodell unterscheidet und somit das gesamte Verhältnis zwischen Tiefen- und Oberflächenstruktur revidiert worden ist. Die S-Struktur liefert jetzt sowohl für die phonetische Interpretationskomponente – hier als ‚Phonetische Form' (PF) bezeichnet – als auch für die semantische Komponente – ‚Logische Form' (LF) genannt – die Eingabestruktur.

Die Grammatikmodelle der generativen Linguistik wurden – wie bis hierhin deutlich geworden sein dürfte – nicht zuletzt durch eine Anreicherung der UG immer abstrakter, was zur Folge hatte, dass eine Hypothese zum Thema der Sprachevolution vorerst in weiter Ferne lag. Durch die Diversifizierung der als angeboren angenommen Komponenten der UG war noch nicht klar, welche dieser zahlreichen Eigenschaften sich als interessanter Gegenstand für eine evolutionäre Untersuchung der Grammatik erweisen würde. Wie Chomsky (2007) es rückblickend formuliert: Die Formulierung einer komplexen UG erschwerte eine These zur Sprachevolution, da man nicht nur für wenige, sondern für viele Eigenschaften der Sprache ein Evolutionsszenario formulieren musste.

Anders ausgedrückt: Anstatt in Richtung einer biologischen Theorie der menschlichen Sprachfähigkeit – wie es einige der frühen Schriften Chomskys in Aussicht stellten – bewegte sich die generative Linguistik Chomskyscher Prägung zunächst immer mehr in Richtung einer äußerst spezialisierten, höchst technischen Syntaxtheorie, was den disziplinübergreifenden Anschluss zusammen mit den bereits oben angeführten, die Unterscheidung zwischen Kompetenz und Performanz betreffenden Hindernissen weiter erschwerte.

Die Perspektive einer disziplinübergreifenden Erforschung der menschlichen Natur konnte nur durch Arbeiten restituiert werden, welche die im Vorangegangenen dargelegten Hindernisse beseitigten: Zum einen mussten sie – in Konsequenz zu den oben dargelegten Entwicklungen – die generative Linguistik wieder stärker in Bereiche experimenteller Forschung verorten und zum andern mussten sie – hinsichtlich der in diesem Abschnitt dargelegten Entwicklungen – eine neue Perspektive für Theorien eröffnen, die das globale Ziel verfolgen, auf dem Wege der Erforschung der Sprachfähigkeit Erkenntnisse über die biologischen Charakteristika der menschlichen Natur im Vergleich zu anderen Spezies zu erlangen. Auf diesem Wege kam das Thema der Sprachevolution wieder auf die Agenda der biolinguistischen Forschung.

3.3 Wegbereiter der biolinguistischen Perspektive auf Sprachevolution

Der weithin sichtbar gewordenen Konkurrenz zur generativen Linguistik namentlich innerhalb neuerer Entwicklungen der kognitionswissenschaftlichen Forschung folgten in den 1990er Jahren mehrere Arbeiten, welche die disziplinübergreifende Perspektive der generativen Grammatik wieder stärkten und neue Impulse für über reine Syntaxtheorie hinausgehende Fragestellungen lieferten. Diese Arbeiten hoben auf die biologischen Voraussetzungen von Sprache ab und schufen somit ein Forum, um auch das Thema der Sprachevolution wieder salonfähig zu machen.

Um diese Entwicklung nachvollziehen zu können, sei vorab ein gleichsam soziologischer Aspekt angemerkt: Die Wirkung dieser Arbeiten liegt wesentlich in deren Mitbegründung einer neuen Wissenschaftsbewegung, in der Wissenschaftler durch die Aufhebung disziplinärer Grenzen eine Kultur der „third-culture thinkers" (Brockman 1995: 19) etablieren wollten. Innerhalb dieser Kultur sollten Erkenntnisse aus den meist separat operierenden Natur-, Geistes- und Sozialwissenschaften in all ihren disziplinübergreifenden Zusammenhängen dem interessierten Publikum in Form von leicht zugänglicher Wissenschaftsprosa vermittelt werden.

Einer der populärsten und in unserem Zusammenhang der interessanteste Vertreter dieser neuen Bewegung ist der Psychologe Steven Pinker. In seinem viel beachteten Buch *The Language Instinct* (1994) stellt er Grundannahmen der generativen Grammatik in einen Zusammenhang mit zahlreichen experimentellen Evidenzen. Er apostrophiert hierbei Chomsky als ‚paper-and-pencil theoretician', will sagen: als Lehnstuhl-Linguisten. Im Gegensatz zu Chomsky, so Pinker, insistiere er aus der Perspektive eines experimentell arbeitenden Psychologen darauf, dass eine Schlussfolgerung zum menschlichen Geist nur überzeugend ist, wenn eine Reihe von experimenteller Evidenz diese Schlussfolgerung stützen. Neben Pinker haben vor allem der Chomsky-Schüler Ray Jackendoff mit seinem populärwissenschaftlichen Buch *Patterns in the Mind* (1994) sowie der Linguist Derek Bickerton mit seiner Arbeit *Language & Species* (1990) Überlegungen der generativen Linguistik auf diese populärwissenschaftliche Weise einem breiteren Publikum zugänglich gemacht.

Im Folgenden wird zunächst anhand des Beispiels der Diskussion um eine genetische Grundlage der Sprachfähigkeit aufgezeigt, wie Pinker die in Abschnitt 3.1 dargelegte nativistische Grundannahme der generativen Linguistik mit biologischer Forschung verbindet. Natürlich fanden gerade diese Überlegungen auch Eingang in Diskussionen zur Sprachevolution. Sodann soll – ausgehend von Überlegungen Bickertons – herausgestellt werden, wie das Thema einer Protosprache innerhalb der generativen Linguistik relevant geworden ist und somit eine erste neue Perspektive auf das Thema der Sprachevolution innerhalb linguistischer Theoriebildung eröffnet hat. Betrachten wir zunächst die Diskussionen um ein sogenanntes ‚Sprachgen'.

Ein exemplarischer Fall, in dem Pinker (1994) Grundannahmen der generativen Grammatik mit Evidenzen aus naturwissenschaftlicher, experimenteller Forschung verbindet, ist seine Diskussion der genetischen Grundlagen der Sprachfähigkeit. Hier stellt er die Annahme einer genetisch determinierten UG in einen Zusammenhang mit experimentellen Studien zu einer englischen Familie – in der Literatur als KE-Familie bezeichnet –, in der eine über drei Generationen bestehende Sprachstörung in einer spezifischen genetischen Verteilung nachgewiesen worden ist.

Pinker bezieht sich vor allem auf die Arbeiten von Gopnik (1990) und Gopnik und Crago (1991), in denen die Resultate von grammatischen Tests etwa zur Pluralbildung sowie zur Vergangenheitsbildung bei Verben berichtet werden, welche die Forscher mit den betroffenen Familienmitgliedern durchführten. Gopnik (1990) stellt aufgrund dieser Tests fest, dass die betroffenen Mitglieder der KE-Familie Pluralformen wie *book-s* als unanalysierbare Einheiten, will sagen: als separate lexikalische Einträge verarbeiten. Genauer: Die Betroffenen sind nicht fähig, das Morphem *-s* als Element einer morphologischen Regel aufzufassen, die auch auf viele weitere Fälle – wie etwa *text-s* – übertragbar ist. Ähnliche Defizite zeigten sich etwa auch bei der Vergangenheitsbildung von Verben.

Da davon ausgegangen wird, dass dieser Sprachstörung ein genetischer Defekt zugrunde liegt und die Forscher zudem aufgrund der Untersuchung weiterer Aspekte der Sprachfähigkeit und allgemeiner kognitiver Leistungen ausschließen, dass dieses Defizit auch allgemeine kognitive Fähigkeiten betrifft, folgern sie, es sei naheliegend, dass ein einzelnes Gen verantwortlich für die Entwicklung dieser morphosyntaktischen Fähigkeiten sei (Gopnik und Crago 1991).

Pinker (1994) interpretiert diese Datenlage als experimentelle Evidenz für die Existenz einer UG und sieht hierin Anlass, darüber zu spekulieren, ob somit ein ‚Grammatikgen' gefunden sei. Dieser Rede von Grammatikgenen stellte er noch eine Reformulierung der nativistischen Grundannahme in Form der provokanten Behauptung eines ‚Sprachinstinkts' beiseite. Dieser Behauptung zufolge wissen Menschen, wie sie sprechen können, genauso wie Spinnen wissen, wie sie ein Netz spinnen. Diese kontroversen Ausführungen führten zu zahlreichen Reaktionen innerhalb und außerhalb linguistischer Forschung, welche infolgedessen mit einer stärkeren, erneuten Auseinandersetzung mit den durch Pinker populärwissenschaftlich wiedergegebenen Annahmen der generativen Linguistik einhergingen.[3]

Die Eingrenzung dieses ‚Grammatikgens' – genannt FOXP2 – mittels eines genetischen Vergleichs mit einer Person, welche zwar die gleichen Schwächen aufweist, indes kein Mitglied der KE-Familie ist (vgl. Lai et al. 2001), hat dieser Diskussion weitere Impulse gegeben, so dass in neuerer Forschung die genetische Grundlage von Sprache weiterhin ein heiß debattiertes Feld darstellt und somit die Grundlagen für eine neue Verbindung zum Thema der Sprachevolution geschaffen worden sind (vgl. etwa Jenkins 2004; Di Sciullo und Jenkins 2016). Jedoch ist sich die Mehrheit der involvierten Forscher darin einig, dass Erkenntnisse zum FOXP2-Gen höchstwahrscheinlich nur sehr abstrakte Hypothesen zur Evolution der Sprachfähigkeit ermöglichen (siehe Box 5).

Box 5. Die Genetik ist natürlich ein Forschungsgebiet von großem Interesse für evolutionäre Überlegungen. Die Rolle des Gens FOXP2 in den Diskussionen zur Sprachevolution ist jedoch höchst umstritten.

Das mittlerweile berühmte FOXP2-Gen ist ein sogenanntes Regulatorgen; es steuert folglich die Genexpression, das heißt: die Aktivität anderer Gene. Zuerst berichteten eine Forschergruppe um den Genetiker Wolfgang Enard, dass die relevante Gen-Mutation im Menschen innerhalb der letzten 200.000 Jahren passierte (Enard et al. 2002), was dann wiederum mit der Entstehung des modernen Homo sapiens und (so die Vermutung) vermutlich auch mit der Entstehung von Sprache zusammenfallen könnte (siehe die in Kapitel 1 dieser Einführung skizzierten Zeiträume). In der neueren Forschung konnte jedoch gezeigt werden, dass dieselbe Mutation auch den Neandertaler charakterisiert (Krause et al. 2007). Dies würde bedeuten, dass die Mutation mindestens schon beim gemeinsamen Vorfahren von Homo sapiens und Neandertaler passiert sein muss. Zudem ist FOXP2 nur eines von vielen Genen, die wichtig für Komponenten der Sprachfähigkeit sind und somit eine Rolle in der Sprachevolution gespielt haben könnten. Zwei weitere relevante Kandidaten sind etwa CNTNAP2 sowie ASPM (siehe Dediu und Ladd 2007; Diller und Cann 2012). Der genaue Beitrag der einzelnen Gene, so kann aufgrund der bisherigen Forschungslage geschlossen werden, bleibt aber weiterhin ungeklärt. Jüngste Forschungen deuten auf einen fruchtbareren Forschungspfad hin. Hier wird demonstriert, dass eine für den Menschen spezifische FOXP2-Mutation zu erhöhter synaptischer Plastizität im Gehirn geführt hat (Vernes et al. 2007; Enard et al. 2009). Wenn nun diese Plastizität (und somit erhöhte neuronale Konnektivität) die Verarbeitung komplexer syntaktischer Struk-

---

[3] So kritisierte etwa Tomasello (1995) aus linguistischer Sicht die einseitige, auf die Sprachtheorien Chomskys beschränkte Sicht Pinkers: Was Pinker unter Sprache verstehe, gehe nicht konform mit dem Begriff, der in den psychologischen Wissenschaften vorherrsche. Von biologischer Seite wurde bereits in den 1990er Jahren eingewendet, dass der in Frage stehende genetische Effekt nicht nur grammatische Fähigkeiten, sondern darüber hinaus auch allgemein kognitive sowie motorische Fähigkeiten betreffe (Vargha-Khadem et al. 1995).

turen begünstigt hat, könnte dies zur Verbreitung dieser FOXP2-Mutation innerhalb der menschlichen Population beigetragen haben.

Wir können festhalten, dass durch populärwissenschaftliche Arbeiten wie diejenige von Pinker nicht nur alte Annahmen der generativen Linguistik vor dem Hintergrund neuer Evidenzen außerhalb der generativen Linguistik neu diskutiert werden, sondern überdies das Thema der Sprachevolution auch wieder eine größere Aufmerksamkeit innerhalb der generativen Linguistik erhalten hat.

Es ist an dieser Stelle noch einmal festzuhalten, dass Chomsky in früheren Arbeiten das Thema der Sprachevolution als seriösen Forschungsgegenstand ausgeschlossen hat, denn nach seinem Dafürhalten sei jedwede Forschung zum Thema Sprachevolution sinnlos (Chomsky 1972 [1968]). Er begründet dies damit, dass jede Erklärung der Sprachevolution, namentlich darwinistische Varianten, welche die Sprachfähigkeit als Ergebnis natürlicher Selektion beschreiben, letztlich nichts weiter sei als eine vage Vermutung, dass es eine naturalistische Erklärung für dieses Phänomen gebe. Somit fällt das gesamte Thema der Sprachevolution für ihn in den Bereich bloßer Spekulation.

Während für Chomsky dieses Thema aufgrund der bisherigen unzureichenden Erklärungsmittel mithin ein Mysterium darstellte, so sind doch außerhalb der generativen Linguistik – spätestens seit Ende der 1980er Jahre – zahlreiche Versuche zu verzeichnen, sich dieses Themas aus linguistischer Perspektive anzunehmen (vgl. etwa die zahlreichen Ansätze in Wind et al. 1989).

Erst Bickerton (1990) versucht dem Umstand abzuhelfen, dass mit Ausnahme der außerhalb der generativen Linguistik stattfindenden Forschung keine Beschäftigung mit dem Thema der Sprachevolution unternommen worden ist. Er legt demzufolge eine Arbeit vor, welche Überlegungen der generativen Linguistik in eine Theorie der Sprachevolution einbezieht.[4]

Grundlegend für seine Arbeit und entscheidend für nachfolgende Arbeiten, welche linguistische Überlegungen einbeziehen, ist seine Konzeption einer Protosprache, eines linguistischen Modus, der sich wesentlich von voll entwi-

---

4 Eine weitere Ausnahme, von der auch Bickerton spricht, ist die Arbeit von Lieberman (1984), in welcher der Autor ebenfalls Theoriekomponenten der generativen Linguistik in die Untersuchung einbezieht. Jedoch behauptet Lieberman, dass es keine Grammatik gebe, wie sie Chomsky für den idealen Sprecher-Hörer annimmt. Überdies konstatiert er, dass die Überlegungen zu einem Sprachgen sowie die Rede von einem Sprachorgan seiner Meinung nach jedweder Grundlage entbehren – und streitet somit wesentliche Grundannahmen der generativen Grammatik ab.

ckelten Grammatiken unterscheide. Wir werden aktuellere Varianten dieser Konzeption in Teil 3 dieses Buches besprechen. Bleiben wird jedoch zunächst bei den grundlegenden Gedanken Bickertons.

Diese Annahme eines solchen Sprachmodus, der sich laut Bickerton immer noch bei trainierten Affen, Kleinkindern sowie Sprechern einer Pidgin-, einer in Arbeits- und Handelssituationen entstehenden Behelfssprache niederschlägt, hat die linguistische Beschreibung von Vorstufen der heutigen Sprache befördert und somit auch adaptationistischen, von einer graduellen, funktionsgerichteten Evolution ausgehenden Standpunkten zugearbeitet. Diese Konzeption einer linguistisch beschreibbaren Vorstufe zu modernen Formen von Sprache kann als erste Arbeit angesehen werden, die ausführlich für eine inkrementelle Betrachtungsweise des Themas Sprachevolution plädiert: Schritt für Schritt erhöht sich die Komplexität der Grammatik, und zwar auf der Basis des allgemeinen Zweckes, der Funktion, den Anforderungen der menschlichen Kommunikation gerecht zu werden.

Charakteristisch für die von Bickerton angenommene Protosprache ist, dass es keine feste Korrelation zwischen Anforderungen des Ausdrucks und formalen Strukturen gibt. Will sagen: Diese Sprachstufe entbehrt etwa einer komplexen Morphologie und Syntax und hat demzufolge keine Elemente wie beispielsweise Flexionsendungen, welche unter anderem das Tempus eines Verbs anzeigen können. Auch fixierte Wortstellungen, welche eine pragmatische Hervorhebung einzelner Satzelemente indizieren können, seien auf dieser Sprachstufe nicht vorhanden.

Vor dem Hintergrund der Annahme einer solchen Protosprache behauptet Bickerton nun in Bezug auf die Sprachevolution, dass es keine Evidenz dafür gebe, dass Sprache graduell, schrittweise entstanden sei. Er belegt dies vor allem anhand des Übergangs von Pidgin- zu Kreol-, zu grammatisch ausgebauten, standardisierten Muttersprachen, welcher zeige, dass eine Protosprache in eine voll entwickelte Grammatik umschlagen kann – und das ohne jegliche Zwischenstufe.

Genauer: Kinder, die in einer Sprachgemeinschaft von Pidgin sprechenden Einwanderern aufwachsen, wiesen nach dem Spracherwerb eine Sprache auf, die sich im Gegensatz zum Pidgin durch eine komplexe Grammatik auszeichne. Dies sei laut Bickerton auf eine mit Chomskys UG vergleichbare Disposition, auf ein *„innate bioprogram"* (Bickerton 1981: 134) zurückzuführen. Der Autor behauptet nun, dass dieser abrupte Übergang auch im Falle der Sprachevolution die Annahme eines Übergangs ohne Zwischenformen nahelegt: „syntax must have emerged in one piece, at one time" (Bickerton 1990: 190); dies sei, laut Bickerton, nur durch eine entscheidende Mutation zu erklären. Bickerton legt hier auch den Grundstein für die neuere biolinguistische Theorie eines solchen ‚großen Sprungs', der wir uns im nächsten Abschnitt zuwenden werden.

Wenngleich diese These einer einzigen, entscheidenden Mutation in der Forschung höchst umstritten ist, so ist Bickertons Konzeption einer linguistisch beschreibbaren Vorstufe doch anschlussfähig für die Annahme einer graduellen Sprachentstehung im Rahmen natürlicher Selektion.

Eine Ausformulierung dieser Annahme, welche indes nicht eine, sondern mehrere Vorstufen postuliert, haben Pinker und Bloom (1990) mit ihrem adaptationistischen Szenario einer graduellen Sprachevolution zum Zwecke der Verbesserung der Kommunikationsfähigkeit vorgelegt. Die zentrale These lautet, dass die menschliche Sprachfähigkeit, wie andere spezialisierte biologische Systeme, im Rahmen natürlicher Selektion entstanden sei. Mit dieser Erklärung liegt neben Bickertons Szenario auch eine die Überlegungen der generativen Linguistik einbeziehende Theorie im neodarwinistischen Paradigma vor, in dem – im Gegensatz zum Szenario Bickertons – betont wird, dass die durch Mutationen gegebenen Kontingenzen kumulativ über viele Generationen durch Selektionsprozesse gefiltert werden (Dawkins 1986). Wir kommen auf diese schrittweisen Prozesse und den damit verbundenen Sprachbegriff in Teil 3 der vorliegenden Einführung zurück.

Fassen wir zusammen. Dieser Abschnitt hat den Weg der Reintegration der generativen Linguistik in die disziplinübergreifende Erforschung der Sprachevolution skizziert. Diese neue Perspektive bot erneut die Möglichkeit, über Betrachtungen zur Sprachfähigkeit Grundlegendes über die menschliche Natur gegenüber der Natur anderer Spezies zu erfahren. Die oben dargelegte verstärkte Einbeziehung biologischer Evidenzen stellt gleichsam das aus der Theoriegeschichte resultierende Fundament dar, auf dem neuere Diskussionen zur Sprachevolution innerhalb der generativen Grammatik geführt werden – diese Diskussionen wollen wir uns im Folgenden etwas detaillierter anschauen.

3.4 Rekursive Syntax & FLN?

Aus den im vorherigen Abschnitt skizzierten Arbeiten und herausgestellten Entwicklungen resultierte innerhalb der generativen Linguistik eine stärkere Beschäftigung mit dem disziplinübergreifenden Thema der Sprachevolution. Dies geschah nicht zuletzt, da dieses Thema nun eine Reformulierung der bereits von Chomsky (1975) geäußerten Hypothese, die menschliche Kognition sei einzigartig, im Rahmen der Erforschung der Sprachevolution ermöglicht. Hinsichtlich der grundlegenden Fragestellung, inwieweit der Mensch sich aufgrund seiner Sprachfähigkeit von anderen Spezies und – im evolutionären Rahmen –

von seinen direkten Vorfahren unterscheidet, ist in jüngster Zeit innerhalb der generativen Linguistik eine einschlägige Position entwickelt worden, die am programmatischsten mit einem Artikel von Hauser et al. (2002) in der renommierten Fachzeitschrift *Science* formuliert ist.

Hauser et al. (2002) möchten ein Forschungsprogramm formulieren, das bezüglich der Erforschung der Sprachevolution einen produktiven Austausch zwischen Biologen und Linguisten ermöglicht. Dieser Austausch sei bisher unzureichend gewesen, da es den aus unterschiedlichsten Forschungsperspektiven geleisteten Beiträgen an einem einheitlichen Sprachbegriff mangele und die Diskussion um die Sprachevolution folglich von Konfusionen gezeichnet sei. Die Autoren postulieren daher, dass der Forschung ein kognitivistischer Sprachbegriff zugrunde gelegt werden sollte, wie er – wie in Abschnitt 3.1 dargelegt – in den grundlegenden Arbeiten der generativen Linguistik formuliert worden ist. Aufgrund der Komplexität der Sprachfähigkeit, die sich aus den Schnittstellen zu anderen kognitiven Systemen ergibt, sei jedoch auch dieser Sprachbegriff zunächst zu ungenau, zu breit, um nützlich zu sein. Demzufolge führen sie eine Unterscheidung zwischen der Sprachfähigkeit im weiten Sinne – ‚Faculty of language – broad sense (FLB)' – und der Sprachfähigkeit im engen Sinne – ‚Faculty of language – narrow sense (FLN)' – ein.

Dieser Unterscheidung zufolge ist FLB ein inklusiver Sprachbegriff, der sowohl FLN als auch diejenigen Mechanismen der Sprachfähigkeit einschließt, welche allgemeinen kognitiven Systemen zugerechnet werden können. Diese Mechanismen, so die Vermutung, teilen wir grundsätzlich mit anderen Spezies und unseren Vorfahren. Diese die Sprachfähigkeit betreffenden Aspekte, welche der Mensch prinzipiell mit nicht-menschlichen Lebewesen teilt, bestehen, so die Autoren, in den Komponenten eines senso-motorischen und eines konzeptuell-intentionalen Systems und somit – vereinfacht ausgedrückt – in der Fähigkeit, Sprachlaute wahrzunehmen und zu produzieren (in der Linguistik in den Teildisziplinen der Phonetik und der Phonologie beschrieben) sowie in der Fähigkeit, Bedeutungsstrukturen und Handlungsaspekte der Sprachfähigkeit (beschrieben in der Semantik und Pragmatik) zu interpretieren.

Diese allgemeinen Aspekte sparen sie aus der Sprachfähigkeit im engen Sinne, aus FLN aus und behaupten, dass zu FLN lediglich ein mental repräsentiertes Grammatiksystem wie die rekursiven Phrasenstrukturregeln aus Abschnitt 3.1 oben gehört. FLN kann also auf einen Mechanismus reduziert werden, der mittels rekursiver Operationen Strukturen erzeugt und hierbei die Eigenschaft der ‚diskreten Infinitheit' aufweist: „FLN takes a finite set of elements and yields a potentially infinite array of discrete expressions" (Hauser et al. 2002: 1573). Technischer ausgedrückt: Sie isolieren die Fähigkeit zur rekursiven Syntax als das entscheidende Merkmal, das die Generierung interner Repräsentationen ermögliche, welche auf das senso-motorische sowie konzeptuell-intentionale System abgebildet werden können. Sie beschreiben diese Fähigkeit folglich als entscheidende Verbindung zwischen dem senso-motorischen und dem konzeptuell-intentionalen System, kurz: zwischen Laut und Bedeutung. Diese Fähigkeit lasse sich nicht auf andere kognitive Systeme zurückführen und wird zudem im Hinblick auf die Fähigkeiten unserer direkten Vorfahren und somit unserer nächsten Verwandten – wie sie es im Rahmen ihrer evolutionstheoretischen Überlegungen ausdrücken – als ‚qualitativ neu' angenommen. Die folgende Abbildung veranschaulicht die wichtige Unterscheidung zwischen FLB und FLN:

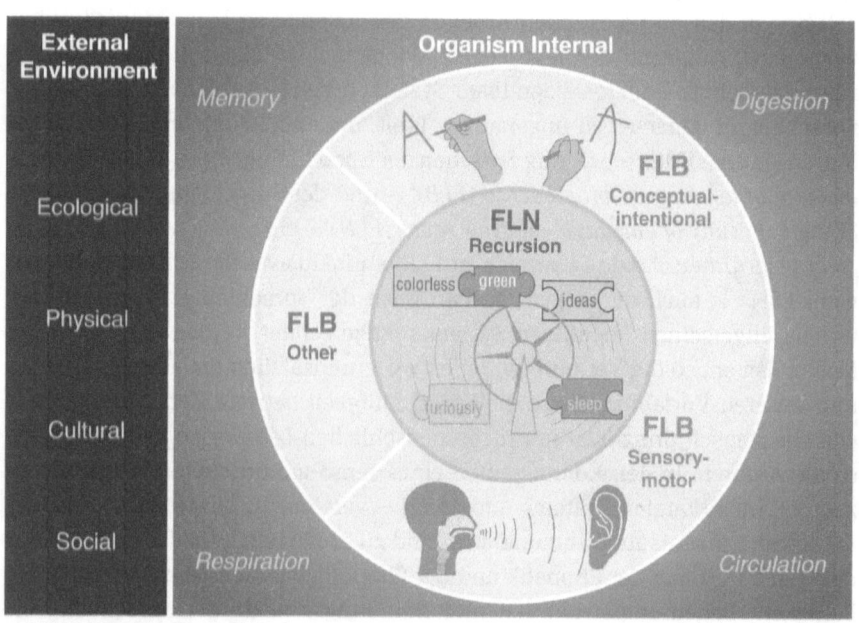

Abb. 4: Die Unterscheidung zwischen FLB und FLN nach Hauser et al. (2002: 1570).

In Abbildung 1 sind neben den Komponenten FLB und FLN auch weitere organismusinterne (z. B. Atmung) sowie organismusexterne Faktoren angegeben, die für einen Organismus, der über die Sprachfähigkeit verfügt, relevant sind. Die FLN-Komponente ist in diesem Schema anhand des berühmten Satzbeispiels *Colorless green ideas sleep furiously* (‚Farblose grüne Ideen schlafen wütend') veranschaulicht. Dieses Beispiel stammt aus der Arbeit von Chomsky (1957) und soll zeigen, dass auch äußerst sinnlose Sätze als grammatisch richtig wahrgenommen werden können. Dies demonstriert, so die Argumentation, dass wir über eine abstrakte syntaktische Regelkompetenz verfügen, die unabhängig von unserer Erfahrung (genauer: der statistisch berechenbaren Beziehung zwischen Wörtern) ist. Diese Regelkompetenz ermöglicht uns, Formen wie das berühmte Chomsky-Beispiel als grammatisch und Formen wie *Furiously sleep ideas green colorless* als ungrammatisch zu bewerten.

Die eingeschränkte Annahme, allein die Fähigkeit zur rekursiven Syntax unterscheide die Sprachfähigkeit des Menschen qualitativ von den Fähigkeiten anderer Spezies, soll nun – gemäß diesem Forschungsprogramm und in Einklang mit der oben skizzierten verstärkten Einbeziehung experimenteller Evidenz – mithilfe der Methode komparativer Studien überprüft werden. In komparativen Studien werden empirische Daten von lebenden Spezies in Augenschein genommen und verglichen, um Rückschlüsse auf unsere Vorfahren zu ziehen (vgl. Kapitel 2 oben sowie Hauser et al. 2007 zu dieser Methode im Allgemeinen).

Bevor ich in Kapitel 4 darlegen werde, wie die Autoren die bisherige Datenlage solcher Studien interpretieren und welches evolutionäre Szenario sie infolgedessen annehmen, möchte ich zunächst die Unterscheidung zwischen FLB und FLN weiter verdeutlichen, indem ich auf die hierbei implizierten sprachtheoretischen Überlegungen eingehe, die einen solchen eingeschränkten Sprachbegriff begründen. Wir werden hierbei eine Zuweisung vieler zuvor grammatikspezifischer Komponenten an nicht-sprach- und somit – innerhalb der Argumentation von Hauser et al. (2002) – nicht-speziesspezifische Fähigkeiten beobachten.

3.4.1 Sprachtheoretische Implikationen

Die sprachtheoretischen Grundlagen für die Einschränkung der sprachspezifischen kognitiven Fähigkeiten mittels der Zuweisung vieler Aspekte an sprachexterne Komponenten liefert das erstmals von Chomsky (1993) formulierte Grammatikmodell des sogenannten ‚Minimalistischen Programms' (MP). Im Rückblick kann sogar festgehalten werden, dass dieses Grammatikmodell eigens auf eine Behandlung des Themas der Sprachevolution hinausläuft, da es die Fragestellung ermöglicht, *warum* die menschliche Sprachfähigkeit so beschaffen ist, wie sie beschaffen ist – mit dieser Fragestellung geht die generative Linguistik über bisher anvisierte Erklärungsziele hinaus (Chomsky 2004).

> **Box 6.** Die Untersuchung der Sprachevolution stellt eine neue Theoriestufe der generativen Grammatik dar. Chomsky (1964) unterscheidet eine Stufenfolge von sogenannten ‚Adäquatheitsebenen', die dazu dienen sollen, Grammatiktheorien zu bewerten. Die niedrigste Stufe stellt die *Beobachtungsadäquatheit* dar. Eine Grammatik erweist sich auf dieser Ebene als adäquat, wenn sie die beobachtbaren (‚primären') Sprachdaten korrekt wiedergibt. Die nächste Stufe – die *Beschreibungsadäquatheit* – beinhaltet, dass der Forscher über diese Daten berichtet, indem er die diesen Daten zugrunde liegenden Regularitäten herausfindet. Die höchste Stufe in diesem methodologischen Modell ist die *Erklärungsadäquatheit*. Diese Stufe ist erreicht, wenn die Grammatiktheorie erklären kann, wie der Sprecher einer Sprache zu seinem Wissen über die zugrunde liegenden Regularitäten gelangt. Die Erklärungsadäquatheit zielt somit letztlich auf eine Theorie des Spracherwerbs ab. Die Theoriestufe des Minimalistischen Programms ermöglicht nun, wie Chomsky (2004: 106) es ausdrückt, ‚über die Stufe der Erklärungsadäquatheit hinauszugehen' und auf diesem Wege die Frage nach der Sprachevolution neu in den Blickpunkt der linguistischen Forschung zu rücken.

Es wurde bereits in den vorangegangenen Abschnitten betont, dass der Forschungsgegenstand der Sprachevolution empirisch greifbarer erscheint, wenn wir die Annahmen zu angeborenen sprachspezifischen Komponenten (den Umfang der UG) reduzieren können (vgl. Chomskys 2007 Ziel: ‚Approaching UG from below').

Während das in Abschnitt 3.2 bereits skizzierte Vorgängermodell der GB-Theorie noch zahlreiche für die Sprachfähigkeit spezifische Prinzipien enthalten hat, wird innerhalb des MP angenommen, dass viele dieser Prinzipien als allgemeine Prinzipien kognitiver Organisation beschrieben werden können. Da die Strukturen, welche durch die syntaktischen Operationen erzeugt werden, von der senso-motorischen und der konzeptuell-intentionalen Schnittstelle interpretiert werden müssen, so die Annahme innerhalb des MP, sind diese Operationen an Bedingungen gebunden, welche von sprachexternen Systemen bestimmt werden. So gedacht, sind die erzeugten Sprachstrukturen optimale Realisierungen der von den Schnittstellen geforderten Bedingungen an sprachliche Struktur.

Aus dieser These ergeben sich viele für das MP charakteristische Reduktionen der vorangegangenen Grammatikmodelle. Denn wenn die Funktion der Grammatikkomponente lediglich in der optimalen Erfüllung der über Schnittstellen vermittelten Anforderungen der externen Systeme besteht, so müssen gemäß dieser Überlegung in gleichsam ökonomischer Folgerichtigkeit alle Komponenten der vorherigen Grammatikmodelle getilgt werden, die nichts zu dieser Erfüllung beitragen.

Hieraus resultieren wesentliche Konsequenzen für die Menge grammatischer Repräsentationsebenen: Das MP folgt dem Postulat einer ‚konzeptuellen Notwendigkeit'. Dieses besagt, nur diejenigen Komponenten seien notwendig, welche von den sprachexternen Systemen gefordert werden. Infolgedessen behauptet Chomsky (1993 et seq.), dass die Schnittstellen die einzigen Ebenen linguistischer Repräsentation seien. Somit wären die einzigen gerechtfertigten Repräsentationsebenen die Schnittstellen PF und LF. Die im Grammatikmodell der GB-Theorie noch vorhandenen Ebenen der D- und S-Struktur (siehe Abschnitt 3.2 oben) werden aufgrund von ‚minimalistischen' Überlegungen zu den auf diesen Ebenen operierenden Prinzipien getilgt.

Ein Beispiel für eine solche Tilgung betrifft etwa das sogenannte Theta-Kriterium: „[e]ach argument bears one and only one θ-role, and each θ-role is assigned to one and only one argument" (Chomsky 1981: 36). Einfacher ausgedrückt: Dieses Kriterium besagt zum einen, dass jedes lexikalische Element bestimmte semantische Rollen, bestimmte ‚Theta-Rollen' vergibt – wie etwa das Verb *geben* die Rollen ‚Gebender' (Agens), ‚Empfänger' (Adressat) und ‚Gabe' (Patiens) – und dass diesen Theta-Rollen in der syntaktischen Struktur auch ein Träger, ein Argument entsprechen muss. Betrachten wir hierzu die folgenden Sätze:

(10) a. Der Verkäufer gibt dem Hund den Knochen.
 b. *Der Verkäufer gibt dem Hund.

Der Satz (10b) ist ungrammatisch, da ihm ein vom Verb *geben* verlangtes und in (10a) mit *den Knochen* vorhandenes Argument als Entsprechung der Theta-Rolle ‚Gabe' fehlt. Zum anderen fordert das Theta-Kriterium, dass jedes dieser Argumente einer, jedoch nur einer Theta-Rolle entspricht (vgl. *... *gibt dem Hund den Knochen den Ball*).

Das Theta-Kriterium wird nun innerhalb des MP als Interpretationsbedingung der LF-Schnittstelle interpretiert, denn wenn die erzeugte Struktur von diesen Bedingungen abweicht, wenn die Bedingungen nicht erfüllt werden, kann die Struktur an der Schnittstelle nicht interpretiert werden. Ebenso werden weitere, zuvor als sprachspezifisch postulierte Prinzipien nicht mehr als der Grammatikkomponente immanent, sondern als von sprachexternen Systemen auferlegte Bedingungen beschrieben. Infolgedessen können mit den zahlreichen Prinzipien auch die Repräsentationsebenen, auf denen diese Prinzipien operieren, gestrichen werden.⁵ Übrig bleiben bei dieser ‚Minimalisierung' der Grammatik lediglich die Schnittstellen PF und LF und ein Lexikon, aus dem die lexikalischen Elemente samt ihren Merkmalen entnommen werden.

Auch in einem solchen reduzierten Modell kann jedoch nicht auf einen Erzeugungsprozess verzichtet werden, der die lexikalischen Elemente in Form rekursiver Operationen miteinander verknüpft. Doch während dieser Strukturaufbau in der vorangegangenen GB-Theorie im Rahmen der ‚X'-Theorie' ebenfalls mit abstrakten Prinzipien verbunden gewesen ist, so wird dieser Prozess im MP auf eine Operation der Verkettung (engl. *merge*) beschränkt, gemäß der die syntaktische Verknüpfung erfolgt. Konkreter ausgedrückt, bezeichnet diese Operation lediglich die Verknüpfung zweier Elemente, α und β, zu einer komplexeren Einheit γ.

Vor dem Hintergrund dieser Annahme und der von Chomsky (1995) infolgedessen entwickelten Theorie der ‚Bare Phrase Structure', in welcher die X'-Theorie auf ihre wesentlichen Bestandteile reduziert wird, kann diese Verkettung folgendermaßen veranschaulicht werden. Wenn zwei lexikalische Elemente (α und β), wie etwa das Verb *attackieren* und das Pronomen *ihn*, miteinander verknüpft werden, dann folgt hieraus ein komplexerer Ausdruck γ, was vereinfacht wie folgt dargestellt werden kann:

(11)

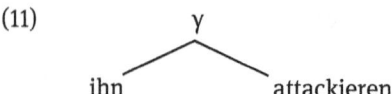

Der komplexe Ausdruck γ kann nun prinzipiell entweder die Merkmalmengen der beiden lexikalischen Elemente oder nur die Menge eines der beiden Elemente übernehmen – bezogen auf unser Beispiel meint die letztgenannte Möglichkeit, dass γ entweder eine verbale oder eine nominale Kategorie sein muss.

Da die erzeugte Struktur von der LF-Schnittstelle interpretiert werden muss, sollte ausgeschlossen werden – so die minimalistische Terminologie –, dass die Derivation an der LF-Schnittstelle ‚zusammenkracht'. Daher ist in unserem Falle nur sinnvoll, dass die Kategorie γ die Merkmalmenge von *attackieren* übernimmt und somit eine verbale Kategorie darstellt: Verben selegieren ihre Argumente und nicht Argumente ihre Verben. Dies verdeutlicht das folgende Schema:

---

5 Eine ausführliche Darstellung dieser Reduktionen geben Hornstein et al. (2005), indem sie in einzelne Kapitel gegliedert sowohl die konzeptuellen als auch die empirischen Beweggründe für den Wechsel von der GB- zur Minimalismus-Perspektive aufzeigen.

(12)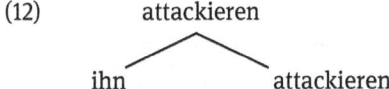

Auch die Transformationsoperationen der syntaktischen Struktur, welche in der GB-Theorie mit der universalen, durch zahlreiche sprachspezifische Prinzipien beschränkten Operation ‚Move α' beschrieben worden sind, können im MP mithilfe einer Variante der Verkettungsoperation, mittels des ‚Internal Merge' beschrieben werden, denn – so Chomsky (2004: 110) in einer diese Überlegungen fortführenden Arbeit – „Merge yields the property of displacement". Um dies zu verdeutlichen, nehmen wir zunächst an, dass die Struktur gemäß der Verkettungsoperation weiter verlängert worden ist:

(13)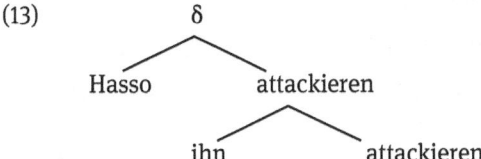

Erinnern wir uns noch einmal an die in Abschnitt 3.2 bereits thematisierte, das W-Element *wen* betreffende Bewegungstransformation. Diese Bewegung kann nun innerhalb der im MP postulierten Verkettungsoperation beschrieben werden, indem *wen* aus der verketteten Struktur selbst entnommen wird und nicht aus dem ‚externen' Lexikon. Die Verkettung vollzieht sich also rein innerhalb der Struktur, indem Element α aus der bereits verketteten Struktur δ entnommen wird und sodann mit δ verkettet wird. Auf die Struktur (14) angewendet, ergibt sich somit folgendes Schema:

(14)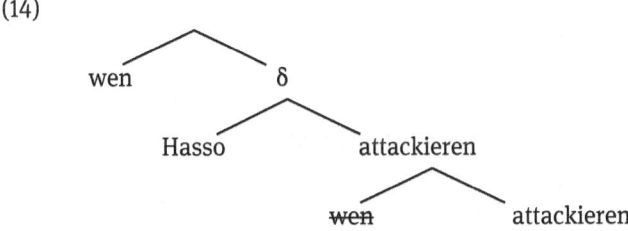

Wir können an dieser Stelle nicht auf die allgemeinen Bedingungen kognitiver Ökonomie eingehen, die etwa sicherstellen, dass jede Bewegung aus möglichst kurzen Schritten besteht („Shortest Movement Condition") sowie unerlässlich ist („Last Resort Principle"). Dennoch dürfte aus dem Vorangegangenen bereits erhellen, wie im MP durch die Verortung der Sprachfähigkeit innerhalb eines Zusammenhangs allgemeiner kognitiver Organisation viele zuvor als sprachspezifisch beschriebene Prinzipien in Form von sprachexternen kognitiven Bedingungen umformuliert werden. Infolgedessen bleibt als Kernelement der grammatischen Komponente lediglich die rekursive Verkettung lexikalischer Elemente („Merge") übrig, dessen erzeugte Strukturen an einem bestimmten Punkt („Spell-Out") von LF und PF weiterverarbeitet werden. Das hieraus resultierende Grammatikmodell lässt sich folgendermaßen veranschaulichen (vgl. Boeckx 2006: 80):

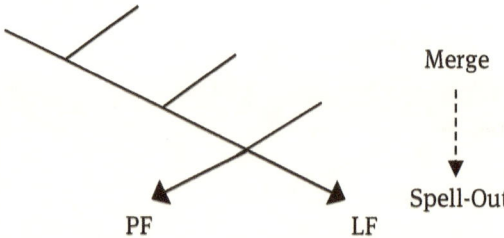

Abb. 5: Grammatikmodell des ‚Minimalistischen Programms'.

Die von Hauser et al. (2002) geäußerte Vermutung, dass allein die Fähigkeit zur rekursiven Syntax und somit zum Vollzug der Verkettungsoperation ‚Merge' nicht von anderen kognitiven Systemen abgeleitet werden kann, wird folglich durch das MP sprachtheoretisch fundiert. Um nun diese Hypothese für eine disziplinübergreifende Perspektive auf das Thema der Sprachevolution fruchtbar zu machen, haben die Autoren unter Einbeziehung der Datenlage aus komparativen Studien eine hieran anschließende Erklärung der Sprachevolution angedeutet, welche im Folgenden dargestellt werden soll.

3.4.2 Evolutionstheoretische Implikationen: Der große Sprung

Während das dem MP vorangegangene Grammatikmodell der GB-Theorie mit seinen zahlreichen sprachspezifischen Prinzipien, mit seiner komplexen modularen Struktur eine Hypothese zur Sprachevolution erschwert hat, ermöglicht die sprachtheoretische Basis des MP die Formulierung eines Evolutionsszenarios, welches an frühere Überlegungen Chomskys und Bickertons anschließt.

Denn während adaptationistische Positionen wie die von Pinker und Bloom (1990) mit dem funktionsgerichteten Prozess einer Verbesserung der Kommunikationsfähigkeit einen bloß quantitativen Unterschied zu unseren direkten Vorfahren und somit zu unseren nächsten Verwandten nahelegen, lässt sich mit der Reduktion der sprachspezifischen Komponenten auf einen einzigen Mechanismus – die Fähigkeit zur rekursiven Syntax (FLN) – ein Szenario formulieren, das die in Abschnitt 3.1 vor dem Hintergrund einer Philosophietradition skizzierte Annahme stützt, die kognitiven Fähigkeiten des Menschen, insbesondere seine sich in der Sprache niederschlagende Kreativität, unterschieden sich qualitativ von den Fähigkeiten anderer Spezies. Rückblickend konstatieren Berwick und Chomsky (2016) dann auch, dass die innerhalb des MP vorgenommene Reduktion der sprachspezifischen Komponenten schon immer im Hinblick auf Fragen der Sprachevolution geschehen sei.

Dass die Fähigkeit zur rekursiven Syntax erst kürzlich entstanden und für den Menschen einzigartig sei, sehen Hauser et al. (2002) durch die ihnen bisher zugängliche Datenlage komparativer Studien bestätigt, die laut der Autoren zeigt, dass zahlreiche kognitive sowie perzeptuelle Mechanismen der Sprachfähigkeit mit anderen Arten geteilt werden, sich jedoch kein vergleichbarer Fall bezüglich des Mechanismus der rekursiven Syntax aufweisen lässt. Dies, so die Autoren, legt die Schlussfolgerung nahe, dass FLN ein fragwürdiger Kandidat für ein rein adaptationistisches Szenario sei.

Die Alternative, welche Hauser et al. (2002) zur Erklärung des Ursprungs von FLN andeuten, besteht in der Annahme, dass die Entstehung dieser Fähigkeit und die damit erst ermöglichte effiziente Verbindung von FLB-Komponenten (von Laut und Bedeutung) Ergebnis von Exaptation sei. Will sagen: Die Fähigkeit zu rekursiven Operationen sei zu anderen Zwecken entstanden und erst später für ihre jetzige Funktion kooptiert worden (vgl. zu diesem grundlegenden Prozess Gould und Vrba 1982).

Konkret bedeutet dies, dass bei unseren direkten Vorfahren und nächsten Verwandten der Mechanismus der Rekursion Teil eines modularen Systems für spezielle Funktionen wie etwa räumliche Navigation gewesen sei. Im Laufe der Evolution sei diese modulare Beschränkung indes aufgehoben worden und der zuvor domänenspezifische Mechanismus sei für weitere kognitive Domänen zugänglich geworden.

Gemäß diesem Szenario ist aus der Verbindung der bereits bei unseren Vorfahren vorhandenen Aspekte des senso-motorischen und des konzeptuell-intentionalen Systems durch einen rekursiven Mechanismus etwas qualitativ Neues entstanden. Für die Aufhebung dieser domänenspezifischen Beschränkung erwägen Hauser et al. (2002) am Ende ihres Aufsatzes die Möglichkeit, diese sei eine Konsequenz (ein Nebenprodukt) einer neuronalen Reorganisation des menschlichen Gehirns, die nur einer kleinen genetischen Veränderung bedurfte.

Diese von Hauser et al. beschriebenen Prozesse sind innerhalb der Biologie durchaus plausible Szenarien in Bezug auf die Entstehung kognitiver Fähigkeiten wie Sprache. So fassen etwa Ramus und Fisher (2009: 865) kürzlich zusammen:

> Even if it [= Sprache] is truly new in a cognitive sense, it is likely to be much less novel in biological terms. For instance, a change in a single gene producing a signaling molecule (or a receptor, channel etc.) could lead to creating new connections between two existing brain areas.

Ähnlich formuliert das auch Chomsky an anderer Stelle. Er nimmt an, dass dieser „great leap forward" (Chomsky 2005: 3), dieser ‚qualitative Sprung' in der jüngeren Menschheitsgeschichte dadurch geschehen konnte, dass das menschliche Gehirn neu organisiert worden sei, vermutlich durch eine entscheidende Mutation. Diese entscheidende Mutation könnte folglich dazu geführt haben, dass einzelne Individuen unmittelbar mit intellektuellen Fähigkeiten ausgestattet waren, welche die Fähigkeiten ihrer Artgenossen bei Weitem übertrafen. Berwick und Chomsky (2016: 80) denken hier an Vorteile bezüglich komplexen Denkens, Handlungsplanung und ähnlichen mentalen Fähigkeiten. Aufgrund der Vorteile dieser Individuen wurden dann ihre intellektuellen Fähigkeiten infolge weiterer Prozesse im Rahmen natürlicher Selektion zu einem Speziesmerkmal des Menschen. Als sekundärer Prozess sei dann diese mit selektivem Vorteil verbundene Fähigkeit auch für das senso-motorische System verfügbar geworden, da sich auch die Externalisierung komplexen Denkens in der zwischenmenschlichen Kommunikation als Vorteil erwiesen hätte.

Mit dieser Erklärung wird auch ein Problem umgangen, das Wunderlich (2008) mit Bezug auf eine Arbeit von Manfred Bierwisch als ‚Bierwischs Paradox' bezeichnet. Bierwisch (2001) argumentiert, dass eine Mutation, welche zur Verbesserung oder Ermöglichung der menschlichen Sprachfähigkeit führe, nicht positiv selegiert werden könne. In einem Kommunikationsszenario hätte das betroffene Individuum gar keinen Gesprächspartner, bei dem dieser linguistische Vorteil zur Geltung kommen könnte. Da Externalisierung, das Kommunizieren jedoch nur als sekundärer Effekt angesehen wird, ist den Bedenken Bierwischs ein Stück weit die Schwere genommen.

> **Box 7.** Ein nicht-adaptationistischer Ansatz zur Erklärung der menschlichen Sprachfähigkeit, wie ihn Chomsky und Kollegen vertreten, wird auch oft in Verbindung mit dem noch jungen Forschungsfeld der ‚Evolutionären Entwicklungsbiologie' (kurz: ‚Evo-Devo') gebracht (siehe etwa Chomsky 2010; Piattelli-Palmarini et al. 2008). Diese Forschungsrichtung hat aufgezeigt, wie kleine genetische Veränderungen (vor allem bei regulativen Genen wie den sogenannten Hox-Genen) die Aktivierung anderer Gene maßgeblich steuern und dann auf der Basis einer Kaskade von Entwicklungsfaktoren in bedeutsamen phänotypischen Konsequenzen resultieren (siehe Dediu und Christiansen 2016 für einen neueren Überblick über die Anwendung von Evo-Devo-Konzepten auf Theorien zur Evolution der Sprachfähigkeit).

Fassen wir zusammen. Chomsky und Kollegen antworten mit ihrem Szenario auf das Rätsel, dass keine andere bekannte Spezies über so etwas wie die menschliche Sprachfähigkeit verfügt. Er nimmt deshalb einen ‚großen Sprung' an, der gegen Darwins Prinzip *natura non facit saltus* (‚die Natur macht keine Sprünge') zu verstoßen scheint; innerhalb seiner Evolutionstheorie formuliert Darwin folgende grundsätzliche Feststellung:

> For natural selection can act only by taking advantage of slight successive variations; she can never take a leap, but must advance by the shortest and slowest steps.
>
> (Darwin 1859: 194)

Genau genommen verstoßen Chomsky et al. jedoch nicht gegen gängige Annahmen in der Evolutionstheorie. Sie folgen in ihrer Argumentation lediglich einer einschlägigen Sicht, nach der natürliche Selektion gemeinhin eher eine Kraft zur Stabilisierung und nicht zur maßgeblichen Veränderung von (kognitiven) Phänotypen sei (siehe Tattersall 2015). Qualitative Veränderungen wie das Verfügen über Sprache seien mit hoher Wahrscheinlichkeit eher im Rahmen von exaptiven Prozessen, wie den oben skizzierten, entstanden.

Dieses aus Sicht der Evolutionsbiologie folglich durchaus plausible Szenario eines ‚großen Sprungs' scheint indes angesichts der weit verbreiteten Annahme einer auf graduellen, quantitativen Schritten beruhenden Sprachevolution – um es vorsichtig zu formulieren – sehr gewagt. Chomsky und Kollegen halten es jedoch für das plausibelste Szenario, will sagen: für weniger spekulativ als alternative Theorien zur Sprachevolution.

Welche anderen Spekulationen, welche Alternativen zu diesem Modell nicht nur in evolutions-, sondern auch in sprachtheoretischer Hinsicht bestehen, werden wir in Teil 3 und 4 dieses Buches ausführlicher betrachten. Zunächst soll jedoch hervorgehoben werden, dass sich die FLN-Hypothese von

Hauser et al. (2002) in Bezug auf die experimentelle Forschung zum Thema Sprachevolution als sehr fruchtbar erwiesen hat.

3.5 Kommentierte Literaturhinweise

Der grundlegende Text, der neuere Diskussionen zur biolinguistischen Perspektive auf das Thema der Sprachevolution angestoßen hat, ist:

Hauser, Marc D., Noam Chomsky & W. Tecumseh Fitch. 2002. The faculty of language: What is it, who has it, and how did it evolve? *Science* 298. 1569–1579.

In dem folgenden Aufsatz reagieren Hauser et al. auf wesentliche Kritikpunkte, die bezüglich ihres *Science*-Artikels formuliert worden sind:

Fitch, W. Tecumseh, Marc D. Hauser & Noam Chomsky. 2005. The evolution of the language faculty: Clarifications and implications. *Cognition* 97. 179–210.

Einen umfangreichen Überblick über die biolinguistische Perspektive auf Sprachevolution bieten:

Berwick, Robert C. & Noam Chomsky. 2016. *Why only us: Language and evolution*. Cambridge, MA: MIT Press.
Berwick, Robert C., Angela D. Friederici, Noam Chomsky & Johan J. Bolhuis. 2013. Evolution, brain, and the nature of language. *Trends in Cognitive Sciences* 17. 89–98.

Einen etwas weiter gefassten thematischen Überblick, der auch Bereiche wie Spracherwerb miteinbezieht, gibt der Artikel:

Di Sciullo, Anna M. & Lyle Jenkins. 2016. Biolinguistics and the human language faculty. *Language* 92. e205-e236.

Klassische Texte, welche die Verbindung von generativer Linguistik und Biologie mit besonderem Fokus auf das Thema der Sprachevolution darstellen, sind:

Jenkins, Lyle. 2000. *Biolinguistics: Exploring the biology of language*. Cambridge: Cambridge University Press.
Lenneberg, Eric H. 1967: *Biological foundations of language*. New York: Wiley & Sons.

Eine gut verständliche deutschsprachige Einführung in grundlegende Annahmen des Minimalistischen Programms bietet:

Grewendorf, Günther. 2002. *Minimalistische Syntax*. Tübingen & Basel: Francke.

Als einschlägige englischsprachige Darstellungen mit einführendem Charakter können die folgenden Bücher empfohlen werden:

Boeckx, Cedric. 2006. *Linguistic minimalism: Origins, concepts, methods, and aims*. Oxford: Oxford University Press.
Hornstein, Norbert, Jairo Nunes & Kleanthes K. Grohmann. 2005. *Understanding minimalism*. Cambridge: Cambridge University Press.

4 Sprachevolution und Experiment in biolinguistischer Perspektive

Das vorangegangene Kapitel hat gezeigt, dass innerhalb der generativen Linguistik eine Position zum Thema der Sprachevolution besteht, die sich auf die folgende Hypothese zuspitzen lässt: Die Fähigkeit zur rekursiven Syntax ist dasjenige Merkmal der menschlichen Sprachfähigkeit, das den Menschen qualitativ von anderen Spezies und somit von unseren evolutionären Vorfahren unterscheidet.

Für diese Position – so habe ich in den Abschnitten oben herausgestellt – liegt ein sowohl sprach- als auch – darauf aufbauend – evolutionstheoretisches Konzept vor. Um der Anforderung einer engen Zusammenarbeit von Biologie und Linguistik Rechnung zu tragen, werden im Folgenden disziplinübergreifende Evidenzen erörtert, welche experimentelle Studien zu syntaktischen Fähigkeiten anderer Spezies betreffen. Ungeachtet ihrer sprach- und evolutionstheoretischen Einwände gegen Hauser et al. (2002) loben Pinker und Jackendoff (2005) sowie viele weitere Kritiker das generelle Forschungsprogramm von Hauser et al. Sie nehmen Bezug auf die von Hauser et al. geforderte experimentelle Überprüfung evolutionärer Erklärungen innerhalb komparativer Studien und stellen fest, dass eine solche Überprüfung ein willkommener empirischer Schritt in der Forschung zur Sprachevolution sei.

In den folgenden Abschnitten wird anhand von zwei einschlägigen komparativen Studien ermittelt, inwieweit solche Studien tatsächlich einen wertvollen Beitrag zur Überprüfung der FLN-Hypothese liefern können (Abschnitt 4.1). Diese Studien sind zudem eng mit einem Forschungsprogramm innerhalb der Neurobiologie verbunden, das die Grundlagen der Fähigkeit zur rekursiven Syntax im Gehirn erforschen möchte. Dieser Forschung wenden wir uns in Abschnitt 4.2 dieses Kapitels zu.

4.1 Artificial Grammar Learning: Die komparative Methode

4.1.1 Rekursive Syntax und Lisztaffen

Im Anschluss an den von Hauser et al. (2002) formulierten Sprachbegriff FLN gehen Fitch und Hauser (2004) davon aus, dass die kognitive Verarbeitung hierarchischer syntaktischer Strukturen ein wesentliches Merkmal der menschlichen Sprachkompetenz sei. Um herauszufinden, ob dieses mit der Fähigkeit zur rekursiven Syntax verbundene Vermögen allein den Menschen auszeichnet oder ob eine – wenn auch graduell, mithin quantitativ abgestufte – Form auch bei nicht-menschlichen Lebewesen nachgewiesen werden kann, testeten sie die Verarbeitungsfähigkeit von rekursiv eingebetteten Strukturen bei Lisztaffen (*Saguinus oedipus*).

Hierzu kreierten die Forscher als Stimuli dienende Lautstrukturen, welche nach zwei verschiedenen, von Chomsky im Rahmen seiner frühen Arbeiten klassifizierten Grammatiken gebildet waren. Zum einen wurden diese Lautstrukturen gemäß einer ‚finite state grammar' (FSG) gebildet, deren generative Kraft am schwächsten ist, da sie immer nur an einem Rand der erzeugten Struktur verlängert werden kann. Diese Grammatik kann mit der Formel $(AB)^n$ beschrieben und mithilfe folgender parataktischer Konstruktion veranschaulicht werden. Hierbei indiziert ‚A' die jeweilige NP sowie nominale Elemente, die sich innerhalb der semantischen Relation der Koreferenz auf diese NP beziehen, und ‚B' zeigt die jeweilige VP an:

(1) [Der Hund]$_A$ [attackierte die Passantin]$_B$;[er]$_A$ [gehört dem Verkäufer]$_B$.

Zum anderen erstellten Fitch und Hauser Lautfolgen, welche nach einer komplexeren Grammatik, nach einer ‚Phrasenstrukturgrammatik' (PSG) gebildet wurden. Diese Grammatik ermöglicht eine rekursive Einbettung von Konstituenten in andere Konstituenten und somit eine Erzeugung von hierarchischen Strukturen. Wir haben solch eine Grammatik bereits oben in Kapitel 3 kennengelernt. Diese syntaktischen Regeln können auch Strukturen erzeugen, die mit einer über andere Konstituenten hinweg bestehenden syntaktischen Abhängigkeit einhergehen. Diese Grammatik kann mit der Formel A^nB^n beschrieben und mithilfe folgender Struktur mit zentraler Einbettung veranschaulicht werden:

(2) [Der Hund]$_A$, [der]$_A$ [dem Verkäufer gehört]$_B$, [attackierte die Passantin]$_B$.

Für ihr Experiment bildeten die Autoren nun solche auf unterschiedlichen Grammatiken beruhende Strukturen mittels der Abfolge von Silben eines Typs A und eines Typs B. Diese Silben waren phonetisch klar voneinander unterscheidbar, da Typ A von einer Frau und Typ B von einem Mann gesprochen wurde. Das Silbeninventar jedes Typs bestand hierbei jeweils aus acht unterschiedlichen Silben, wobei Typ A die Silben *ba, di, yo, tu, la, mi, no, wu* und Typ B die Silben *pa, li, mo, nu, ka, bi, do, gu* umfasste.

Mithilfe dieses phonetischen Materials kreierten die Autoren nun Strukturen, die zum einen einer FSG und zum anderen einer PSG entsprachen. Eine nach der FSG gebildete Struktur mit n=2 ist somit etwa die Lautfolge in (3a) und ein Beispiel für eine gemäß der PSG gebildete Struktur stellt die Lautfolge in (3b) dar (die von der Frau gesprochenen Laute sind fett gesetzt, die übrigen sind vom Mann gesprochen; vgl. die Schemata bei Fitch und Hauser 2004: 378):

(3) a. (AB)²: **no** li **ba** pa

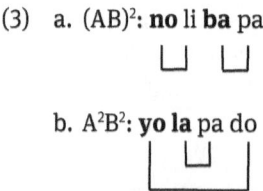

b. A²B²: **yo la** pa do

Die Verarbeitungsfähigkeit der Affen bezüglich dieser Lautstrukturen, welche unterschiedliche Grammatiktypen abbilden sollten, wurde nun getestet, indem die Forscher die Affen zunächst in zwei Gruppen einteilten und der einen Gruppe eine 20-minütige Abfolge von 60 zufällig zusammengestellten FSG-Lautstrukturen präsentierten. Der anderen Gruppe wurden 60 PSG-Lautstrukturen dargeboten. Am nächsten Tag wurde den Versuchstieren nach einer Eingewöhnungsphase, in der sie noch einmal einige bereits bekannte Lautfolgen hören sollten, 4 bisher unbekannte Lautfolgen der jeweils in der Trainingsphase benutzten Grammatik sowie 4 Folgen vorgespielt, welche der noch nicht gehörten, von der jeweils anderen Gruppe gelernten Grammatik entsprachen. Die Affen waren darauf konditioniert worden, bei einer bisher unbekannten Struktur in Richtung des Lautsprechers zu blicken und bei bekannten Strukturen den Blick vom Lautsprecher abgewendet zu halten (für eine ausführliche Beschreibung dieser Testmethoden vgl. Hauser et al. 2001: B56-B59). Dies ist anhand der folgenden Abbildung illustriert:

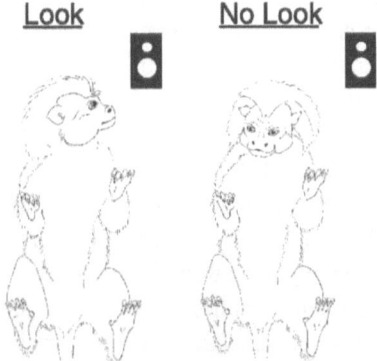

Abb. 6: Illustration der Konditionierungsmethode aus Fitch und Hauser (2004).

Die Resultate dieses Experiments waren nun folgende: Die Gruppe der Lisztaffen, welche mit den FSG-Strukturen trainiert worden war, wies beim Vorspielen der neuen FSG-Strukturen und der nach einer PSG gebildeten Lautkette einen signifikanten Anstieg der Blicke in Richtung der Stimuli, welche die Grammatik verletzten, auf. Genauer: 9 von 10 Affen blickten signifikant häufiger in Richtung der von der FSG abweichenden Lautfolgen (d. h. der PSG-Strukturen) als zu den mit der Grammatik konformen Stimuli. Hieraus folgerten die Autoren hinsichtlich der Verarbeitung von Lautstrukturen gemäß einer FSG, dass Lisztaffen Regularitäten erkennen und neuartige Strukturen als mit der FSG konsistent beurteilen können.

Wie sahen nun die Resultate bei der Gruppe aus, die mit PSG-Strukturen trainiert worden war? Hier stellten die Autoren fest, dass die Lisztaffen diesen Grammatiktyp nicht zuverlässig identifizieren konnten, da ihre Blicke in etwa gleich auf mit der PSG konsistente sowie auf mit der PSG inkonsistente Stimuli verteilt waren. Die Tiere dieser Gruppe zeigten also keine signifikanten Unterschiede in ihrem Verhalten bezüglich der PSG-Strukturen und hinsichtlich der anderen, die PSG-Grammatik verletzenden FSG-Strukturen. Diese Ergebnislage deutet darauf hin, so Fitch und Hauser, dass die Lisztaffen zu keiner Verarbeitung und somit auch zu keiner Generalisierung von PSG-Strukturen fähig sind. Lisztaffen haben offensichtlich erhebliche Schwierigkeiten, einen Regeltyp dieser Grammatik zu lernen.

Da solche PSG-Strukturen – so der Grundgedanke der Studie – das menschliche, mit der Fähigkeit zur rekursiven Syntax verbundene Vermögen zur hierarchischen Einbettung von Phrasen abbilden sollten, führten die Autoren auch eine Gegenprobe durch, indem sie menschliche Erwachsene mit denselben

Lautstrukturen und unter vergleichbaren experimentellen Bedingungen testeten. Diese Tests ließen laut Fitch und Hauser erkennen, dass menschliche Probanden keine derartigen Schwierigkeiten hinsichtlich der Identifizierung der PSG-Strukturen haben, denn sie zeigten die Fähigkeit, zwischen konsistenten und inkonsistenten Stimuli beider Grammatiken zu unterscheiden.

Die Resultate dieser Studie lassen sich demnach als Evidenz für die Vermutung interpretieren, dass es für die Fähigkeit zur Verarbeitung rekursiver Syntax und somit auch für das hiermit verbundene Vermögen zur Verarbeitung hierarchischer Einbettungen gemäß einer PSG keinen vergleichbaren Fall bei anderen Spezies gibt. Damit könnten die Ergebnisse als eine empirische Stütze für ein evolutionäres Szenario à la Hauser et al. (2002) gelten. Zumindest in diesem Falle lässt sich keine graduelle Abstufung dieser Fähigkeit bei nahen Verwandten des Menschen finden. Somit können die Testergebnisse als Beleg für die Annahme eines qualitativen Unterschieds und somit eines ‚qualitativen Sprungs' interpretiert werden. Die Fähigkeit zum Erwerb rekursiv aufgebauter hierarchischer Strukturen könnte also tatsächlich der kritische Wendepunkt in der Evolution des menschlichen Sprachvermögens gewesen sein.

Gleichwohl betonen Fitch und Hauser, dass die Untersuchungsergebnisse dieser Studie noch keine bedeutsamen Schlüsse zuließen und ihre Arbeit lediglich ein Anfang zur empirischen Validierung von solchen theoretischen Evolutionsszenarien sei. Sie fordern infolgedessen die weitere Durchführung solcher Studien und vermuten diesbezüglich, dass Spezies wie etwa Singvögel, die über komplexe Songstrukturen verfügen, besser abschneiden könnten. Diese Anregung hat eine andere Forschergruppe aufgenommen.

4.1.2 Rekursive Syntax und Singvögel

Eine zu den von Fitch und Hauser (2004) dargelegten Tests analoge Studie haben Gentner et al. (2006a) mit einem Singvogel, dem Europäischen Star (*Sturnus vulgaris*), durchgeführt. Für diese Studie nutzten die Forscher die Fähigkeit dieses Singvogels, lange Gesänge aus sich wiederholenden Motivketten zu produzieren, indem sie acht Rassel- und acht Trillermotive eines männlichen Stares als Lautmaterial zur Modellierung der zwei Grammatiken gemäß der $(AB)^n$- sowie der A^nB^n-Formel verwendeten. Bei denen auf diese Weise gebildeten Strukturen bezog sich ‚A' auf die Rassel- und ‚B' auf die Trillermotive.

So entstanden etwa folgende Lautsequenzen nach der $(AB)^n$- (4a) sowie der A^nB^n-Formel (4b), wobei sich die Indizes auf die zufällig ausgewählten Motive 1-8 beziehen (vgl. Gentner et al. 2006a: 1206):

(4) a. $(AB)^2$: Rasselmotiv$_2$ – Trillermotiv$_5$ – Rasselmotiv$_6$ – Trillermotiv$_7$
b. A^2B^2: Rasselmotiv$_2$ – Rasselmotiv$_1$ – Trillermotiv$_7$ – Trillermotiv$_5$

Die in der Studie getesteten 11 Stare wurden mit einem Lautinventar von 16 Sequenzen (8 je Grammatik) darauf konditioniert, den Unterschied zwischen den beiden nach verschiedenen Grammatiken gebildeten Strukturen anzeigen zu können. Das Stimulusmaterial sah somit wie folgt aus, wobei a_1-a_8 auf acht unterschiedliche Rassel- und b_1-b_8 auf acht unterschiedliche Trillermotive referiert:

Tab. 1: Illustration der Trainingsstimuli in der Studie von Gentner et al. (2006a).

A^nB^n-Grammatik	$(AB)^n$-Grammatik
$a_1 a_3 b_6 b_2$	$a_1 b_6 a_5 b_2$
$a_2 a_1 b_7 b_5$	$a_2 b_5 a_6 b_7$
$a_3 a_4 b_1 b_4$	$a_3 b_7 a_8 b_3$
$a_4 a_7 b_3 b_8$	$a_4 b_3 a_3 b_8$
$a_5 a_2 b_5 b_6$	$a_5 b_2 a_2 b_6$
$a_6 a_8 b_8 b_1$	$a_6 b_4 a_7 b_1$
$a_7 a_5 b_2 b_3$	$a_7 b_1 a_4 b_4$
$a_8 a_6 b_4 b_7$	$a_8 b_8 a_1 b_5$

Eine Gruppe der Vögel lernte, bei der Darbietung von $(AB)^n$-Strukturen mit dem Schnabel in ein Loch zu picken, das Teil der Versuchsapparatur war, und dies zu unterlassen, wenn Strukturen der A^nB^n-Formel vorgespielt wurden. Demgegenüber waren bei der anderen Gruppe der Stare positiver und negativer Stimulus vertauscht, will sagen: die Vögel dieser Gruppe sollten in das Loch picken, wenn sie A^nB^n-Strukturen hörten, und den Schnabel ruhig halten, wenn ihnen $(AB)^n$-Strukturen dargeboten wurden. Den Versuchsaufbau illustriert die folgende Abbildung:

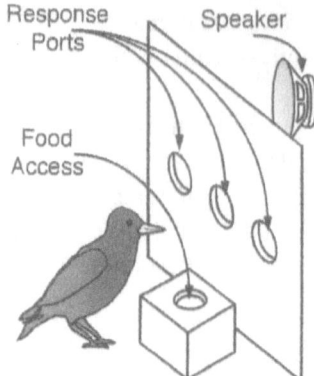

Abb. 7: Illustration der Konditionierungsmethode aus Gentner (2006b).

Nach dieser Trainingsphase zeigten 9 der 11 Stare bei dieser Aufgabe eine hohe Treffsicherheit. Es sollte ausgeschlossen werden, dass die Stare diese Unterscheidungen treffen können, indem sie die gehörten Motivketten auswendig lernen, anstatt die ihnen zugrunde liegenden Strukturregeln zu erlernen. Hierzu wurden den vier Staren, die in der Konditionierungsphase die höchste Trefferquote erzielt hatten, je acht neue, gemäß den beiden Grammatiken gebildete Motivketten dargeboten. Die Stare zeigten in ihrem Verhalten auch hierbei eine signifikant über der Zufallswahrscheinlichkeit liegende Trefferquote. Aus diesem Generalisierungstest schließen die Autoren, dass die Vögel die 16 Trainingsstimuli nicht lediglich auswendig gelernt, sondern dass sie abstraktes Wissen bezüglich der beiden Grammatiktypen erworben hatten.

Zur Validierung dieser Schlussfolgerung, die Stare hätten die den Lautsequenzen zugrunde liegenden Strukturregeln und somit beide Grammatiken erlernt, wurden diverse Ausschlussverfahren durchgeführt (vgl. für eine Gesamtübersicht der dabei verwendeten Lautstrukturen Gentner et al. 2006b). So sollte etwa ausgeschlossen werden, dass die Stare nur die $(AB)^n$-Strukturen lernen und infolgedessen die A^nB^n-Strukturen lediglich als komplementäre, von dem Gelernten abweichende Strukturen behandeln. Hierzu wurden Motivketten nach den ungrammatischen Mustern AAAA, BBBB, ABBA und BAAB gebildet und den vier Vögeln zusammen mit neuen Stimuli der A^nB^n- und $(AB)^n$-Formel dargeboten.

Auch bei diesem Test ließen die Stare in Bezug auf ihr antrainiertes Verhalten eine weit über die Zufallswahrscheinlichkeit hinausgehende Übereinstimmung zwischen ihrem Verhalten und den in der Studie geforderten Reaktionen erkennen. Auch die Resultate weiterer Ausschlussverfahren sowie zusätzlicher Tests mit einer Erweiterung der Motivkettenlänge bis zu n=4 legen die Annahme nahe, so die Autoren, dass das Verhalten der Stare auf ein Lernen der den Lautsequenzen zugrunde liegenden Strukturregeln, der Grammatiken zurückzuführen sei.

In Bezug auf die Studie von Fitch und Hauser (2004) bedeutet dies, dass die Vögel – im Gegensatz zu den untersuchten Lisztaffen – nicht nur zum Lernen von $(AB)^n$-Strukturen, sondern auch zum Lernen, zur Verarbeitung von A^nB^n-Strukturen fähig sind, welche die menschliche Fähigkeit zur hierarchischen Satzeinbettung abbilden sollen. Erinnern wir uns an dieser Stelle an die von Hauser et al. (2002) formulierte Vermutung, die Fähigkeit zur rekursiven Syntax und das damit einhergehende Vermögen zur hierarchischen Einbettung unterscheide den Menschen qualitativ von anderen Spezies.

Bezüglich dieser Hypothese bemerken Gentner et al. (2006a), dass die Ergebnisse ihrer Studie problematisch für Hypothesen seien, welche die Fähigkeit zu einer rekursiven PSG als entscheidende Fähigkeit der menschlichen Sprachfähigkeit ansehen. Demzufolge plädieren sie vor dem Hintergrund der von ihnen aufgezeigten Fähigkeiten des Europäischen Stares: „[...] to consider species differences as quantitative rather than qualitative distinctions in cognitive mechanisms" (Gentner et al. 2006a: 1206). Hiermit schließen sie sich einer evolutionstheoretischen Auffassung an, dass angesichts der hohen Komplexität der menschlichen Sprachfähigkeit ein adaptationistisches Evolutionsszenario anzunehmen sei. Gemäß diesem Szenario müsse die Fähigkeit zur rekursiven Syntax als quantitative Verbesserung vorheriger Vermögen und eben nicht als qualitatives Distinktionsmerkmal der menschlichen Spezies betrachtet werden.

Doch berechtigen die bis hierhin betrachteten komparativen Studien wirklich zu solch bedeutsamen Schlussfolgerungen? Um diese Frage angemessen beantworten zu können, wird im Folgenden der Zusammenhang solcher Studien mit den in Kapitel 3 dargelegten sprachtheoretischen Überlegungen noch einmal näher betrachtet, um vor diesem Hintergrund Probleme der oben angeführten Schlussfolgerungen thematisieren zu können.

4.1.3 Rekursive Syntax und komparative Studien?

Die in den vorherigen Abschnitten dargestellten Studien zeigen, dass im Anschluss an die von Hauser et al. (2002) vorgeschlagene Unterscheidung zwischen FLB und FLN ein einziger Aspekt der Sprachfähigkeit isoliert untersucht werden kann, um einen empirischen Beitrag zu den theoretischen Diskussionen um die Sprachevolution zu leisten.

Zum einen kann die Studie von Fitch und Hauser (2004) im Sinne der These interpretiert werden, dass die Sprachfähigkeit mit ihrer Komponente der rekursiven Syntax ein distinktives Merkmal qualitativer Art darstelle, da bei den Lisztaffen als nahen Verwandten des Menschen grundlegende Aspekte dieser Fähigkeit nicht nachgewiesen werden konnten. Zum andern lässt sich die Studie von Gentner et al. (2006a) als Beleg dafür anführen, dass auch bei nichtmenschlichen Lebewesen ein wesentlicher Aspekt der Fähigkeit zur rekursiven Syntax nachgewiesen werden kann. Dieser Nachweis bei den mit dem Menschen nur entfernt verwandten Singvögeln könnte dafürsprechen, dass die zu diesen Fähigkeiten nötigen Mechanismen bereits bei gemeinsamen Vorfahren von Affen und Menschen vorhanden waren und dass somit diese Fähigkeit beim Menschen keiner entscheidenden Mutation zu verdanken sei, die etwas völlig Neuartiges, einen ‚qualitativen Sprung' ermöglicht habe.

Angesichts dieser Bemühungen komparativer Studien, mit Bezug auf die theoretischen Szenarien einen Beitrag zur Entscheidung der grundlegenden Kontroverse ‚Qualität oder Quantität?' zu leisten, kann die generelle Nützlichkeit der von Hauser et al. (2002) formulierten Unterscheidung zwischen FLB und FLN schwerlich bestritten werden. So bemerken auch die sonst kritisch eingestellten Pinker und Jackendoff (2005), wie bereits weiter oben angedeutet, dass die FLB/FLN-Unterscheidung konzeptuell sehr sinnvoll sei.

Die Nützlichkeit der von Hauser et al. (2002) vorgeschlagenen Unterscheidung erklären Fitch et al. (2005) damit, dass die Unterscheidung die Formulierung von ‚starken' Hypothesen ermögliche. Hiermit bezeichnen sie Hypothesen, die prinzipiell empirisch widerlegt werden können und folgen somit dem von Popper (1966 [1934]: 21) aufgestellten wissenschaftstheoretischen Postulat der Falsifizierbarkeit, nach dem „es in der Wissenschaft keine Sätze geben soll, die einfach hingenommen werden müssen, weil es aus logischen Gründen nicht möglich ist, sie nachzuprüfen." Denn nur ein solcher Satz, nur eine Hypothese, die wiederholter Falsifikation unterzogen worden ist, kann als womöglich zutreffend beurteilt werden.

Eine solche Hypothese könne im Rahmen von auf sprachspezifische Komplexität abhebenden Positionen (siehe Teil 3 unten) nicht formuliert werden. Denn stellt man beispielsweise, so Fitch et al. (2005), im Rahmen dieser Konzeption die Hypothese auf, dass die beim Menschen nachweisbare Fähigkeit zur Wahrnehmung und Verarbeitung von Lautströmen als Sprache nicht bei anderen Spezies nachgewiesen werden könne, so kann diese Hypothese, dergestalt formuliert, nicht widerlegt werden. Die Perzeption von Sprache erfordert bekanntlich viele separate Komponenten – und so kann der Nachweis einer dieser vielen Komponenten bei anderen Spezies nicht die Hypothese insgesamt falsifizieren. Will sagen: Auch wenn einzelne Mechanismen der Sprachperzeption bei nicht-menschlichen Lebewesen nachgewiesen werden, so ließen sich doch immer weitere Komponenten dieser Fähigkeit angeben, die als speziesspezifisch behauptet werden könnten – die sogenannte ‚Speech-is-Special-Hypothese' würde ein bewegliches Ziel abgeben, das man niemals ‚treffen' könne.

Demgegenüber sei die von Hauser et al. (2002) aufgestellte Hypothese, zu FLN gehöre lediglich die Fähigkeit zur rekursiven Syntax, empirisch widerlegbar; diese Hypothese könne klar durch den Nachweis der Verarbeitung einer rekursiven PSG bei anderen Spezies falsifiziert werden. Demzufolge scheint es folgerichtig, die Studie von Gentner et al. (2006a) als starke Evidenz zu werten, welche die FLN-Hypothese widerlegt (Marcus 2006). Solche bedeutsamen Schlussfolgerungen, die auf einer Anerkennung eines Vergleichs der in den Studien getesteten Fähigkeiten mit den tatsächlichen menschlichen Fähigkeiten beruhen, können jedoch mit guten Gründen kritisch hinterfragt werden (siehe Sauerland und Trotzke 2011).

Neben theoretischen Einwänden, die etwa vor dem Hintergrund mathematischer Überlegungen zu der in den Studien verwendeten Grammatikklassifikation zu dem Schluss kommen, dass komparative Studien Begriffe wie ‚Rekursion', ‚Einbettung' oder ‚nicht-lokale Abhängigkeiten' genauer definieren müssten (Pullum und Rogers 2006), gibt es auch experimentelle Evidenzen, welche gegen den prinzipiellen Nutzen solcher Studien sprechen.

So sind etwa Perruchet und Rey (2005) in einem aufschlussreichen Experiment der Frage nachgegangen, ob die in den Studien verwendeten Formeln $(AB)^n$ und A^nB^n dem Anspruch gerecht werden, die zur rekursiven Syntax gehörende Verarbeitung hierarchischer Strukturen adäquat abbilden zu können und somit vergleichende Schlüsse von menschlichen Fähigkeiten mit den in den Studien getesteten Fähigkeiten zulassen.

Hierzu wollten sie in einem Experiment herausfinden, ob die von menschlichen Probanden in dem gleichen Experiment gezeigte, von Fitch und Hauser (2004) behauptete Leistung tatsächlich auf die Fähigkeit zur Verarbeitung einer hierarchischen Einbettung zurückgeführt werden kann oder ob hier andere Unterscheidungsmechanismen zugrunde liegen, die nichts mit der Beherrschung einer wesentlichen Komponente der menschlichen PSG zu tun haben. Denn es besteht laut Perruchet und Rey (2005) die Möglichkeit, dass der von Fitch und Hauser (2004) nachgewiesenen Unterscheidungsfähigkeit menschlicher Probanden lediglich die Unterscheidung zwischen Fällen zugrunde liegt, in denen ein Übergang von weiblicher zu männlicher Stimme vorhanden war, und Fällen, in denen zwei oder noch eine größere Anzahl an solchen Übergängen vorkamen. Wenn dies zuträfe – so folgern die Autoren – dann beruht die menschliche Unterscheidungsfähigkeit in dem analog zu der Studie mit Lisztaffen durchgeführten Experiment nicht auf einer Verarbeitung von Strukturen gemäß einer PSG, sondern lediglich auf einer Wahrnehmung der Anzahl der Übergänge, welche bei einer PSG immer nur eins (AABB) und bei einer FSG zwei oder mehr (ABAB) betragen kann. – Der Vergleich mit der in natürlichsprachlichem Zusammenhang bestehenden Einbettung, wie wir sie in Kapitel 3 oben kennengelernt haben, wäre dann hinfällig.

Um diese Vermutung zu prüfen, führten die Autoren ein Experiment durch, in welchem im Unterschied zu Fitch und Hauser (2004) und somit auch zu Gentner et al. (2006a) die A- und B-Silben in den $A^n B^n$-Strukturen auf konsistente Weise gepaart waren. Konkret ausgedrückt: Während bei den bereits durchgeführten Tests mit Lisztaffen und Singvögeln Strukturen wie (5a) als Stimuli für die PSG gedient hatten, verwendeten die Autoren nun ausschließlich Strukturen wie (5b) für die Trainingsphase, die den analogen Fall (5c) der zentralen Einbettung in der menschlichen Sprache unter Einbeziehung der einzelnen syntaktischen Konstituentenabhängigkeiten genauer abbilden sollten:

(5) a. $A_2 A_1 B_3 B_1$
 b. $A_1 A_2 B_2 B_1$
 c. [Der Hund]$_{A1}$, [der]$_{A2}$ [dem Verkäufer gehört]$_{B2}$, [attackierte die Passantin]$_{B1}$

In der Testphase wurden den Probanden vier unterschiedliche Klassen der Sequenzen dargeboten: Zum einen entsprachen die Sequenzen dem lautlichen Muster einer $A^n B^n$-Struktur oder wichen von diesem Muster ab; zum anderen waren sie als zentrale Einbettungen gebildet oder inkonsistent mit einer solchen Struktur.

Die Autoren formulierten nun zwei erkenntnisleitende Vermutungen hinsichtlich der zu erwartenden Ergebnisse dieser Studie: Zum Ersten müsste es sich in den Resultaten niederschlagen, wenn die Probanden den Unterschied zwischen dergestalt gekennzeichneten Lautstrukturen mit zentraler Einbettung und Lautketten ohne eine solche Einbettung verarbeiten könnten. Zum Zweiten müssten die Probanden – wenn sie die $A^n B^n$-Strukturen tatsächlich als Einbettungsstrukturen verarbeiteten – mehr Probleme bei der Verarbeitung haben, wenn die Strukturen länger werden, technischer: wenn n größer ist. Denn die Komplexität und damit auch die Schwierigkeit der Verarbeitung eingebetteter Strukturen nimmt mit einer Verlängerung zu, wie wir bereits anhand natürlichsprachlicher Beispiele in Kapitel 3 illustriert haben. Im Gegensatz hierzu müsste die Unterscheidung mit der Zunahme der Länge einfacher werden, wenn die Probanden lediglich zwischen einem Übergang auf der einen und einigen Wechseln auf der anderen Seite unterschieden.

Vor dem Hintergrund dieser erkenntnisleitenden Überlegungen zeitigte das Experiment nun folgende Ergebnisse: Hinsichtlich ihrer ersten Vermutung konstatierten die Forscher, dass bei der Unterscheidung zwischen den in der Eingewöhnungsphase und in der Testphase dargebotenen Lautstrukturen die verwendeten unterschiedlichen Lautmuster A^2B^2 und $(AB)^2$ zwar einen starken Effekt auf das Verhalten der Probanden ausübten – jedoch war kein Effekt hinsichtlich der Einbettung zu erkennen. Will sagen: Der Unterschied zwischen A^2B^2- mit indizierter (5b) und A^2B^2-Strukturen ohne indizierter zentraler Einbettung (5a) schlug sich nicht im Verhalten der Versuchspersonen nieder.

Hinsichtlich der zweiten Vermutung zeigte die Studie, dass die Unterscheidungsfähigkeit bei einer Verlängerung der Lautketten besser wurde. Somit deutet auch dieses Resultat – gemäß den erkenntnisleitenden Überlegungen – darauf hin, dass die Teilnehmer der Studie das Material nicht als zentral eingebettete Strukturen verarbeiteten. Dass die menschlichen Probanden trotzdem besser abschnitten als in dem von Fitch und Hauser (2004) durchgeführten Experiment die Lisztaffen, beruht infolgedessen nicht auf der Fähigkeit zur Verarbeitung der A^nB^n-Strukturen als zentrale Einbettungen (vgl. zu möglichen Ursachen Perruchet und Rey 2005: 310–311).

Dieser Ergebnislage zufolge kann bezweifelt werden, dass sich auf der Basis komparativer Studien wie in den Abschnitten 4.1.1 und 4.1.2 bedeutsame Schlussfolgerungen hinsichtlich des Themas der Sprachevolution formulieren lassen, wie sie Hauser et al. (2002) mit ihrer begrifflichen Einschränkung der menschlichen Sprachfähigkeit auf den distinktiven Mechanismus der rekursiven Syntax ermöglichen wollen.

Anders: Wenn somit der von Hauser et al. (2002) behauptete Status der rekursiven Syntax in der Sprachevolution auf diesem Wege weder experimentell falsifiziert noch verifiziert werden kann, so scheint auch ihre Hypothese – im Sinne von Fitch et al. (2005) – keine ‚starke' Hypothese zu sein. Doch ein alternativer Sprach- und Evolutionsbegriff, wie er etwa von Pinker und Jackendoff (2005) vertreten und im folgenden Kapitel ausführlich diskutiert wird, weist ebenfalls die von Fitch et al. (2005) angemahnten Schwierigkeiten der experimentellen Überprüfung auf. Folglich scheinen derartige Studien keine zuverlässigen Evidenzen bezüglich der theoretisch grundsätzlich diskutierten Frage zu bieten, ob die Sprachfähigkeit ein distinktives Merkmal qualitativer oder lediglich quantitativer Art ist.

Vergleichbare methodologische Probleme, wie die bis hierhin geäußerten, bestehen auch bezüglich neuerer Nachfolgestudien. Es kann geschlossen werden, dass es keine überzeugende experimentelle Evidenz dafür gibt, dass Singvögeln – ganz gleich ob speziellen Staren oder Finken – antrainiert werden kann, hierarchische syntaktische Strukturen zuverlässig als solche zu identifizieren (siehe hierzu Beckers et al. 2012). Es hat sich herausgestellt, dass üblicherweise eine unglaublich große Menge an Konditionierungsversuchen nötig ist, damit Singvögeln überhaupt erfolgreich eine Aufgabe im Rahmen des Paradigmas des ‚Artificial Grammar Learning' beigebracht werden kann.[6] Im Folgenden soll daher dieses Forschungsfeld verlassen und auf einen Zweig der Neurobiologie der Sprache übergeleitet werden, der durch die oben genannten komparativen Experimente angeregt worden ist. Auch hier können potenziell interessante Schlussfolgerungen bezüglich evolutionärer Überlegungen angestellt werden. Die folgenden Studien konkretisieren das in Kapitel 3 formulierte Szenario, die Entstehung der Fähigkeit zur rekursiven Syntax sei mit einer Reorganisation des menschlichen Gehirns verbunden gewesen.

4.2 Die neurobiologischen Grundlagen der Fähigkeit zur rekursiven Syntax

Neben weiteren Experimenten mit nicht-menschlichen Spezies haben die oben skizzierten komparativen Studien auch neurobiologische Studien angeregt, die danach fragen, inwieweit die Fähigkeit, hierarchisch eingebettete Strukturen zu verarbeiten, von anderen Gehirnfunktionen abgegrenzt werden kann. In diesem Abschnitt soll kurz auf dieses Forschungsfeld verwiesen werden.

Friederici et al. (2006) lehnen sich an die Resultate von Fitch und Hauser (2004) an und vermuten demnach, dass sich Menschen von nicht-menschlichen Primaten in dem Punkt unterscheiden, dass Menschen eine Fähigkeit besitzen, Strukturen zu erkennen und zu verarbeiten, die nach einer A^nB^n-Grammatik gebildet sind. Friederici et al. fragen in ihrer Studie, grob gesprochen, ob das

---

[6] Eine Ausnahme ist hier die Studie von Abe und Watanabe (2011), die natürliche Gesänge von Finken für die Konditionierung benutzten und lediglich sechzig Minuten brauchten, um die Vögel an das Testmaterial zu gewöhnen. Beckers et al. (2012) stellen aber auch bezüglich dieser Studie heraus, dass die Vögel unterschiedliche Strategien anwenden konnten, um im Sinne der Studie auf die Stimuli zu reagieren, und dass daher ein Erfolg dieser Singvögel, zwischen Stimuligruppen zu unterscheiden, keine Fähigkeit zur rekursiven Syntax bedeuten muss (siehe hierzu auch die Ausführungen von ten Cate und Okanoya 2012).

Erkennen der unterschiedlichen Grammatiktypen mit der Aktivierung verschiedener Regionen des menschlichen Gehirns korreliert.

Box 8. Es gibt zwei Gehirnregionen, denen die Forschung eine zentrale Rolle bei der Sprachproduktion und -verarbeitung zuschreibt: das sogenannte ‚Broca-Areal' und das ‚Wernicke-Zentrum'. Das Broca-Areal ist eine Region der Großhirnrinde, welcher man vor allem eine Zuständigkeit für grammatische (sprich: formale) Aspekte der Sprache zuschreibt. Es ist nach seinem Entdecker, dem Chirurgen Paul Broca (* 1824, † 1880), benannt.
Das Wernicke-Zentrum bildet das sensorische Sprachzentrum und ist primär für die Integration auditorischer Reize verantwortlich. Die nach dem Neurologen Carl Wernicke (* 1848, † 1905) benannte Gehirnregion spielt laut der Forschung eine bedeutende Rolle beim (semantischen) Sprachverständnis.

Um diese Frage zu untersuchen, testeten sie menschliche Probanden, indem sie ihnen visuell Sequenzen präsentierten, bei denen Silbengruppen nach den beiden Grammatiktypen modelliert waren (ähnlich wie das oben beschriebene Verfahren von Fitch und Hauser 2004). Nach der Durchführung verschiedener Testprozeduren schlossen Friederici et al., dass die Erkennung der beiden unterschiedlichen Grammatiken in der Tat unterschiedliche Gehirnregionen involviere. Im Speziellen argumentieren die Autoren, dass die Verarbeitung einer $(AB)^n$-Grammatik, die nur lokal berechnet werden muss, eine erhöhte Aktivierung des linksfrontalen Operculums involviert. Bei der Verarbeitung von hierarchischen Abhängigkeiten, wie sie die A^nB^n-Grammatik repräsentieren soll, stellen sie eine Aktivierung des Broca-Areals fest (siehe Box 8). In unserem Zusammenhang der Sprachevolution ist es nun äußerst interessant, dass die Autoren bezüglich dieser Befunde sodann feststellen:

> [...] that the grammar type processed by human and non-human primates is subserved by a brain area which is phylogenetically older than the brain area subserving the processing of the grammar type only learnable by humans.

(Friederici et al. 2006: 2461)

Demzufolge kann die neuropsychologische Studie von Friederici et al. auch als empirische Evidenz für die Hypothese von Hauser et al. (2002) gewertet werden, dass die Fähigkeit zur rekursiven Syntax in der Evolution des Menschen erst kürzlich als einzigartige Fähigkeit entstanden sei und diese mit einer Reorganisation des Gehirns zusammenhängt.

Es sei aber an dieser Stelle bemerkt, dass diese Studie von Friederici et al. noch die methodologischen Schwächen bezüglich des Materials aufwies, die oben auch im Hinblick auf die komparativen Studien mit Lisztaffen und Staren angemerkt wurden.

In einer Reihe von Folgestudien ist die Forschergruppe um Angela Friederici diese Probleme angegangen. So stellen etwa Bahlmann et al. (2008) durch Modifikation des verwendeten Materials im Sinne der obigen Kritik von Perruchet und Rey (2005) sicher, dass die Probanden das Material zur A^nB^n-Grammatik tatsächlich hierarchisch verarbeiten. Auch auf Basis dieses neuen Materials konnten sie nun zeigen, dass die erhöhte Aktivierung des Broca-Areals tatsächlich auf die Verarbeitung hierarchischer Abhängigkeiten zurückzuführen sei und nicht etwa auf einfachere Verarbeitungsstrategien. In einer weiteren Studie untersuchte die Forschergruppe, inwiefern die Aktivierung des Broca-Areals ein spezieller Effekt der Verarbeitung hierarchischer Syntax ist oder lediglich mit den erhöhten Anforderungen des Arbeitsgedächtnisses im Allgemeinen zusammenhängt. Darüber hinaus testeten sie, inwiefern sich die Aktivierungsmuster im Gehirn auch bei natürlichsprachlichem Material zeigten (Makuuchi et al. 2009).

Konkret wurden die Faktoren ‚hierarchische Einbettung' und ‚Distanz' zwischen Subjekt und Verb (welche eine erhöhte Leistung des Arbeitsgedächtnisses erfordert) mithilfe von Strukturen wie den folgenden auseinandergehalten:

(6) Peter wusste, dass...

+Hierachie, +Distanz
a. **Maria**, die Hans, der gut aussah, liebte, Johann **geküsst hatte**.

+Hierachie, -Distanz
b. **Maria**, die weinte, Johann **geküsst hatte** und zwar gestern Abend.

-Hierachie, +Distanz
c. **Achim** den großen Mann gestern am späten Abend **gesehen hatte**.

-Hierachie, -Distanz
d. **Achim** den großen Mann **gesehen hatte** und zwar am Abend.

Makuuchi et al. (2009) konnten tatsächlich eine spezielle Aktivierung des Broca-Areals nachweisen, die auf hierarchische Komplexität zurückgeht und eben nicht nur auf die erhöhte Anforderung an das Arbeitsgedächtnis, die hierarchische Strukturen wie (6a) und nicht-hierarchische Strukturen wie (6c) teilen.

Zusätzlich war bei der Verarbeitung der natürlichsprachlichen Daten noch eine Region des *Gyrus temporalis superior* involviert. Dies war zu erwarten, da diese Region – auch als Wernicke-Zentrum bekannt – wichtig für das Sprachverständnis ist und es sich ja bei den natürlichsprachlichen Stimuli im Unterschied zu den artifiziellen Stimuli, die wir weiter oben diskutiert haben, um semantisch gehaltvolle sprachliche Strukturen handelt (siehe Box 8). Die folgende Abbildung fasst die Erkenntnisse der Forschergruppe zusammen:

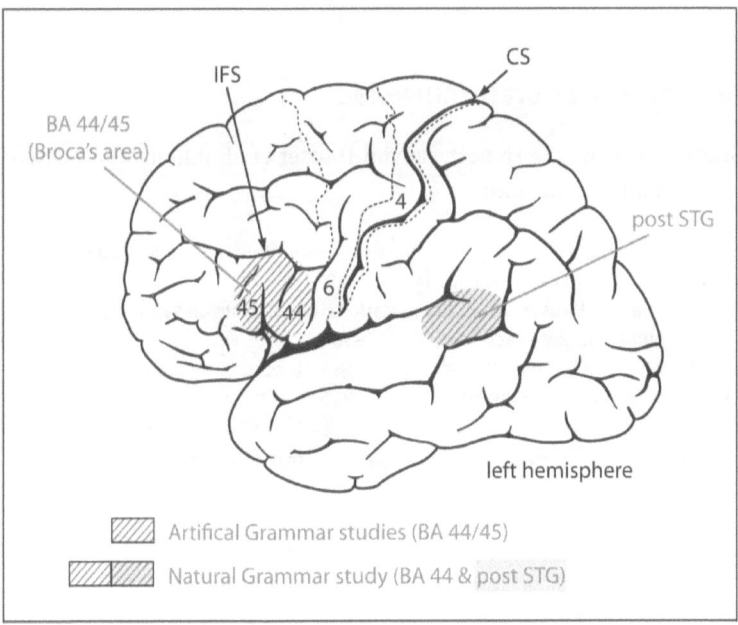

Abb. 8: Aktivierungsmuster für die Verarbeitung hierarchischer Abhängigkeiten gemäß einer rekursiven Syntax (BA = Brodmann-Areal [eine spezielle Region des Broca-Areals]; CS = zentraler Sulcus; IFS = inferiorer frontaler Sulcus; STG = superiorer temporaler Gyrus [Wernicke-Zentrum]); aus Friederici et al. (2011).

Fassen wir das vorliegende Kapitel kurz zusammen. Es ist weiterhin nicht klar, inwieweit artifizielle Grammatiken die Mechanismen der menschlichen Sprache wirklich zufriedenstellend abbilden können (siehe hierzu Fitch 2010b). Bei komparativen Studien mit anderen Spezies wie Affen und Singvögeln muss der direkte Vergleich mit natürlichsprachlichem Material ausbleiben. Diese Studien, wie wir gesehen haben, sind methodologisch umstritten. Gleichwohl haben solche Studien neben einem neuen lebhaften Forschungsfeld der komparativen Psychologie auch wichtige Erkenntnisse bezüglich der neurobiologischen Grundlagen rekursiver Syntax initiiert. Diese Erkenntnisse deuten darauf hin, dass das Szenario eines großen Sprungs durchaus plausibel sein könnte.

Im folgenden Teil des Buches widmen wir uns einer Perspektive auf Sprachevolution, die dem von Hauser et al. (2002) und Chomsky an anderer Stelle formulierten Szenario grundlegend widerspricht. Weder hat hier die Komponente der rekursiven Syntax einen besonderen evolutionären Stellenwert inne, noch wird insgesamt ein qualitativer Unterschied zu anderen Spezies angenommen.

4.3 Kommentierte Literaturhinweise

Berühmte Studien, welche die Hypothese von Hauser et al. mittels der ‚komparativen Methode' überprüfen, sind:

Abe, Kentaro & Dai Watanabe. 2012. Songbirds possess the spontaneous ability to discriminate syntactic rules. *Nature Neuroscience* 14. 1067–1074.
Fitch, W. Tecumseh & Marc D. Hauser. 2004. Computational constraints on syntactic processing in a nonhuman primate. *Science* 303. 377–380.
Gentner, Timothy Q., Kimberly M. Fenn, Daniel Margoliash & Howard C. Nusbaum. 2006. Recursive syntactic pattern learning by songbirds. *Nature* 440. 1204–1207.

Der folgende Aufsatz nimmt bezüglich der Studien mit Singvögeln kritisch Stellung:

Beckers, Gabriel, Johan Bolhuis & Robert C. Berwick. 2012. Birdsong neurolinguistics: Songbird context-free grammar claim is premature. *Neuroreport* 23. 139–146.

Eine Sammlung von Artikeln zum Thema ‚Rekursion' mit besonderer Berücksichtigung experimenteller Arbeiten ist:

Sauerland, Uli & Andreas Trotzke (Hrsg.). 2011. *Biolinguistics* special issue on recursion. *Biolinguistics* 5. 1–169.

Die grundlegenden Ausführungen zur sogenannten ‚Chomsky Hierarchie', die zentral für die neueren Studien im Paradigma des ‚Artificial Grammar Learning' sind, findet man in diesen frühen Arbeiten:

Chomsky, Noam. 1956. Three models for the description of language. *IRE Transactions of Information Theory IT-2 3*. 113–124.
Chomsky, Noam. 1959. On certain formal properties of grammars. *Information and Control* 2. 137–167.

Eine kritische Darstellung mit Bezug auf Chomskys frühe Arbeiten zur unterschiedlichen Komplexität von Grammatiken unternimmt der folgende Artikel:

Fitch, W. Tecumseh. 2010. Three meanings of 'recursion': Key distinctions for biolinguistics. In Richard K. Larson, Viviane Déprez & Hiroko Yamakido (Hrsg.), *The evolution of human language: Biolinguistic perspectives*, 73–90. Cambridge: Cambridge University Press.

Eine bündige Zusammenfassung zu den neurobiologischen Studien der Forschergruppe um Angela Friederici zum Thema Rekursion bietet:

Friederici, Angela D., Jörg Bahlmann, Roland Friedrich & Michiru Makuuchi. 2011. The neural basis of recursion and complex syntactic hierarchy. *Biolinguistics* 5. 87-104.

Teil 3: **Schritt für Schritt: Sprache als quantitativer Unterschied**

5 Sprachevolution und alternative Grammatikmodelle

Die einschlägigste Kritik an den im Vorangegangenen dargelegten Überlegungen haben ein Schüler Chomskys, Ray Jackendoff, und der bereits erwähnte, den Grundannahmen der generativen Linguistik verpflichtete Psychologe Steven Pinker formuliert. In einer kritischen Auseinandersetzung mit dem von Hauser et al. (2002) formulierten Forschungsprogramm zeigen Pinker und Jackendoff (2005) in vielerlei Hinsicht eine Unvereinbarkeit der FLN-Hypothese mit den (aus ihrer Sicht) angeführten Fakten zur menschlichen Sprache auf. Hierzu rekurrieren sie auf zahlreiche experimentelle Evidenzen etwa aus den Bereichen der Sprachperzeption, der Sprachproduktion, der Phonologie sowie der Lexikologie, welche nahelegten, dass der Mechanismus der rekursiven Syntax nicht den einzigen entscheidenden Unterschied zu anderen Spezies darstelle.

Im Rahmen des vorliegenden Buches kann auf diese umfangreichen, sehr dichten Erörterungen nicht im Einzelnen eingegangen werden. Stattdessen sollen die sprach- und evolutionstheoretischen Implikationen betrachtet werden, welche diese, namentlich an den Überlegungen von Hauser et al. (2002) geübte Kritik theoretisch fundieren.

Hierzu wird in Abschnitt 5.1 ein Grammatikmodell dargelegt, das der von Pinker und Jackendoff (2005) aufgezeigten sprachspezifischen Komplexität der Sprachfähigkeit gerecht wird und überdies als eine veritable forschungsprogrammatische Alternative zu Hauser et al. (2002) beurteilt werden kann. Ebenso wie Hauser et al. zielt auch dieser Sprachbegriff darauf ab, eine Brücke zu den Disziplinen der Biologie und Psychologie zu bauen, um eine disziplinübergreifende Erforschung der Sprachevolution zu ermöglichen. In dieser Hinsicht wurde dieses alternative Forschungsprogramm schon des Öfteren als angemessener Startpunkt für interdisziplinäre Forschung beschrieben (vgl. etwa Ritter 2005).

Sodann wird in Abschnitt 5.2 ein hieran anschließender Erklärungsansatz zur Sprachevolution aufgezeigt, welcher eine Ausformulierung des von Pinker und Jackendoff (2005) angedeuteten Evolutionsszenarios darstellt. Gemäß diesem Szenario ist die Sprachfähigkeit eine Adaptation zum Zwecke der Kommunikation komplexen Wissens und komplexer Absichten. Sprachevolution kann folglich im Rahmen eines graduellen funktionsgerichteten Entstehungsprozesses beschrieben werden. Diese Auffassung impliziert, dass zahlreiche Fähigkeiten unserer Vorfahren schrittweise verfeinert und verbessert worden sind und beschreibt somit die menschliche Sprachfähigkeit als distinktives Merkmal quantitativer Art. In Kapitel 6 werden wir hieran anschließend sehen, inwiefern die Fähigkeit zur rekursiven hierarchischen Einbettung von Konzepten auch in sprachexternen kognitiven Fähigkeiten nachgewiesen werden kann. Dies liefert Evidenz dafür, dass die Fähigkeit zur rekursiven Syntax keine sprachspezifische evolutionäre Veränderung sein kann. Somit stützt diese Diskussion die in diesem Teil der Einführung dargestellte Ansicht einer schrittweisen Evolution, die auf viele in der Sprachfähigkeit kulminierende kognitive Fähigkeiten abhebt und nicht ein einziges Merkmal der Sprache hervorhebt. Wenn sich die Sprachfähigkeit nicht allein durch das Merkmal der rekursiven Syntax auszeichnet, dann ist diese Fähigkeit vermutlich einzigartig aufgrund der zahlreichen quantitativen Verbesserungen, die wir in diesem Kapitel diskutieren.

Wenden wir uns nun zunächst den sprachtheoretischen Überlegungen zu, auf deren Basis ein solches Szenario entworfen werden kann.

5.1 Sprachtheoretische Implikationen: Die Parallelarchitektur

Laut Pinker und Jackendoff (2005) liegt dem von Hauser et al. (2002) formulierten Forschungsprogramm und folglich auch dem MP ein zu einseitiger Sprachbegriff zugrunde, der viele sprachspezifische Komponenten ausblendet.

Die sprachtheoretischen Grundlagen dieser Kritik hat bereits Jackendoff (1997) formuliert, der nicht nur in Bezug auf das MP, sondern bezüglich aller bisher von Chomsky konzipierten Grammatikmodelle konstatiert, dass sie viele für die Sprachfähigkeit spezifischen Aspekte aussparen. Dieses liegt laut Jackendoff an der ihnen allen zugrunde liegenden Annahme, dass die fundamentale generative Komponente der Sprachfähigkeit die syntaktische Komponente sei.

Um diese Überlegung nachvollziehen zu können, erinnern wir uns an dieser Stelle noch einmal an die in Kapitel 3 aufgezeigten Grammatikmodelle der Standardtheorie, der GB-Theorie sowie des MP. Allen diesen Modellen ist gemeinsam, dass die Erzeugung der Strukturen, die generierenden Prozesse in Form von syntaktischen Operationen stattfinden und sodann die fertig generierten Strukturen an die phonologische sowie semantische Komponente (beziehungsweise an PF und LF) weitergegeben werden. Diese werden bereits von Chomsky (1965) als ‚rein interpretative' Komponenten der Sprachfähigkeit beschrieben.

Dieses Architekturprinzip, das allen von Chomsky formulierten Grammatikmodellen zugrunde liegt, bezeichnet Jackendoff (1997) demzufolge als ‚syn-

tactocentrism' (vgl. zu dieser Kritik auch Trotzke 2015). Demgegenüber konzipiert er ein Grammatikmodell, in welchem neben der syntaktischen auch die phonologische sowie die semantische Komponente als eigenständige generative Systeme aufgefasst werden und somit als ebenso generativ wie die syntaktische Komponente repräsentiert sein müssen.

Diese Einsicht, dass nicht nur die Syntax, sondern auch die Systeme der Phonologie und Semantik generative sowie von der Syntax in vielen Aspekten unabhängige Systeme sind, lässt sich laut Jackendoff insbesondere auf Erkenntnisse im Zuge der Ausdifferenzierung der Teildisziplin der Phonologie Mitte der 1970er Jahre zurückführen. Diese Ausdifferenzierung hätte die Erkenntnis gebracht, dass Einheiten der phonologischen Struktur wie Segmente, Silben und Intonationsphrasen nicht eins zu eins den Standardeinheiten der Syntax entsprechen. Verdeutlichen wir diese Einsicht im Folgenden anhand des Verhältnisses von intonatorischen und syntaktischen Phrasen und betrachten wir zu diesem Zwecke folgende Beispiele (vgl. Jackendoff 1997: 26):

(1) a. *Syntaktische Phrasen:*
[Hasso] [ist [der Hund [der das Kind sah [das eine Mütze trug [die eine schöne Farbe hatte]]]]]
b. *Intonatorische Phrasen:*
[Hasso ist der Hund] [der das Kind sah] [das eine Mütze trug] [die eine schöne Farbe hatte]

(1a) illustriert mithilfe einer Klammernotation, dass es sich auf der syntaktischen Beschreibungsebene des angeführten Beispielsatzes um eine komplexe Struktur mit Rechtseinbettung handelt. Genauer: Die drei Relativsätze *der das Kind sah, das eine Mütze trug* sowie *die eine schöne Farbe hatte* – deren Struktur durch weitere Klammern beschrieben werden kann – sind alle hierarchisch eingebettete Konstituenten der NP *der Hund*. Die NP stellt wiederum das Komplement des Verbs *ist* dar. Das Verb *ist* bildet somit als Kopf zusammen mit einem komplex eingebetteten Komplement die VP und das Nomen *Hasso* die Subjekt-NP des Satzes.

Dieser komplexen Rechtseinbettung auf der syntaktischen Beschreibungsebene steht eine in (1b) angezeigte flache prosodische Struktur des Satzes gegenüber. Zwischen den durch Klammern indizierten intonatorischen Phrasen ist im Falle einer natürlichen Betonung jeweils eine intonatorische Abgrenzung anzusetzen. So sind auf der Ebene der Prosodie Konstituentengrenzen auszumachen, die laut Jackendoff exemplifizieren, dass Intonationsstrukturen zwar durch syntaktische Strukturen beschränkt sind, jedoch nicht eins zu eins von diesen abgeleitet werden.

Da sich somit die phonologische Komponente, so Jackendoff, durch eigene, von der syntaktischen Struktur unabhängige Regeln auszeichne – in unserem Beispiel etwa durch ein von einem Parallelismus motiviertes Rhythmusprinzip – folgert Jackendoff, dass phonologische und syntaktische Struktur voneinander unabhängig operierende Systeme sind, in denen jeweils eigene Prinzipien und Regeln des Strukturaufbaus gelten.

Neben einem von der Syntax unabhängigen phonologischen System behauptet Jackendoff auch für die semantische Komponente der Sprachfähigkeit den Status eines eigenständigen generativen Systems. Er rekurriert hierbei auf Einsichten der insbesondere in den 1980er Jahren entwickelten zahlreichen Semantiktheorien, die – ebenso wie im Falle der Entwicklung phonologischer Theorien – ein differenzierteres Bild dieser Komponente ermöglicht haben. Betrachten wir hierzu einige einschlägige Beispiele, anhand derer Jackendoff (2007: 43-48) in einer neueren Arbeit anschaulich die Komplexität und die daraus folgende Unabhängigkeit der semantischen von der syntaktischen Komponente verdeutlicht hat.

Ebenso wie bei der phonologischen so lassen sich nach Jackendoff auch in Bezug auf die semantische Struktur mittels einer differenzierten Betrachtung partiell voneinander unabhängige Ebenen unterscheiden. Ein gutes Beispiel ist die Unterscheidung zwischen der propositionalen Struktur und der Informationsstruktur einer Äußerung. Erinnern wir uns hierzu noch einmal an unseren Beispielsatz aus Kapitel 3:

(2) Der Hund attackierte die Passantin.

Die propositionale Struktur eines Satzes kann hier vereinfacht mit der Beantwortung der basalen Frage ‚Wer hat was wem getan?' angegeben werden. Auf unser Beispiel angewendet: In Satz (2) gibt es ein Agens (*der Hund*), ein Patiens (*die Passantin*) sowie eine durch das Handlungsverb *attackierte* angezeigte Handlung.

Von der auf diese Weise beschreibbaren Ebene der propositionalen Struktur ist, so Jackendoff, die semantische Ebene der Informationsstruktur eines Satzes zu unterscheiden, bei der es – grob gesagt – um die Unterscheidung zwischen alter und neuer Information geht. Dass es sich hierbei laut Jackendoff um zwei unterschiedliche Beschreibungsebenen handelt, erhellt aus der Tatsache, dass wir die Informationsstruktur eines Satzes ändern können, ohne die propositionale Struktur zu modifizieren. Betrachten wir hierzu den folgenden Dialogausschnitt:

(3) a. Sprecher$_1$: Der Hund attackierte den Verkäufer.
 b. Sprecher$_2$: Nein! Die Passantin attackierte der Hund! Nicht den Verkäufer!

In (3b) liegt die im Deutschen mögliche Stellungsvariante einer Fokuskonstruktion vor, bei der das Objekt vorangestellt wird, um dieses Element – in unserem Falle: *die Passantin* – als neue (hier auch korrigierende) Information (als Fokus) und *der Hund* – im Gegensatz zu (3a) – als alte Information zu kennzeichnen, die bereits vorausgesetzt wird. Die propositionale Struktur ändert sich in unserem Beispiel mit der Änderung der Informationsstruktur aber nicht, denn Agens, Patiens und Handlung bleiben in (3b) im Vergleich zu (2) gleich.

Wie hiermit schon angedeutet wird, ist auch die Entsprechung von syntaktischer und semantischer Struktur – ebenso wie beim Verhältnis von syntaktischer und phonologischer Struktur – nicht isomorph, denn während sich die syntaktischen Strukturen von (3b) und (2) unterscheiden, unterscheidet sich doch in diesen Fällen nur die Informationsstruktur, während die propositionale Struktur bei beiden Sätzen die gleiche ist.

Ein noch augenfälligeres Beispiel dafür, dass manche Aspekte der syntaktischen Struktur keinen Effekt auf die Semantik eines Satzes haben, besteht etwa in den einzelsprachlichen Unterschieden der syntaktischen Position des Verbs (vgl. Jackendoff 2007: 44). Sehen wir uns hierzu folgende Beispiele an:

(4) a. The dog attacked the passerby.
 b. inuga tsukoninwo osotta.
   Hund Passantin   attackierte
 c. Der Hund attackierte die Passantin.
 d. Der Verkäufer berichtet, dass der Hund die Passantin attackierte.

In einer SVO-Sprache wie dem Englischen steht das Verb an zweiter Stelle und somit nach dem Subjekt (4a); in SOV-Sprachen wie dem Japanischen nimmt es hingegen die letzte Satzposition ein (4b) – und im Deutschen kann es sowohl an zweiter (4c) als auch (im Falle eines Nebensatzes) an letzter Stelle stehen (4d). Diese unterschiedliche Positionierung hat jedoch keinen Effekt auf die durch diese verschiedenen Stellungsvarianten ausgedrückte propositionale Struktur. Genauer: Die mittels semantischer Rollen beschreibbare Bedeutung der Sätze ist in allen Varianten in (4) identisch.

Ein letzter Gedanke: Die Annahme der Unabhängigkeit der semantischen Komponente wird ebenso durch Fälle gestützt, in denen semantische Unterschiede keinen Effekt auf die Syntax ausüben. Ein einschlägiges Beispiel hierfür wären laut Jackendoff die sprechakttheoretisch beschreibbaren illokutionären Rollen einer sprachlichen Äußerungsform. Will sagen: Identische syntaktische Strukturen können auf der Äußerungsebene als unterschiedliche sprachliche Handlungen verstanden werden (vgl. hierzu zuerst Austin 1962). So kann etwa die syntaktische Struktur von Fragesätzen mit Verberststellung zum Vollzug unterschiedlichster Handlungen benutzt werden. Dies verdeutlichen die folgenden Beispiele:

(5) a. Kannst du mir das Salz reichen?
    b. Kannst du mir die Hauptstadt Venezuelas nennen?
    c. Ist der Papst katholisch?
    d. Ist die Garderobe dort hinten?

Diese Beispiele zeigen, dass die Fragesatzform verwendet werden kann, um eine Bitte zu äußern (5a), das Wissen einer Person zu testen (5b), eine sarkastische Äußerung zur Bekräftigung einer vorangegangenen Äußerung zu vollziehen (5c) oder jemandem eine Information zu entlocken (5d).

Diese sprechakttheoretisch beschreibbaren Bedeutungsunterschiede, diese verschiedenen Illokutionen sind laut Jackendoff nicht auf der syntaktischen Struktur abgebildet. Das heißt: Den semantischen Unterschieden liegt keine systematische, isomorphe Beziehung zu der syntaktischen Struktur zugrunde, denn die illokutionäre Rolle wird – sprechakttheoretisch formuliert – im Wesentlichen dadurch angezeigt, dass eine Äußerung in einem Diskurskontext bestimmten pragmatischen Bedingungen genügt (vgl. Searle 1969 zu solchen ‚Gelingensbedingungen').

Jackendoff kommt aufgrund solcher Überlegungen zur Eigenständigkeit der phonologischen sowie der semantischen Komponente zu einem Gesamtbild, in dem die grammatische Struktur eines Satzes als ‚Tripel' betrachtet werden sollte. Für ein Grammatikmodell folgt hieraus, dass die Grammatikarchitektur drei eigenständige Komponenten der Phonologie, der Syntax und der Semantik enthält, was in Form einer ‚Parallelarchitektur' folgendermaßen dargestellt werden kann (vgl. Jackendoff 2007: 49):[7]

---

[7] Ich übernehme im Folgenden das Schema aus Jackendoffs neueren Arbeiten, da hier den Bereich der Semantik semantische Regeln und Strukturen einnehmen, wohingegen in älteren Arbeiten dieser Bereich mit ‚konzeptuellen Formationsregeln' (Jackendoff 1997) und ‚konzep-

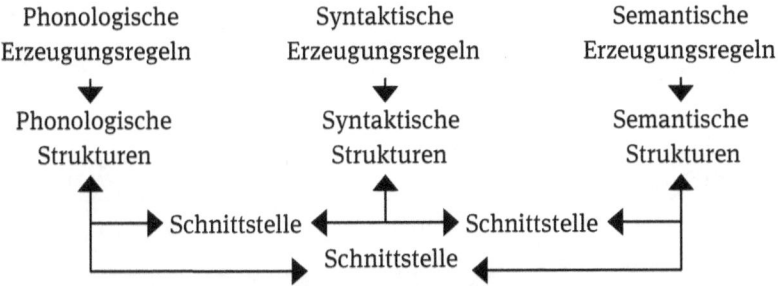

Abb. 9: Grammatikmodell der ‚Parallelarchitektur'.

Dieses Grammatikmodell enthält verschiedene, voneinander unabhängige generative Komponenten, die jeweils eine für sie charakteristische Struktur bestimmen. Diese Strukturen sind durch Schnittstellen („Interface-Komponenten') verbunden, welche als für die jeweilige Schnittstelle geltende Regeln spezifiziert werden können.

Ein Beispiel für eine solche Regel stellt etwa die von Chomsky mit dem Theta-Kriterium beschriebene Regel für die Syntax/Semantik-Schnittstelle dar, der zufolge jeder semantischen Rolle ein Argument und jedem Argument eine semantische Rolle entsprechen muss (vgl. unsere Darstellung in Kapitel 3). Da es jedoch – wie die vorangegangenen Überlegungen verdeutlicht haben – zahlreiche Fälle gibt, in denen solche isomorphen Korrespondenzregeln nicht gelten, bestehen laut Jackendoff Aspekte der grammatischen Strukturen, welche für die Schnittstellen-Komponenten gleichsam ‚unsichtbar' sind. Dieses spricht für das Postulat, die drei durch Schnittstellen verbundenen Komponenten seien eigenständige Einheiten der Grammatikkomponente.

Auffällig an dieser Parallelarchitektur ist, dass es keine Lexikonkomponente gibt, aus welcher in Chomskys Grammatikmodellen Elemente entnommen werden, um in der syntaktischen Komponente nach bestimmten Regeln beziehungsweise Prinzipien zusammengefügt zu werden. Jackendoff betont in diesem Zusammenhang, dass ein lexikalisches Element (einfach gewendet: ein Wort) ein Tripel aus phonologischen, syntaktischen und semantischen Merkma-

---

tuellen Strukturen' beschrieben wird. Diese von Jackendoff stillschweigend vollzogene Revision scheint mir folgerichtig, denn konzeptuelle Regeln und Strukturen betreffen im Rahmen der zuerst von Jackendoff (1983) formulierten Theorie der ‚Konzeptuellen Semantik' eine intermodal zugängliche Ebene mentaler Informationseinheiten. Da die Parallelarchitektur ein allein die Sprachfähigkeit betreffendes Grammatikmodell darstellt, scheint mir die seit Jackendoff (2007) vorgelegte Variante in diesem Rahmen angemessener zu sein.

len sei und infolgedessen – bezogen auf das als Subjekt fungierende Nomen unseres Beispielsatzes (2) – folgendermaßen dargestellt werden könne (vgl. Jackendoff 1997: 89):

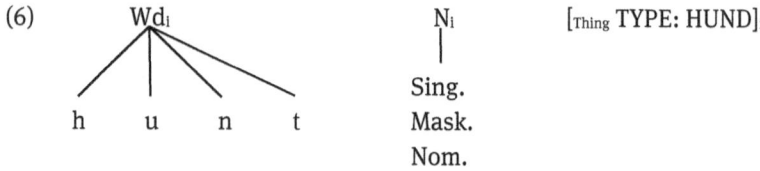

Jedes lexikalische Element besteht nach Jackendoff somit aus Merkmalmengen, die sich mit Strukturbeschreibungen wie in (6) angeben lassen. Jede Struktur ist mit einem Index ('i') versehen, der Korrespondenzen zwischen den einzelnen Strukturen anzeigt.

Vor dem Hintergrund der Parallelarchitektur kann mithilfe dieser Beschreibung ein lexikalisches Element als eine Schnittstellenregel betrachtet werden, welche eine Korrespondenz zwischen der phonologischen, der syntaktischen sowie der semantischen Struktur formuliert, woraus hinsichtlich der globalen Grammatikarchitektur folgt, dass das Lexikon insgesamt als ein Teil der grammatischen Schnittstellen betrachtet werden muss. Deutlicher gefasst: Innerhalb dieses Grammatikmodells stellen Wörter nicht mehr eine von den Regeln separate Komponente dar, sondern die lexikalischen Elemente selbst gehören zum Regelwerk der Grammatik. Dies vereinfacht etwa die Behandlung lexikalischer Elemente, die nicht die Form einzelner Wörter haben wie beispielsweise Idiome. Die Bedeutung eines Idioms wie *den Löffel abgeben* muss als Einheit im Lexikon gespeichert sein, da seine Bedeutung nicht aus der Bedeutung der einzelnen Wörter, nicht kompositionell abgeleitet werden kann.

Die Grammatikmodelle Chomskys können diesem Phänomen nur schwer gerecht werden (vgl. aber Trotzke und Zwart 2014). Innerhalb dieser Modelle – so Jackendoff – erfolgt die semantische Interpretation syntaktischer Strukturen kompositionell nach dem Zugriff auf das Lexikon. Im Gegensatz dazu kann etwa das Beispiel *den Löffel abgeben* gemäß Jackendoffs Grammatikmodell syntaktisch als VP beschrieben werden, die zwar in regulärer Weise – in diesem Fall mithilfe von drei Indizes – mit der phonologischen Struktur, jedoch in besonderer Weise – mithilfe bloß eines Index – mit der semantischen Struktur [STERBEN] verbunden ist:

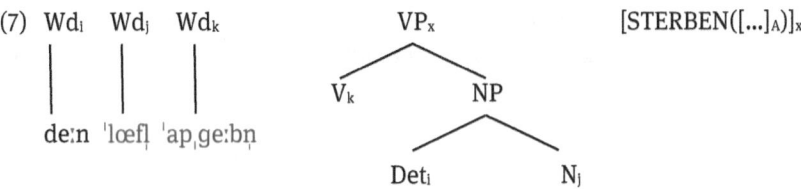

Auf der Basis dieser sprachtheoretischen Grundlagen kommen wir nun wieder zurück zur Sprachevolution. Mit dem Grammatikmodell der Parallelarchitektur zeigt Jackendoff sprachtheoretisch auf, dass neben der syntaktischen Komponente, deren wesentlicher, ja – laut Hauser et al. (2002) – entscheidender Teil die Fähigkeit zur rekursiven Syntax ist, weitere sprachspezifische Komponenten angenommen werden müssen. Diese ermöglichen in einem komplexen Zusammenspiel die Erzeugung sprachlicher Strukturen. Hiermit legt Jackendoff ein Grammatikmodell vor, das vielen der von Pinker und Jackendoff (2005) aufgezeigten Phänomenen Rechnung trägt, die innerhalb des Minimalistischen Programms (MP) nicht behandelt werden.

Bezogen auf das die reine Grammatiktheorie transzendierende Thema der Sprachevolution könnte somit das MP als unangemessene Basis für eine Erklärung erscheinen: „[...] it seems shaky at best to presume it [...] when drawing conclusions about the evolution of language" (Pinker und Jackendoff 2005: 222). – Welche evolutionstheoretische Alternative im Anschluss an das Grammatikmodell der Parallelarchitektur formuliert werden kann, wird im Folgenden dargelegt.

5.2 Evolutionstheoretische Implikationen: Sprache als Ergebnis von Adaptation

In der im Vorangehenden skizzierten Grammatiktheorie werden Phonologie und Semantik als von der Syntax unabhängige Komponenten mit eigenen Regeln repräsentiert. Diese Theorie stellt aufgrund der auf diesem Wege aufgezeigten sprachspezifischen Komplexität der kognitiven Grundlagen der Sprachfähigkeit eine theoretische Fundierung des von Pinker und Jackendoff (2005) vertretenen adaptationistischen Evolutionsszenarios dar. Gemäß diesem Szenario zeigt die Sprachfähigkeit, wie andere komplexe biologische Systeme, Zeichen einer funktionsgerichteten Anpassung, die sich über einen langen Zeitraum im Rahmen natürlicher Selektion vollzogen hat (siehe auch unsere Diskussion von Pinker und Bloom 1990 in Kapitel 3).

Eine an diesen Zusammenhang anknüpfende Ausformulierung dieser evolutionstheoretischen Alternative hat Jackendoff (2002: 231-264) vor dem Hintergrund der von ihm formulierten Parallelarchitektur vorgelegt (vgl. zu diesem Ansatz auch Jackendoff 1999 sowie eine neuere Zusammenfassung bei Jackendoff und Wittenberg 2016). Diese Überlegungen können als repräsentativ für einen Ansatz betrachtet werden, der versucht, einen evolutionären Zustand der Sprachfähigkeit zu rekonstruieren, indem anhand von ‚linguistischen Fossilien' in der heutigen Sprache auf eine Protosprache (siehe Box 9) geschlossen wird. In Jackendoffs Worten:

> What is also new here is the hypothesis that certain design features of modern language resemble 'fossils' of earlier evolutionary stages. To some degree, then, the examination of the structure of language can come to resemble the examination of the physical structure of present-day organisms for the traces of 'archaic' features.
>
> (Jackendoff 2002: 264)

Box 9. Die mittlerweile zahlreichen Theorien zu einer ‚Protosprache' gehen im Wesentlichen auf Bickerton (1990) zurück (siehe Kapitel 3). Der Begriff ‚Protosprache' ist hierbei von rekonstruierten Sprachformen zu unterscheiden, wie sie in der historischen Linguistik bezüglich einer speziellen Sprachfamilie erforscht werden (z. B. das ‚Proto-Indoeuropäische' für die indogermanische Sprachfamilie). Protosprache im Sinne Bickertons und Jackendoffs meint den Ursprung aller menschlichen Sprachen und zielt auf die biologische Sprachfähigkeit und nicht auf die kulturelle Formung einzelsprachlicher Phänomene ab.
Bickerton argumentierte, dass die menschliche Sprachfähigkeit in zwei evolutionären Stufen entstanden sei. Während die zweite Stufe der modernen Sprache entspricht, wie wir sie heutzutage benutzen, bezeichnete er die erste Stufe als Protosprache. Bickerton nahm lediglich zwei Stufen an, da er Protosprache als Sprachform betrachtete, der lediglich die syntaktische Komponente fehlte. Er behauptete folglich einen ‚großen Sprung', wie wir ihn in Teil 2 dieser Einführung beschrieben haben. Obwohl diese Hypothese von vielen Forschern bestritten wurde, so fand doch Bickertons Methodologie, von modernen Sprachformen (z. B. innerhalb des Spracherwerbs) auf einen evolutionären Urzustand zu schließen, Eingang in viele Arbeiten zur Sprachevolution. Je nach linguistischer Orientierung rücken diese Arbeiten Strukturen der Gegenwartssprache als ‚lebende Fossilien' in den Blickpunkt, um einzelne Stufen einer Protosprache zu rekonstruieren (siehe etwa kürzlich Progovac 2015 für einen weiteren Ansatz innerhalb dieses Paradigmas). Die Arbeiten Jackendoffs sind in diesem Zusammenhang bedeutend, da er als erster dieses Vorgehen als veritable Methodologie formulierte (sein ‚reverse engineering').

Die Konsequenz innerhalb dieser Ansätze ist meist, dass die Evolution der Sprachfähigkeit als inkrementell betrachtet wird. Das heißt: Gemäß dieser Perspektive ist es nicht sinnvoll, danach zu fragen, ob eine nicht-menschliche

Primatenart über die Sprachfähigkeit verfügt. Vielmehr wird angenommen, dass nicht-menschliche Primaten über viele Komponenten der Sprachfähigkeit verfügen und diese beim Menschen lediglich in einer für Sprachfunktionen optimierten, verbesserten Form vorliegen. Ein qualitativer Unterschied, wie er sich an einem einzigen entscheidenden Merkmal der Sprachfähigkeit festmachen könnte, ist somit ausgeschlossen.

Die evolutionäre Entwicklung zur ‚modernen' Sprache, die Jackendoff skizziert, lässt sich anhand von drei entscheidenden Entwicklungsstadien nachzeichnen, welche sich in weitere Stufen differenzieren lassen, die teilweise voneinander unabhängige, teilweise miteinander in sequenzieller Abhängigkeit stehende Schritte implizieren. Das folgende Schema fasst dieses Evolutionsszenario zusammen (vgl. Jackendoff 1999: 273):

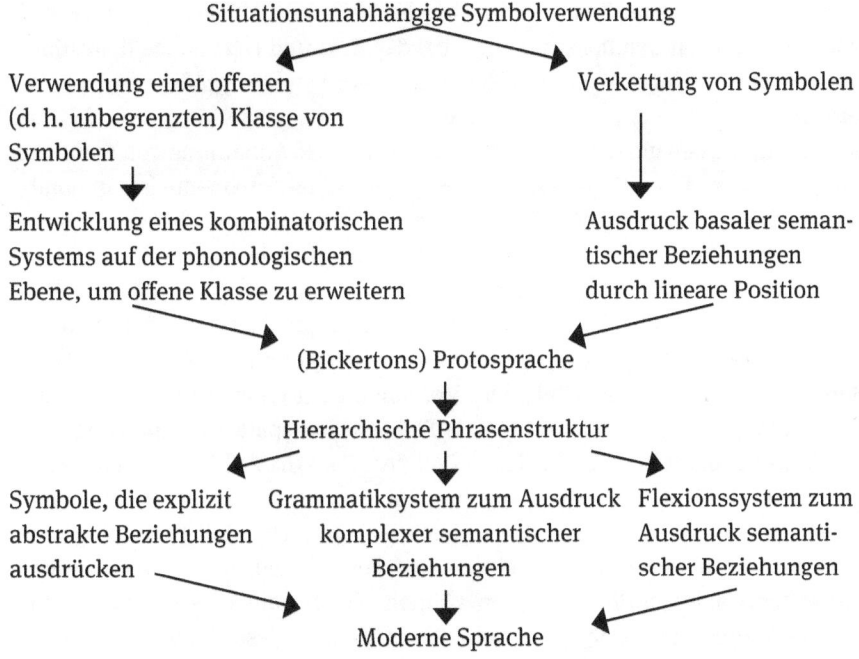

Abb. 10: Schrittweise Evolution der Sprachfähigkeit nach Jackendoff (1999 et seq.) Voneinander unabhängige Schritte sind nebeneinander abgebildet; Abhängigkeiten zwischen einzelnen Schritten sind vertikal wiedergegeben.

Das erste Stadium der Sprachevolution beinhaltet nach Jackendoffs Vermutung lediglich eine situationsunabhängige Verwendung einfacher symbolischer Einheiten, denen noch jegliche Art der Kombinatorik fehlt. Diese Art von symbolischen Elementen zeigt sich etwa noch heute in sogenannten Einwortäußerungen von Kindern, die laut Jackendoff klare symbolische Funktionen erfüllen. Diese Einwortäußerungen beschreibt Jackendoff als Elemente, die nicht in ein kombinatorisches System integriert sind und infolgedessen lediglich lexikalische, im Langzeitgedächtnis gespeicherte Verknüpfungen zwischen Bedeutung und auditorischen beziehungsweise motorischen Mechanismen darstellen. Somit enthalten diese Verknüpfungen keine grammatisch relevanten Merkmale und können infolgedessen als ‚paleo-lexical items' bezeichnet werden.

Als zweite Stufe der Sprachevolution nimmt Jackendoff die Entstehung einer Protosprache an, welche mehrere, teilweise voneinander unabhängige Entwicklungen beinhalte. Zum Ersten entwickle sich eine Fähigkeit zur Anhäufung solcher einfachen Symbole im Langzeitgedächtnis und es entstehe demzufolge ein größeres Lexikon. Wenn nun die Anzahl der Symbole größer werde, so sei ein System vonnöten, das alle diese Äußerungen weiterhin unterscheidbar sowie einprägsam gestalte. Folglich entstehe mit der Anhäufung von Symbolen ein generatives Phonologiesystem. Diese Phonologiekomponente ist ein kombinatorisches System von Vokalisierungen, in denen inhärent bedeutungsleere phonologische Einheiten zu einem Mittel werden, um das Symbolinventar produktiv (und letztlich unbegrenzt) zu erweitern.

Zum Zweiten entsteht laut Jackendoff die Fähigkeit zur Verknüpfung dieser angewachsenen Menge an Symbolen zu größeren Äußerungen. Diese Verknüpfung sei indes noch nicht mit dem Vorhandensein einer veritablen syntaktischen Komponente zu verwechseln, da Fälle wie der späte Zweitsprachenlerner sowie sprachpathologische Evidenzen zeigen, dass die Anhäufung eines Vokabulars sowie dessen Verknüpfung prinzipiell unabhängig von der Fähigkeit seien, eine komplexe Grammatik zu beherrschen. Jackendoff behauptet lediglich, dass gewisse Regelmäßigkeiten entwickelt werden, welche vage als eine Art Prinzipien beschrieben werden können, die semantische Rollen auf eine lineare Anordnung der Symbole abbilden. Aufgrund dieser Entwicklung werde die Lautkette und damit die phonologische Struktur mit Aspekten der semantischen Struktur regelhaft verknüpft – laut Jackendoff ein äußerst plausibler Schritt zwischen einer ungeregelten Verkettung und einer in vollem Umfang ausgeprägten Syntax. An diesem Punkt sei ein Stadium erreicht, das Bickertons Protosprache entspricht und das in Anlehnung an die Grammatikarchitektur in Abschnitt 5.1 (Abb. 9) folgendermaßen dargestellt werden kann:

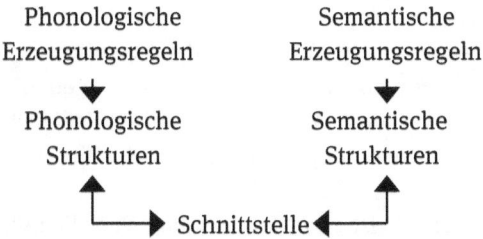

Abb. 11: Architektur einer ‚Protosprache' nach Jackendoff (2011: 615).

Das dritte Stadium der Sprachevolution habe sodann die Entstehung der syntaktischen Komponente zum Inhalt, was ebenfalls mit mehreren, teilweise voneinander unabhängigen Entwicklungen einhergehe. Erstens entsteht laut Jackendoff die Fähigkeit zur Verarbeitung von Phrasenstrukturen. Während auf der zweiten Stufe die lineare Anordnung einzelner Wörter bereits semantische Beziehungen angezeigt habe, jedoch etwa die semantische Rolle ‚Agens' mit einem einzelnen Wort verbunden gewesen sei, so finde nun diese Indizierung semantischer Rollen auf der Ebene der Phrase statt. Diese Entwicklung erlaubt es, Prinzipien der Wortstellung in Form von Prinzipen der Phrasenanordnung auf eine abstraktere Ebene zu heben. Konkreter ausgedrückt: Während zuvor lediglich lexikalische Elemente wie *Hund* das Agens eines Satzes angezeigt hätten, so sei mittels Phrasenprinzip und syntaktischer Verknüpfungen in Form rekursiver Operationen eine Erweiterung dieses Elements möglich, wie etwa die in Kapitel 3 aufgezeigte Genitivattribuierung (*der Hund des Verkäufers der Filiale...*) oder ähnliche Mechanismen. Infolgedessen werden, so Jackendoff, die Äußerungen durch die hierarchische Einbettung, welche Phrasenstrukturen ermöglichen, weitaus komplexer.

Zweitens resultiere aus dieser anwachsenden Komplexität der Äußerungen, dass die semantischen Relationen zwischen den Wörtern schwieriger zu kommunizieren sind. Dieses Problem werde durch die Entstehung einer Wortkategorie kompensiert, die Jackendoff ‚utility vocabulary' nennt und zu denen etwa Funktionswörter wie *später, bevor, hinter, mit* gehörten, welche semantische Beziehungen zwischen verknüpften Wörtern anzeigten. Während solche Wörter auf der ersten Stufe der einfachen Symboläußerung sinnlos gewesen wären, so sind sie laut Jackendoff umso sinnvoller, sobald komplexe Verkettungen bestehen.

Drittens entstehen weitere Mittel, um die semantischen Relationen verlässlicher zu kennzeichnen, wie eine komplexe Morphologie, die es beispielsweise ermöglicht, die semantische Rolle eines Elements mittels Kasusmarkierung und somit über Flexionsendungen anzuzeigen. Die hierbei entstehenden Redundanzen mit anderen, diese Relationen anzeigenden Mitteln hat den evolutionären Vorteil, die Übermittlung einer Information doppelt abzusichern; will sagen: die Kommunikation wird auf diesem Wege verlässlicher gestaltet. Hier schließt sich Jackendoff ganz der mittlerweile klassischen adaptationistischen Position von Pinker und Bloom (1990) an.

Das von Jackendoff vorgelegte Szenario ist ganz der Annahme verpflichtet, dass die menschliche Sprache alle Anzeichen einer funktionsgerichteten Anpassung zeigt, die darauf hinausläuft, die Kommunikation von propositionalen Bedeutungen zu ermöglichen und zu verbessern. Dieses Szenario legt somit nahe, die menschliche Sprachfähigkeit in einem Kontinuum zu präsprachlichen und folglich auch bei unseren direkten Vorfahren schon vorhandenen Fähigkeiten zu verorten. Im Laufe der Evolution, welche – laut Jackendoff (2002: 264) – als grundsätzlich inkrementell und die kognitiven Fähigkeiten verfeinernd betrachtet werden muss, seien diese Fähigkeiten im Rahmen natürlicher Selektion gleichsam funktionsgerichtet verbessert, das heißt zur Erweiterung der Kommunikationsfähigkeit geformt worden.

Dieses Evolutionsszenario steht im Gegensatz zu Hauser et al. (2002) und nachfolgenden Arbeiten im Umkreis von Chomsky. Diese halten, wie Teil 2 dieser Einführung aufgezeigt hat, das Szenario einer entscheidenden Mutation und somit eines ‚großen Sprungs vorwärts' für wahrscheinlich, der mit einem qualitativen Unterschied zu unseren direkten Vorfahren und somit zu unseren nächsten Verwandten einhergeht. Jackendoff behauptet hingegen eine graduelle, rein quantitative Verfeinerung der bereits bei unseren Vorfahren vorhandenen Fähigkeiten. Da sich diese Verfeinerung allein zum Zwecke der Verbesserung der Kommunikationsfähigkeit vollzogen und somit komplexe sprachspezifische Mittel hervorgebracht habe, liegt mit diesem Szenario eine mit dem Modell der Parallelarchitektur vereinbare Erklärung der Sprachevolution vor. Diese Erklärung greift auch für weitere alternative Grammatikmodelle, welche die Sprachfähigkeit nicht ‚syntaktozentrisch' konzipieren, sondern den anderen Sprachkomponenten (wie Phonologie und Semantik) ebenfalls eine zentrale und eigenständige Rolle zuweisen.

Das biolinguistische Szenario eines ‚großen Sprungs' in der Sprachevolution hängt in hohem Maße von der Annahme ab, dass die Fähigkeit zur rekursiven Syntax eine für Sprache einzigartige Fähigkeit sei, die sich daher in dieser Form auf keine anderen kognitiven Prozesse zurückführen ließe. Im folgenden Kapitel werden wir diese Annahme hinterfragen, indem wir Evidenzen aus sprachexternen Fähigkeiten betrachten, die suggerieren, dass rekursive Syntax in einer allgemeinen kognitiven Strategie begründet liegen könnte.

5.3 Kommentierte Literaturhinweise

In der folgenden Monografie führt Ray Jackendoff sein Grammatikmodell der Parallelarchitektur ein und begründet dies ausführlich:

Jackendoff, Ray. 1997. *The architecture of the language faculty*. Cambridge, MA: MIT Press.

Die größtenteils sprachtheoretische Kritik von Ray Jackendoff und Steven Pinker an der Hypothese von Hauser et al. (2002) bilden diese Aufsätze ab:

Pinker, Steven & Ray Jackendoff. 2005. The faculty of language: What's special about it? *Cognition* 95. 201–236.
Jackendoff, Ray & Steven Pinker. 2005. The nature of the language faculty and its implications for evolution of language (Reply to Fitch, Hauser, and Chomsky). *Cognition* 97. 211–225.

Der folgende Artikel versucht eine Vermittlung zwischen dem Chomskyschen Grammatikmodell und der Auffassung von Ray Jackendoff:

Trotzke, Andreas & Jan-Wouter Zwart. 2014. The complexity of narrow syntax: Minimalism, representational economy, and simplest Merge. In Frederick J. Newmeyer & Laurel B. Preston (Hrsg.), *Measuring grammatical complexity*, 128–147. Oxford: Oxford University Press.

Derek Bickerton legt seine Auffassung zu einer ‚Protosprache' in diesen programmatischen Arbeiten dar:

Bickerton, Derek. 1990. *Language & species*. Chicago: University of Chicago Press.
Bickerton, Derek. 2002. From protolanguage to language. *Proceedings of the British Academy* 106. 103–120.

Der klassische Text zu einem graduellen Evolutionsszenario bezüglich der Evolution der Sprachfähigkeit ist:

Pinker, Steven & Paul Bloom. 1990. Natural language and natural selection. *Behavioral and Brain Sciences* 13. 707–727.

Kleinteiligere, detailliertere Modelle eines graduellen Evolutionsszenarios, das auf dem Konzept einer Protosprache aufbaut, finden sich in folgenden Arbeiten:

Jackendoff, Ray. 1999. Possible stages in the evolution of the language capacity. *Trends in Cognitive Sciences* 3. 272–279.
Jackendoff, Ray. 2002. *Foundations of language: Brain, meaning, grammar, evolution*. Oxford: Oxford University Press.
Progovac, Ljiljana. 2015. *Evolutionary syntax*. Oxford: Oxford University Press.

Eine neuere kritische Bewertung des Konzeptes der Protosprache bietet der folgende grundlegende Artikel:

Newmeyer, Frederick J. 2016. Form and function in the evolution of grammar. *Cognitive Science*. Online-First, DOI: 10.1111/cogs.12333.

6 Rekursion als allgemeine kognitive Strategie

Im Folgenden wird dem zweiten Teil des von Hauser et al. (2002) zur Erforschung der Sprachevolution formulierten Sprachbegriffs Rechnung getragen. Erinnern wir uns, dass der Begriff FLN und die darauf aufbauende Vermutung zur Sprachevolution die Behauptung beinhaltet, dass rekursive Operationen, wie sie sich in der Sprachfähigkeit zeigen, ein Speziesspezifikum des Menschen darstellen. Diese Behauptung und das damit verbundene Evolutionsszenario beruhen neben dieser Implikation auch auf der These, dass vergleichbare Operationen in keinem anderen kognitiven Bereich nachgewiesen werden können. Da FLN somit nicht nur als spezies-, sondern auch als sprachspezifisch konzipiert ist, müsste die Fähigkeit zur rekursiven Syntax die einzige Komponente der Sprachfähigkeit sein, die nicht – wie im MP theoretisch ausformuliert – auf sprachexterne kognitive Fähigkeiten zurückgeführt werden kann. Vor dem Hintergrund des von Chomsky und anderen angenommenen Evolutionsszenarios kann folglich mit der Überprüfung des Vorhandenseins vergleichbarer rekursiver Mechanismen in anderen kognitiven Fähigkeiten ebenfalls ein Beitrag zu der Beantwortung der Frage geleistet werden, ob die menschliche Sprachfähigkeit einen qualitativen oder bloß quantitativen Unterschied zu anderen Spezies darstellt.

Während das Fehlen wesentlicher Aspekte der Fähigkeit zur rekursiven Syntax bei anderen Spezies – wie aus den Überlegungen in Kapitel 4 folgt – eine experimentell schwer zu belegende Hypothese darstellt und somit auch die diesbezüglich formulierte Annahme eines distinktiven Merkmals qualitativer Art auf diesem Wege schwer zu belegen ist, so können Untersuchungen zu sprachexternen kognitiven Bereichen vielleicht einen verlässlicheren Beitrag zur Frage leisten, ob rekursive Syntax wirklich ein einzigartiges Merkmal der menschlichen Sprachfähigkeit ist.

Damit an dieser Stelle kein Missverständnis entsteht: Zwar betonen Hauser et al. (2002), dass die Fähigkeit zu rekursiven kognitiven Operationen im Allgemeinen nicht um der Sprachfähigkeit willen, sondern zur Lösung anderer komputationeller Probleme wie etwa Navigation entstanden sei und demzufolge ein Nachweis rekursiver Mechanismen auch in anderen kognitiven, mit anderen Spezies weitestgehend geteilten Fähigkeiten wahrscheinlich sei. Diese Formen der Rekursion unterscheiden sich laut der Autoren jedoch wesentlich von dem Mechanismus der rekursiven Syntax: Nur die Rekursivität der Sprachfähigkeit weise die zentrale Eigenschaft der diskreten Infinitheit, weise die Eigenschaft auf, von endlichen, analytisch abgrenzbaren Einheiten einen unendlichen Gebrauch zu machen. Diese Eigenschaft ist zudem mit dem zentralen

Merkmal von Phrasenstrukturgrammatiken verbunden, dass Strukturen menschlicher Sprachen nicht nur Sequenzen lokaler Abhängigkeiten enthalten, sondern auch nicht-lokale Abhängigkeiten implizieren können (siehe auch Kapitel 4 oben). Folgerichtig wird innerhalb dieser Position mit Bezug auf diesen Rekursionsbegriff behauptet:

> There are no unambiguous demonstrations of recursion in other human cognitive domains, with the only clear exceptions (mathematical formulas, computer programming) being clearly dependent upon language.

(Fitch et al. 2005: 203)

Wenden wir uns also nun angelehnt an die Kritik von Steven Pinker und Ray Jackendoff drei sprachexternen kognitiven Fähigkeiten im Hinblick auf diesen Teil der FLN-Hypothese zu. Ich werde hierbei herausstellen, inwiefern diese kognitiven Bereiche rekursive Mechanismen aufweisen, die mit den für die Rekursivität der Sprachfähigkeit postulierten Eigenschaften vergleichbar sind. Vor diesem Hintergrund schauen wir uns in einem abschließenden Abschnitt die Implikationen der somit erzielten Befunde für die grundsätzliche Diskussion um die bis hierhin eingeführten evolutionstheoretischen Alternativen an.

6.1 Rekursion in visueller Kognition

Wenngleich behauptet werden kann, dass keine Ausarbeitungen in anderen Bereichen kognitionspsychologischer Forschung vorliegen, die auch nur ansatzweise an die erreichte Tiefe der Beschreibungen innerhalb der Linguistik herankämen (siehe zu diesem Punkt z. B. Chomsky 1988), so kommt doch die Erforschung der visuellen Kognition der kognitiven Forschung zur Sprache in diesem Punkt ziemlich nahe. Im Vergleich zu anderen Forschungsbereichen liegen hier ebenfalls differenzierte Forschungsgegenstände vor und der Fortschritt, der in diesem Bereich hinsichtlich der mentalen Aspekte visueller Verarbeitung erzielt worden ist, kommt dem Stand der auf kognitive Grundlagen abhebenden Linguistik am nächsten.

Auch innerhalb der Erforschung der visuellen Kognition sieht man die Notwendigkeit, von den konkreten physiologischen Verarbeitungsprozessen der visuellen Wahrnehmung zu abstrahieren. Der Pionier der modernen Forschung zur visuellen Kognition, David Marr, drückt dies so aus:

> [T]he nature of the computation that underlie perception depends more upon the computational problems that have to be solved than upon the particular hardware in which their solutions are implemented.
>
> (Marr 1982: 27)

Folglich ist neben der Erforschung der konkreten physiologischen Grundlagen auch – wie bei der Sprachfähigkeit – die Rekonstruktion von abstrakten Prinzipien in Form von universalen Beschränkungen des Systems nötig. Diese Beschränkungen liegen dann der kognitiven Verarbeitung visueller Informationen zugrunde. Des Weiteren schließt sich auch hier – analog dem Verfahren der generativen Linguistik – ein Bemühen um angemessene Erwerbstheorien an, deren Gegenstand die angeborenen, ungelernten Prinzipien sind, welche die visuellen Erfahrungen in bestimmter Weise ordnen und somit Erwerbsprozesse ermöglichen (siehe bereits Spelke 1990 für grundlegende Ausführungen).

Ein anschauliches Beispiel dafür, wie solche in der neueren Forschung mit kognitionswissenschaftlichen Mitteln untersuchten Prinzipien unsere visuelle Wahrnehmung bestimmen, sind die schon von Wertheimer (1925) behandelten Gestaltgesetze. Ein Beispiel für ein solches Gesetz ist das sogenannte ‚Gesetz der Nähe'. Betrachten wir hierzu die folgenden Abbildungen (vgl. Metzger 1953 [1936]: 21):

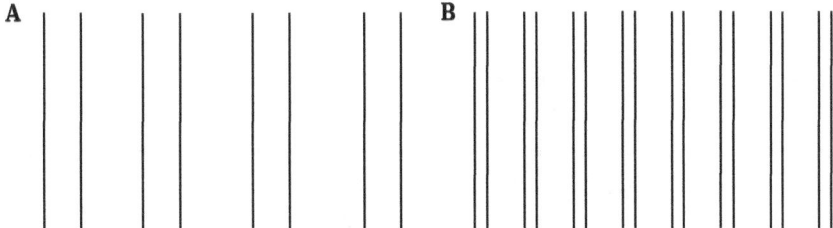

Abb. 12: Illustration des Gesetzes der Nähe nach Metzger (1953 [1936]).

Das ‚Gesetz der Nähe' besagt, dass wir in (A) die benachbarten Strichpaare als Ränder von schmalen Bändern wahrnehmen, während wir in (B) den Bereich der Bänder nun trotz gleicher Breite als ‚Teil des Grunds', als Zwischenraum sehen. Der Figurencharakter, den die Bänder in (A) haben, geht in (B) auf die schmaleren weißen Bänder über. Dieses Gesetz zeigt somit, „[d]aß die *Breite*, die einen Teil des Sehfeldes als Figur erscheinen läßt, nicht festliegt, sondern durchaus von den Umgebungs-Bedingungen abhängt" (Metzger 1953 [1936]: 22).

Auf der Basis der Annahme solcher die Organisation visueller Wahrnehmung bestimmenden Gestaltgesetze, welche kognitive Prinzipien betreffen, lässt sich nun ohne Weiteres ein Beispiel visueller Anordnung anführen, das als aus diskreten Elementen rekursiv gebildete Struktur wahrgenommen werden kann und zudem eine hierarchische Einbettung aufweist. Betrachten wir hierzu die folgende Abbildung (vgl. zuerst Jackendoff und Pinker 2005: 217 sowie später Jackendoff 2011: 593):

```
xx xx    xx xx      xx xx    xx xx        xx xx    xx xx      xx xx    xx xx
xx xx    xx xx      xx xx    xx xx        xx xx    xx xx      xx xx    xx xx
xx xx    xx xx      xx xx    xx xx        xx xx    xx xx      xx xx    xx xx
xx xx    xx xx      xx xx    xx xx        xx xx    xx xx      xx xx    xx xx

xx xx    xx xx      xx xx    xx xx        xx xx    xx xx      xx xx    xx xx
xx xx    xx xx      xx xx    xx xx        xx xx    xx xx      xx xx    xx xx
xx xx    xx xx      xx xx    xx xx        xx xx    xx xx      xx xx    xx xx
xx xx    xx xx      xx xx    xx xx        xx xx    xx xx      xx xx    xx xx


xx xx    xx xx      xx xx    xx xx        xx xx    xx xx      xx xx    xx xx
xx xx    xx xx      xx xx    xx xx        xx xx    xx xx      xx xx    xx xx
xx xx    xx xx      xx xx    xx xx        xx xx    xx xx      xx xx    xx xx
xx xx    xx xx      xx xx    xx xx        xx xx    xx xx      xx xx    xx xx

xx xx    xx xx      xx xx    xx xx        xx xx    xx xx      xx xx    xx xx
xx xx    xx xx      xx xx    xx xx        xx xx    xx xx      xx xx    xx xx
xx xx    xx xx      xx xx    xx xx        xx xx    xx xx      xx xx    xx xx
xx xx    xx xx      xx xx    xx xx        xx xx    xx xx      xx xx    xx xx
```

Abb. 13: Illustration rekursiver Anordnungen und diskreter Infinitheit in der visuellen Kognition nach Jackendoff und Pinker (2005).

Diese Abbildung wird laut Jackendoff und Pinker (2005) als rekursiv gebildete Anordnung wahrgenommen, die aus diskreten, abgrenzbaren Elementen – ‚X' – gebildet ist, welche zu größeren diskreten Konstituenten – X-Paare, Gruppen (vier X-Paare), Flächen (vier Gruppen), Mengen (vier Flächen) – zusammengefügt werden. Das Verfahren kann prinzipiell *ad infinitum* fortgeführt werden.

Diese Organisation visueller Wahrnehmung ist, so die Autoren, für unsere Wahrnehmung von Objekten innerhalb größerer Gruppen sowie dem Zerlegen von Objekten in ihre Bestandteile wesentlich. Da dieser Prozess mithilfe diskreter Konstituenten rekursiv weitergeführt werden könne und zudem eine hierarchische Struktur mit prinzipiell unbegrenzter Einbettungstiefe aufweise, zeige dieses bei der Organisation visueller Wahrnehmung wirkende Prinzip diejenigen Merkmale, die von Hauser et al. (2002) und Fitch et al. (2005) allein der Rekursivität der Sprachfähigkeit zugesprochen werden. – Doch dies ist nicht das einzige Analogon zur Sprachkomponente der rekursiven Syntax, welches außerhalb der Sprachfähigkeit nachgewiesen werden kann.

6.2 Rekursion in musikalischer Kognition

Im Gegensatz zur Erforschung der visuellen Kognition ist das Forschungsgebiet der musikalischen Kognition noch nicht derart ausdifferenziert und findet folglich in der Forschung noch keine große Beachtung, so dass etwa Tomasello (2005: 188) im Zuge seiner UG-Kritik noch behaupten konnte: „no one has to date proposed anything like Universal Music."

Jedoch haben bereits in den 1980er Jahren Lerdahl und Jackendoff (1983) eine an Verfahrensweisen der generativen Linguistik orientierte Arbeit vorgelegt, in der sie davon ausgehen, dass ein Musikstück letztlich eine mental konstruierte Entität sei. Infolgedessen versuchen sie, anhand zahlreicher Beispiele der klassischen Musik die angeborenen Aspekte unseres Musikverständnisses und somit eine musikalische Universalgrammatik zu rekonstruieren. Diese Grammatik soll die Prinzipien beschreiben, welche die kognitive Verarbeitung aller möglichen Stücke tonaler Musik beschränken. Lässt sich nun auch in diesem Bereich kognitiver Fähigkeiten eine der rekursiven Syntax der Sprachfähigkeit korrespondierende Form der Rekursion nachweisen?

Schon zu Beginn ihrer generativen Musiktheorie stellen die Autoren hinsichtlich der basalen Komponenten des Musikverständnisses – der kognitiven Gruppierung von akustischen Signalen in Motive, Themata und so weiter – eine rekursive Operation fest, welche die Eigenschaften diskreter Infinitheit und hierarchischer Einbettung aufweise. Betrachten wir diese Operation genauer.

Die kognitive Gruppierung musikalischer Konstituenten wird laut Lerdahl und Jackendoff vom Hörer in einer hierarchischen Form wahrgenommen, indem mehrere Noten als Motiv, ein Motiv als Teil des Themas, ein Thema als Teil der Themengruppe und eine Themengruppe als Teil des Stückes verarbeitet werden. Ebenso wie die hierarchische Einbettung linguistischer Konstituenten könne auch diese hierarchische Verarbeitung, könne auch dieser Prozess der

Subordination prinzipiell unendlich fortgesetzt werden. Dass dieser Prozess auch mittels einer endlichen Menge von Konstituenten und Regeln vollzogen wird, exemplifizieren die Autoren anhand des Scherzos in Beethovens Sonate op. 2 Nr. 2. Betrachten wir hierzu die folgende Abbildung, bei der die Einbettungen der musikalischen Konstituenten durch eine Klammerung unterhalb der Partitur indiziert sind:

Abb. 14: Illustration rekursiver Anordnungen in der musikalischen Kognition nach Lerdahl und Jackendoff (1983).

Ohne an dieser Stelle auf die musiktheoretischen Einzelheiten eingehen zu können, kann doch bezüglich der Frage nach Rekursivität festgehalten werden, dass sich die Beziehung zwischen den untergeordneten und den dominierenden Konstituenten nicht verändert, da keine Überlappungen vorkommen, die auf der einen Ebene erlaubt und auf der anderen Ebene verboten wären – es besteht also eine Uniformität von Ebene zu Ebene.[8] Genauer gefasst: Die Gruppierungsregel, nach der zwei kleine Gruppen von genau einer größeren Gruppe umfasst werden, findet sich auf allen Ebenen wieder – zu Beginn jeder Phrase (1+1=2), auf der Ebene der ganzen Phrase (2+2=4) sowie auf der Ebene der gesamten Passage (4+4=8). Die Autoren schlussfolgern hieraus, dass die Gruppierungsstruktur rekursiv erzeugt sei, das heißt: sie könnte auch unendlich in derselben Weise, auf denselben Regeln basierend fortgesetzt werden. Zudem basiert die rekursive Gruppierung auf diskreten Einheiten – ähnlich wie im Falle der Sprache.

Im weiteren Verlauf ihrer Arbeit zeigen sie neben dieser Form der Rekursion in der rhythmischen Komponente der Gruppierung auch vor dem Hintergrund

---

[8] Natürlich schließen die Autoren nicht aus, dass es in Musikstücken auch Überlappungen und Elisionen gibt. Sie inkorporieren diese Fälle in ihre formale Theorie, indem sie – wiederum analog zu theoretischen Postulaten der generativen Linguistik – zwischen einer Tiefenstruktur der Gruppierung, welche dem Strukturtyp ohne Überlappungen entspricht, und einer Oberflächenform unterscheiden, welche auch Überlappungen und Elisionen enthalten kann.

musiktheoretischer Überlegungen zur Tonhöhe einen ähnlichen Mechanismus auf. Sie beschreiben hier die aus der Tonhöhe resultierenden Phänomene des Spannungsaufbaus und der Auflösung im Rahmen einer strikt hierarchischen Segmentierungsstrategie. Bezüglich der ‚inneren Form' dieser Hierarchien konstatieren sie dann, dass alle Fälle innerhalb dieser Hierarchien durch rekursiv verfahrende Elaborationen entstanden seien. Ohne diese Überlegungen zur Tonhöhenhierarchie an dieser Stelle exemplifizieren zu können, so dürfte aus dem bisher Dargelegten erhellen, dass die Autoren auf formaler, musiktheoretischer Beschreibungsebene eine Form der Rekursion innerhalb der musikalischen Kognition aufzeigen, welche die wesentlichen Merkmale des Vermögens zur rekursiven Syntax innerhalb der Sprachfähigkeit aufweist.

Wie bereits zu Beginn dieses Abschnitts erwähnt, ist die Erforschung der musikalischen Kognition noch nicht so weit fortgeschritten wie etwa die der visuellen Kognition. Auch in einer neueren Arbeit stellen Jackendoff und Lerdahl (2006) fest, dass noch viel Arbeit bezüglich der formalen Analyse der strukturellen Komplexität der ‚Musikfähigkeit' unternommen werden müsste, bevor Theorien zum Erwerb sowie zu genetischen und neuronalen Korrelaten dieser Fähigkeit gemäß ihrer Einschätzung realistische Ziele für die Forschung wären.

Aus ihrer Perspektive ist jedoch wichtig, dass die ‚Musikfähigkeit' nicht als von der Sprachfähigkeit abgeleitet begriffen wird. Obwohl die rekursiven Prozeduren mit denen der Sprachfähigkeit vergleichbar sind, operieren diese doch auf gänzlich anderen Einheiten, wie oben skizziert worden ist. Während neuere Ansätze wie Katz und Pesetsky (2009) sowie Tsoulas (2010) die Ähnlichkeiten hervorheben, stellt Jackendoff (2009, 2011) folglich mit Bezug auf Überlegungen wie die oben skizzierten heraus, dass die Musikfähigkeit in ihren formalen Aspekten nicht auf die Sprachfähigkeit reduziert werden könne.

Eine ebenso neue Domäne der an Verfahren der generativen Linguistik ausgerichteten Erforschung kognitiver Fähigkeiten stellen Jackendoffs Überlegungen zu kognitiven Grundlagen komplexer Handlungen dar, welchen wir uns im nächsten Abschnitt zuwenden wollen.

6.3 Rekursion in kognitiven Grundlagen komplexer Handlungen

In neuerer Zeit hat Jackendoff (2007) mithilfe der in kognitionswissenschaftlicher Forschung vorgenommenen Segmentation von Handlungen untersucht, wie die Form der kognitiven Strukturen, die komplexen Handlungen zugrunde liegen, analog zu einer Theorie der linguistischen Kompetenz theoretisch gefasst werden könnte. Er bezieht sich hierbei auf eine Reihe von Untersuchungen, welche die Organisation menschlichen Verhaltens auf der Basis von über- und untergeordneten Handlungszielen beschreiben (siehe z. B. Tversky et al. 2004) und wendet hierbei Beschreibungsmittel der generativen Linguistik an.

Die Möglichkeit, eine Grammatik und somit das Repertoire an Strukturen zu rekonstruieren, aus denen komplexe Handlungen zusammengesetzt werden, illustriert er – ganz im Anschluss an kognitionswissenschaftliche Forschungen zu diesem Thema – anhand alltäglicher Handlungsabläufe. Auch in der einschlägigen Forschung werden öfters alltägliche Handlungen in Augenschein genommen, um grundlegende Prozesse zu verdeutlichen.

Infolgedessen erläutert er seine Überlegungen anhand der komplexen Handlung des Kaffeezubereitens, welche ein anschauliches Beispiel für einen Typ des praktischen Wissens darstellt, das den Gebrauch von Objekten beinhaltet. Dieses Wissen zeichne sich zum einen durch eine Kompetenz bezüglich des angemessenen Modus, Artefakte zu benutzen, aus; zum anderen könne hier die Fähigkeit verdeutlicht werden, das Wissen über den Gebrauch von Artefakten in einer komplexen Handlungssequenz zur Anwendung zu bringen. Bezüglich dieser Kompetenz vermutet Jackendoff eine äußerst komplexe Fähigkeit, die nur aufgrund der Kombination einer endlichen Menge von abstrakten Handlungskonstituenten möglich sei. Da es folglich um die Rekonstruktion allgemeiner Konstituenten und Kombinationsprinzipien gehe, müsse davon abstrahiert werden, dass es selbstverständlich verschiedenste Weisen der Kaffeezubereitung gibt – das unten Stehende sollte demnach als eine Art idealtypisches Beispiel angesehen werden.

Als mögliche Basisstruktur der Kaffeezubereitung nimmt Jackendoff (2007: 125) folgendes Schema in Abbildung 15 an, das sich an Darstellungsweisen aus der KI-Literatur anlehnt, die Strukturbäume wie den folgenden verwenden, um die Dekomposition von Plänen in Sub-Pläne darzustellen (hier wird implizit eine temporale Ordnung von links nach rechts angenommen).

Analog zur Phrasenstruktur in der Linguistik nimmt Jackendoff auch bei Handlungsstrukturen eine Kopfkonstituente an. Innerhalb der erstmals von Chomsky (1970) formulierten X'-Theorie hat etwa eine NP nominale Eigenschaften, die von dem nominalen Kern der Phrase, dem Kopf, also von N stammen – oder technischer: die von N auf die Phrasenebene projiziert werden. Ebenso wird nun der Kopf der Handlungsstruktur als ein Kernelement, als der eigentliche Sinn der ganzen Handlungssequenz beschrieben, dem die Ausführungen der übrigen Sub-Handlungen dienen. Zusätzlich postuliert Jackendoff eine Vorbereitungskonstituente und – wie im Folgenden noch gezeigt wird – eine Koda-

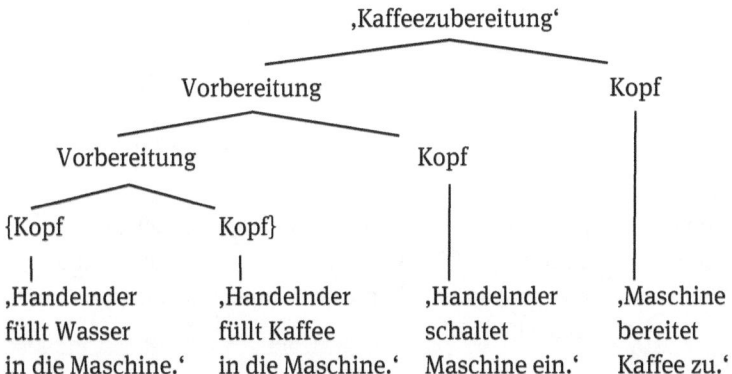

Abb. 15: Strukturelle Darstellung der Handlung ‚Kaffeezubereitung' nach Jackendoff (2007).

Konstituente, welche die oft fakultative Handlung mit der allgemeinen Funktion der Rückkehr zum *Status quo ante* beinhalte. Zwischen den beiden Kopfkonstituenten ‚Handelnder füllt Wasser in die Maschine' und ‚Handelnder füllt Kaffee in die Maschine' besteht nach Jackendoff keine logische Abhängigkeit wie zwischen den Vorbereitungs- und Kopfkonstituenten. Will sagen: Es spielt in jenem Falle keine Rolle, welche Handlung zuerst vollzogen wird. Daher werden in Abbildung 15 beide Handlungen als Köpfe beschrieben, die jedoch – wie durch die geschweiften Klammern indiziert – Teil einer einzigen Vorbereitungskonstituente sind.

Akzeptieren wir diese Strukturbeschreibung der komplexen Handlung ‚Kaffeezubereitung', so müssen bezüglich der hierbei angegebenen Konstituenten weitere Verschachtelungen angenommen werden. Betrachten wir beispielsweise die Strukturen, welche der Handlung ‚Handelnder füllt Wasser in die Maschine' zugrunde liegen; diese können wie in Abbildung 16 dargestellt werden (vgl. Jackendoff 2007: 126).

An dieser Stelle sollte bereits deutlich werden, dass mithilfe unseres Arbeitsgedächtnisses vollzogene Handlungen wie die obigen eine hierarchisch tief eingebettete Struktur aufweisen können. Diese hierarchische Einbettung kann zudem, so Jackendoff, unendlich fortgesetzt werden. So kann etwa die in Abbildung 15 angegebene Vorbereitungskonstituente ‚Handelnder füllt Kaffee in die Maschine' *ad infinitum* verschachtelt werden, wenn festgestellt wird, dass nicht mehr genügend Kaffee vorhanden ist. Infolgedessen müssen neue Handlungskonstituenten eingefügt werden – wie etwa eine Fahrt in den nächsten Supermarkt –, welche wiederum Konstituenten – wie die Suche nach dem Autoschlüssel – enthalten können. Auf diesem Wege kann die Vorbereitungskonsti-

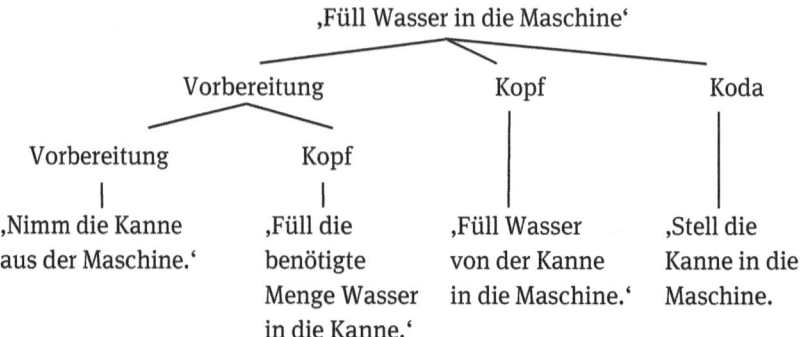

Abb. 16: Strukturelle Darstellung der Sub-Handlung ‚Füll Wasser in die Maschine' nach Jackendoff (2007).

tuente immer weiter hierarchisch verschachtelt werden, bis wir – in der Terminologie der generativen Syntax formuliert – gleichsam den Kopf der Konstruktion nicht mehr identifizieren können. Wir wissen dann nicht mehr, was das eigentliche Handlungsziel der Handlung gewesen ist.

Somit kann auf dem Wege der von Jackendoff vorgeschlagenen Beschreibung der kognitiven Grundlagen komplexer Handlungen gezeigt werden, dass Handlungsstrukturen ebenso wie linguistische Konfigurationen von einer reichen Einbettungsstruktur der jeweiligen Konstituenten gekennzeichnet sein können. Die angedeuteten Einbettungsprinzipien können überdies innerhalb einer Art Grammatik mit einer endlichen kategorialen Menge an Konstituenten beschrieben werden. Folglich lässt sich auch dieser kognitive Bereich hinsichtlich der Form rekursiver Operationen – wie auch die visuelle und musikalische Kognition – als Beleg dafür anführen, dass rekursive Operationen in anderen kognitiven Bereichen eine bedeutsame Rolle spielen. Mit anderen Worten: „The wondrous recursive creativity of language is not as special as it is often claimed to be" (Jackendoff 2007: 143).

Wenngleich Jackendoff betont, dass seine Beschreibung bisher nicht mehr als eine Art Spekulation aus dem Lehnstuhl heraus sei und daher dringend der weiteren Ausarbeitung und experimentellen Überprüfung bedarf, so zeigt doch schon dieser provisorische Ansatz der Untersuchung der mit komplexen Handlungen verbundenen Operationen, dass auch hier eine Form der rekursiven Syntax vorliegen könnte, die eine Analogie zur Sprachfähigkeit aufweist. Dies, zusammen mit den Vorkommensweisen, die in den vorherigen Abschnitten innerhalb der visuellen und musikalischen Kognition aufgezeigt worden sind, hat folglich eine Relevanz für das von Hauser et al. (2002) und anderen angenommene Evolutionsszenario. Dieses Szenario beinhaltet, wie in Kapitel 3 gezeigt worden ist, dass die Fähigkeit zur rekursiven Syntax die Einzigartigkeit der menschlichen Sprachfähigkeit definiere.

6.4 Begründet die Sprachfähigkeit einen qualitativen oder quantitativen Unterschied?

Der vorangegangene kursorische Überblick über Rekursionsformen in sprachexternen kognitiven Fähigkeiten hat gezeigt, dass sich die Fähigkeit zu einer Form rekursiver Operationen, wie sie bei der menschlichen Sprachfähigkeit nachgewiesen werden kann, auch innerhalb anderer kognitiver Bereiche annehmen lässt. Folglich ist die mit dem von Hauser et al. (2002) formulierten Begriff FLN verbundene und im MP ausgearbeitete Annahme in Zweifel zu ziehen, die Fähigkeit zur rekursiven Syntax sei die einzige nicht auf andere kognitive Bereiche zurückzuführende Komponente der Sprachfähigkeit. Was bedeutet dieser Befund nun für die These, die Sprachfähigkeit unterscheide den Menschen qualitativ von anderen Spezies, sowie für die mit dieser These verbundenen evolutionstheoretischen Annahmen?

Wenn rekursive Syntax ein das menschliche Denken in vielen Domänen auszeichnendes Merkmal ist, dann ist eventuell doch die Externalisierung, die Kommunikation dieses Denkens das ausschlaggebende Merkmal der menschlichen Sprache. Gemäß dieser Überlegung kann dann kein Evolutionsszenario angenommen werden, das als auslösenden, entscheidenden Faktor für die Entstehung der Sprachfähigkeit die Entstehung der Fähigkeit zur rekursiven Syntax postuliert, da wesentliche Merkmale dieses Faktors auch in anderen, vermutlich mit anderen Spezies und unseren Vorfahren prinzipiell geteilten kognitiven Fähigkeiten vorhanden sind. Somit wird das Szenario einer entscheidenden Mutation, eines ‚großen Sprungs vorwärts' fragwürdig. Vielmehr scheint ein adaptationistisches Szenario naheliegender, in dem die Kommunikation dieses komplexen Denkens einen evolutionären Vorteil brachte.

Doch wenn also auch in Bezug auf die Fähigkeit zur rekursiven Syntax ein quantitatives Kontinuum zu unseren Vorfahren und nächsten Verwandten angenommen und infolgedessen die an frühe Schriften Chomskys anknüpfende Behauptung eines distinktiven Merkmals qualitativer Art aus Gründen der Plausibilität verworfen werden muss, dann scheint die Annahme eines qualitativen Unterschieds lediglich ein Odium zu sein, welches die generative Linguistik – wie in Kapitel 2 und 3 angedeutet worden ist – von älteren philosophischen Positionen übernommen hat. Anders gewendet: Diese Annahme scheint innerhalb der neueren disziplinübergreifenden Perspektive der generativen Linguistik, die namentlich die Einbeziehung sprachexterner Evidenz intensiviert hat, nicht länger aufrechterhalten werden zu können.

Obwohl Jackendoff in seiner oben dargestellten Theorie somit eine Kompatibilität von sprach- und evolutionstheoretischen Überlegungen herstellt, so ist diese Kompatibilität eben nur eine theoretische. Sowohl sein detaillierter adaptationistischer Erklärungsversuch als auch das von Hauser et al. (2002) nahegelegte Szenario einer entscheidenden Mutation drohen für sich genommen dem schon in frühen Schriften Chomskys (1972 [1968]) hellsichtig formulierten Vorwurf der reinen Spekulation anheimzufallen. Erinnern wir uns an Jackendoffs Rekonstruktion einer Protosprache in Kapitel 5. Namentlich eine solch detaillierte Erklärung, wie sie Jackendoff formuliert, vermag in besonderer Weise den Eindruck – so Fitch et al. (2005: 180) – eines „adaptive storytelling" zu erwecken.

Welches Szenario nun plausibler ist – und das heißt: ob die menschliche Sprachfähigkeit als ein distinktives Merkmal qualitativer oder (bloß) quantitativer Art beurteilt werden muss –, kann (so die einhellige Meinung) nur mithilfe disziplinübergreifender Evidenzen entschieden werden. Nur ein interdisziplinäres, auf komparative Forschung ausgerichtetes Forschungsprogramm kann hier zu einer Klärung verhelfen, da – insbesondere im komplexen Fall der Sprachevolution – die Linguistik alleine nicht genug Mittel hat, um diesen großen Fragen standzuhalten.

Einen Bereich der komparativen Forschungen zur Sprachevolution, den sowohl Chomsky et al. als auch Kritiker wie Jackendoff und Pinker weitestgehend unbeachtet lassen, ist die Arbeit zur sozialen Kognition und Kommunikationsfähigkeit von Primaten, welcher wir uns im folgenden Teil des Buches zuwenden wollen. Im letzten Teil dieser Einführung wird dann dieser Bereich der Evolutionspsychologie mit einem weiteren Forschungsfeld verbunden, das sich mit der Komplexität der menschlichen Kognition in Abgrenzung zu anderen Spezies beschäftigt: die Philosophie des Geistes.

6.5 Kommentierte Literaturhinweise

Eine zentrale Arbeit zum Thema visuelle Kognition ist:

Marr, David. 1982. *Vision: A computational investigation into the human representation and processing of visual information*. New York: Freeman.

Ausführungen zu rekursiven Prozessen innerhalb der visuellen Kognition findet man in dem folgenden Artikel:

Jackendoff, Ray & Steven Pinker. 2005. The nature of the language faculty and its implications for evolution of language (Reply to Fitch, Hauser, and Chomsky). *Cognition* 97. 211–225.

Die folgenden Arbeiten enthalten die grundlegenden Analysen zur musikalischen Kognition (inklusive rekursiver Operationen in diesem Bereich):

Lerdahl, Fred & Ray Jackendoff. 1983. *A generative theory of tonal music*. Cambridge, MA: MIT Press.
Jackendoff, Ray & Fred Lerdahl. 2006. The capacity for music: What is it, and what's special about it? *Cognition* 100. 33–72.

Eine generelle (und zum Teil abweichende) Perspektive auf dieses Thema bieten:

Jackendoff, Ray. 2009. Parallels and non-parallels between language and music. *Music Perception* 26. 195–204.
Katz, Jonah & David Pesetsky. 2009. The identity thesis for language and music. <http://ling.auf.net/lingBuzz/000959>
Tsoulas, George. 2010. Computations and interfaces: Some notes on the relation between the language and the music faculties. *Musicae Scientiae, Discussion Forum* 5. 11–41.

Die Darstellungen zu rekursiven Operationen innerhalb komplexer Handlungsabläufe stammen aus:

Jackendoff, Ray. 2007. *Language, consciousness, culture: Essays on mental structure*. Cambridge, MA: MIT Press.

Teil 4: Sprachevolution und die menschliche Kommunikationsfähigkeit

7 Die Evolution der Kommunikationsfähigkeit

Zusätzlich zu den Ansätzen, welche die formalen Eigenschaften von Sprache fokussieren und die wir in den letzten beiden Teilen dieser Einführung genauer betrachtet haben, gibt es noch eine weitere prominente Richtung im Forschungsfeld der Sprachevolution. Innerhalb dieses Ansatzes wird die menschliche Fähigkeit zu komplexer symbolischer Kommunikation ins Zentrum des Interesses gerückt (vgl. hierzu etwa programmatisch Christiansen und Kirby 2003).

Eine einschlägige Theorie innerhalb dieser ‚kommunikativen Sicht' ist die Theorie zur Sprachevolution des Psychologen Michael Tomasello, die sprachtheoretisch auf Annahmen der sogenannten ‚gebrauchsbasierten' Linguistik fußt. Die Evolutionstheorie Tomasellos ist sicherlich die prominenteste Theorie innerhalb der kommunikativen Sicht, welche nicht nur auf Prozesse der kumulativen, generationenübergreifenden Übertragung kultureller Fertigkeiten abhebt, sondern auch biologische, universale Aspekte der menschlichen ‚Kommunikationsfähigkeit' miteinbezieht.

In diesem Kapitel werden zunächst die Kernideen dieser Theorie skizziert und sodann, wie in den vorangegangenen Kapiteln, relevante Einwände angeführt. Diese Darstellung, zusammen mit den Darstellungen in den vorherigen Kapiteln, wird als Basis für Überlegungen dienen, welche die Gemeinsamkeiten der unterschiedlichen Richtungen herausstellen und dieses Buch mit dem letzten Teil beschließen werden.

7.1 Sprachevolution und kulturelle Evolution

Eine zentrale Annahme des generativen Ansatzes ist, dass Verarbeitung und Sprachgebrauch im Allgemeinen als sekundär betrachtet werden und daher typischerweise auf ein mehr oder weniger unspezifisches oder nicht genau definiertes Performanzsystem verwiesen wird. Diese Trennung hat natürlich auch maßgeblichen Einfluss darauf, wie die Evolution der menschlichen Sprachfähigkeit gedacht wird.

Wie wir gesehen haben, wird zum einen eine graduell verlaufende Evolution angenommen, die auf einer komplex strukturierten Kompetenzgrammatik beruht (etwa der Parallelarchitektur). Diese kognitiven Ansätze verfechten also ein schrittweise verlaufendes Evolutionsszenario, das auf eine Verbesserung der menschlichen Kommunikationsfähigkeit hinausläuft (siehe Teil 3 des Buches oben). Der neuere Ansatz innerhalb des von Chomsky vertretenen ‚Minimalistischen Programms' widerspricht jedoch diesen Überlegungen, wie wir in Teil 2 dieser Einführung gesehen haben.

Innerhalb dieser Sicht argumentieren etwa Hauser et al. (2002), dass die menschliche Sprachfähigkeit (in Form der zentralen Fähigkeit zur rekursiven Syntax) nicht speziell zum Zwecke der Sprache entstanden sei. Vielmehr beruhe sie auf älteren Fähigkeiten, die zunächst domänenspezifisch waren (z. B. im Rahmen der Navigation) und sodann domänenübergreifend auch für die Sprachfähigkeit genutzt werden konnten. Dies schließt laut Hauser et al. (2002) natürlich nicht aus, dass die Fähigkeit zur rekursiven Syntax sodann ebenfalls auf Basis natürlicher Selektion hinsichtlich ihrer speziellen Funktion, zwischen dem senso-motorischen und dem konzeptuell-intentionalen System zu vermitteln, verbessert worden ist. Doch kann man innerhalb ihres Szenarios eines ,großen Sprungs' (siehe Kapitel 3) nicht wirklich davon sprechen, dass Sprache zur Verbesserung der Kommunikation entstanden sei, wie es die Protagonisten in Kapitel 5 und 6 annehmen.

Obwohl auch der Ansatz von Hauser et al. somit potenziell Adaptationen einschließt, die eine Interaktion mit der externen Sprachumwelt beinhalten und somit über Performanzfaktoren vermittelt sind, so spielen solche Überlegungen doch innerhalb des Chomskyschen Ansatzes nur eine untergeordnete Rolle.

Performanzfaktoren spielen nun in der gebrauchsbasierten Theorie zur Sprachevolution nicht nur die zentrale Rolle, sondern ersetzen jegliche sprachspezifische biologische Neuerung, die im Rahmen der Sprachevolution angenommen werden könnte. Genauer: Sprachevolution wird betrachtet als eine Selektion von Konstruktionen, die sich innerhalb einer Sprachgemeinschaft als für die Kommunikation effizient erweisen. Effizienz ist hier definiert als besondere Passgenauigkeit bezüglich allgemeiner kognitiver Voraussetzungen beziehungsweise Beschränkungen. Hierzu zählen die Belastung des Arbeitsgedächtnisses oder die kommunikative ,Verlässlichkeit' des sprachlichen Signals. Schauen wir uns zur Illustration Abbildung 17 an, welche die Auffassung zur Sprachevolution der Psychologen Morten Christiansen und Nick Chater illustriert und welche auch der konzeptuellen Grundlage der Theorie von Tomasello entspricht. Diese Abbildung stellt eine Auffassung zur Sprachevolution dar, wie sie von Christiansen und Chater (2016) vertreten wird und der Evolutionstheorie innerhalb der gebrauchsbasierten Linguistik im Allgemeinen zugrunde liegt.

Die Sprecher einer Sprache innerhalb einer Sprachgemeinschaft (dargestellt durch die gestrichelten Ovale) erwerben ihre Sprachkompetenz über unzählige Verarbeitungsereignisse (P_i etc.). Innerhalb dieser Ereignisse versuchen sie zum einen, Sprache zu verstehen. Andererseits produzieren sie natürlich selbst Äußerungen (U_i etc.). Diese Äußerungen konstituieren somit die jeweilige

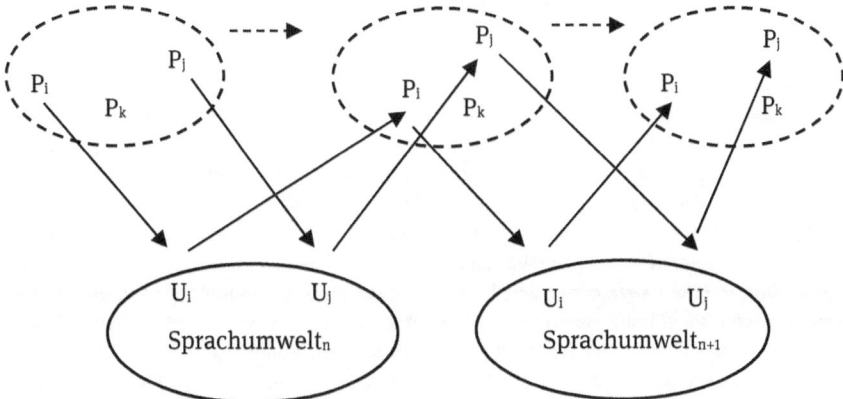

Abb. 17: Sprachevolution im Rahmen einer gebrauchsbasierten Perspektive nach Christiansen und Chater (2016: 12).

Sprachumwelt. Die Sprachumwelt ist folglich geformt durch die Interaktion zwischen erfahrungsbasierter Produktion und dem Verstehen von Äußerungen (nach unten zeigende Pfeile). Diese Äußerungen wiederum werden gelernt beziehungsweise erworben durch Verarbeitungsereignisse (nach oben zeigende Pfeile). Auf dieser Basis kann Sprachevolution als graduelle Selektion von Konstruktionen angesehen werden, die besser zu den biologischen domänenübergreifenden Anforderungen des Lernens, der Verarbeitung sowie zu den Kommunikationsanforderungen passen (gestrichelte Pfeile).

Sprachnutzer innerhalb einer speziellen Sprachgemeinschaft erwerben ihr Sprachwissen somit durch unzählige Performanz-, unzählige Verarbeitungsereignisse, die speziellen kognitiven Anforderungen unterliegen. Viele dieser Anforderungen gehen laut Christiansen und Chater vermutlich der Sprachfähigkeit voraus. Sprache meistert diese Anforderungen letztlich auf dem Wege der kulturellen Evolution (siehe Box 10).

Wenn wir nun generationenübergreifend auf diesen Prozess schauen, dann wird klar, dass kulturelle Weitergabe (die durch die Lern- und Verarbeitungsmechanismen der Sprecher beschränkt ist) eine zentrale Rolle im Prozess der Sprachevolution spielt (siehe etwa auch Smith und Kirby 2008). Dieses evolutionäre Modell behauptet folglich eine Passgenauigkeit zwischen den Mechanismen, die in der Verarbeitung und dem Lernen von Sprache involviert sind, und der Sprachstruktur selbst. Sprache hat sich über viele Generationen hinweg durch kulturelle Weitergabe den kognitiven Anforderungen des menschlichen Lernens und der menschlichen Verarbeitung angepasst.

> **Box 10.** Kulturelle Evolution bezeichnet einen Entwicklungsprozess, bei dem eine Verhaltensweise innerhalb einer Gruppe durch Nachahmung von Artgenossen generationenübergreifend übernommen wird. Dieser Prozess kann auch durch symbolische Vermittlung (Schrift bzw. Sprache im Allgemeinen) unterstützt werden. Im Gegensatz zur genetischen Evolution bezieht sich kulturelle Evolution somit nicht auf angeborenes, sondern auf rein erfahrungsbasiertes Verhalten. Michael Tomasello und Kollegen haben in den 1990er Jahren in diesem Zusammenhang den sogenannten ‚Wagenheber-Effekt' in die Diskussion eingeführt (Tomasello et al. 1993). Dieser Effekt bezeichnet den Umstand, dass mittels kultureller Evolution kulturelle Errungenschaften ständig verbessert und somit gleichsam ‚auf eine höhere Ebene' gehoben werden können. Einmal erworbene kulturelle Leistungen können auf der Basis kultureller Weitergabe festgehalten und verfeinert werden – die nachfolgenden Generationen müssen bezüglich der einmal erworbenen Verhaltensweisen nicht immer wieder von vorne beginnen.
>
> Während innerhalb der genetischen Evolution Informationen über die Vererbung von Genen weitergegeben werden, steht bei der kulturellen Evolution folglich Informationsweitergabe in Form von Lernprozessen im Mittelpunkt. Der Biologe Richard Dawkins hat diese Analogie ausbuchstabiert, indem er analog zum Gen als biologischen ‚Informationsträger' für die kulturelle Evolution das ‚Mem' als Replikationseinheit vorgeschlagen hat (siehe sein Buch *The Selfish Gene*; Dawkins 1976). Meme sind Bewusstseinsinhalte und werden über Kommunikation weitergegeben und vervielfältigt (siehe auch Blackmore 2000). Die Konzepte der Memetik fanden vor allem Anklang in den Kulturwissenschaften (vgl. z. B. Shifman 2013 für eine neuere Arbeit). In naturwissenschaftlichen Diskussionen spielen sie jedoch nur eine untergeordnete Rolle.

Alles in allem wird hier also ein Brückenschlag zwischen Sprachevolution und (an kognitiver Effizienz orientiertem) Sprachwandel vorgeschlagen; Sprachstruktur im Allgemeinen ist nichts weiter als materialisierte Verarbeitungsstruktur. Christiansen und Chater (2016) fragen folglich nicht, warum unser Gehirn so gut dafür geeignet ist, Sprache zu lernen. Sie fragen vielmehr: Warum ist Sprache so gut geeignet für unser Gehirn? Der Grund liegt für sie auf der Hand: Sprache hat sich evolutionär an unser Gehirn angepasst.

Christiansen und Chater (2016) argumentieren bezüglich der menschlichen Sprache explizit gegen ein Szenario, dass von einer sprunghaften Innovation ausgeht und wenden sich somit gegen die Position, Sprache als einen qualitativen Unterschied zu anderen Spezies anzusehen. Sie bestreiten auch die in Teil 3 dieser Einführung vorgestellte Möglichkeit, dass sich ein abstraktes System wie UG durch Anpassung habe entwickeln können.

Erstens sei unklar, warum sich in geographisch unterschiedlich verteilten Gruppen nicht verschiedene Systeme entwickelt hätten; zweitens ändern sich auch innerhalb einer einzigen Population die Sprachkonventionen so schnell, dass sie nicht das ‚Target' einer natürlichen Selektion sein könnten; drittens müsste man eigentlich annehmen, dass sich die natürliche Selektion auf die tatsächlichen Möglichkeiten einer spezifischen Sprache bezöge.

Wenn sich die Umwelt sehr schnell ändert, liegt der biologische Vorteil bei den Individuen, die flexible Strategien entwickeln – und diese beruhen laut der gebrauchsbasierten Perspektive auf allgemeinen kognitiven Kapazitäten. In diesem Sinne sollte auch die Sprachfähigkeit auf allgemeine kognitive Strategien zurückgeführt werden können und nicht genetisch in Form einer UG verankert sein. Innerhalb der gebrauchsbasierten Theorie wird also für die Sicht plädiert, dass sich die Grammatik von Sprachen den allgemeinen Lern- und Verarbeitungsprozessen des Gehirns anpasst, die ihrerseits von allgemeinen, sensorisch-motorischen sowie pragmatischen Beschränkungen abhängen.

Worin besteht also in solchen Ansätzen die ‚Grammatik' einer Sprache? Diesbezüglich stellt der Linguist Ronald Langacker für den gebrauchsbasierten Ansatz Folgendes fest:

> Substantial importance is given to the actual use of the linguistic system and a speaker's knowledge of this use; the grammar is held responsible for a speaker's knowledge of the full range of linguistic conventions, regardless of whether these conventions can be subsumed under more general statements.
>
> (Langacker 1987: 494)

Das grammatiktheoretische Modell dieser Sprachauffassung ist das der ‚Konstruktion'. Historisch sind konstruktionsgrammatische Modelle aus diversen Problemen entstanden, die sich aus der Analyse von Idiomen innerhalb der generativen Grammatik ergaben (siehe etwa Trotzke 2015 zu diesem Punkt). Auf der Basis der Annahme, dass Idiomatizität sicherlich als hochfrequentes Phänomen natürlicher Sprachen gelten kann, gehören Idiome sicherlich zur ‚vollen Bandbreite linguistischer Konventionen', wie es Langacker in seinem Zitat oben ausdrückt. Zudem kann im Falle von Idiomen ihre Nichtkompositionalität eben nicht unter ‚allgemeine Statements', so Langacker, subsumiert werden.

Infolgedessen wird die für die generative Linguistik zentrale Unterscheidung zwischen Syntax und Lexikon aufgegeben. Die Syntax beschreibt Äußerungen, die aus mehreren Wörtern bestehen, mithilfe syntaktischer Regeln. Das Lexikon stellt die atomaren Elemente für die Anwendung dieser Regeln bereit. Dieses Axiom wird im konstruktionsgrammatischen Ansatz durch ein Konzept ersetzt, in dem Lexikon, Morphologie und Syntax ein Kontinuum an symbolischen Einheiten darstellen. Ein rekursiver syntaktischer Regelapparat (die FLN-Komponente von Hauser et al. 2002, siehe Kapitel 3) fällt somit weg.

Der Begriff der symbolischen Einheit ist an dieser Stelle sehr wichtig. Innerhalb konstruktionsgrammatischer Ansätze sind grammatische Einheiten wie Morpheme, Wörter, aber auch komplexe Phrasen als grundsätzlich symbolisch, will sagen: als (wenigstens zum Teil) arbiträre Verbindungen von Form und Bedeutung anzusehen. Das folgende Schema soll der Veranschaulichung dieser symbolischen Konzeption einer Konstruktion dienen (vgl. Croft 2007: 472):

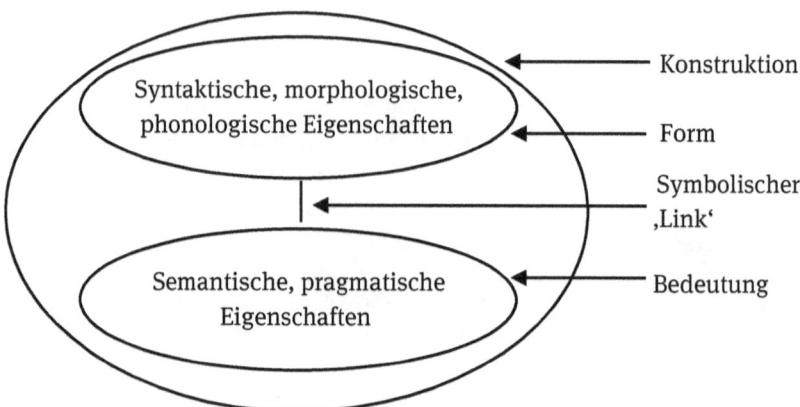

Abb. 18: Schematisierung des theoretischen Konzeptes einer ‚Konstruktion' innerhalb konstruktionsgrammatischer Ansätze.

Dennoch muss auch die auf kulturelle Evolution abhebende gebrauchsbasierte Linguistik danach fragen, welche allgemeinen kognitiven Strategien uns von anderen Spezies unterscheiden und somit die einzigartige Evolution von Sprache beim Menschen ermöglicht haben. Eine mögliche Antwort auf diese Frage bietet die Evolutionstheorie des Psychologen Michael Tomasello.

7.2 Kollektive Intentionalität als Grundlage von Sprache

Tomasello (2008) argumentiert, dass grammatische Komplexität in der menschlichen Sprache entstanden sei, um den speziellen Funktionen und Anforderungen menschlicher Kommunikation zu dienen. Seine Theorie konkretisiert also die Kommunikationsanforderungen, wie sie oben im gebrauchsbasierten Modell der Sprachevolution von Christiansen und Chater (2016) genannt werden.

Da Tomasello, genauso wie Hauser et al. (2002) sowie deren Kritiker Ray Jackendoff und Steven Pinker, annimmt, dass menschliche Sprache eine einzigartige Fähigkeit sei, argumentiert er, menschliche Kommunikation beinhalte ein einzigartiges Merkmal. Gemäß seiner Sicht liegt die entscheidende Differenz zu anderen Spezies in der menschlichen Fähigkeit zu ‚kollektiver Intentionalität'. Diese Fähigkeit ist ein wohlbekannter Gegenstand in der Analytischen Philosophie beziehungsweise in der Philosophie des Geistes und wurde dort auch unter dem Begriff ‚Wir-Intentionalität' behandelt.

Nach Searle (1990) referiert kollektive Intentionalität auf einen mentalen Zustand, der die Hintergrundannahme beschreibt, einen Mitmenschen als einen Kandidaten für eine kooperative Tätigkeit aufzufassen. Das prominenteste Beispiel ist sicherlich die soziale Aktivität des ‚Zusammen-Spazierengehens'. Die Philosophin Margaret Gilbert (1990) konnte zeigen, dass ein gemeinsames Gehen natürlich noch kein ‚Zusammen-Spazierengehen' konstituiert. Es reicht auch nicht, dass einer der beiden Akteure das Ziel hat, mit dem jeweils anderen Akteur spazieren zu gehen; vielmehr müssen beide Akteure dasselbe Ziel haben und das auch gegenseitig voneinander wissen.

Um sich dieser Fähigkeit nun psychologisch zu nähern, unterteilt Tomasello sie in zwei Komponenten: „(i) the cognitive skills for creating joint intentions [...] with others; and (ii) the social motivations for helping and sharing with others" (Tomasello 2008: 73). Im Folgenden schauen wir uns beide Komponenten ein wenig genauer an.

Die kognitive Fähigkeit zur Erzeugung gemeinsamer Intentionen mit anderen beinhaltet die Fähigkeiten, zu bestimmen, auf welchen Gegenstand in der Welt der Kommunizierende hinweist (seine referentielle Intention), sowie zu verstehen, warum er auf diesen Gegenstand hinweist (seine soziale Intention). Um diese Unterscheidungen ein wenig anschaulicher zu machen, gibt Tomasello folgendes Beispiel:

Ein Mann sitzt in seiner Lieblingsbar und zeigt auf sein leeres Glas, um ein weiteres Bier vom Barkeeper zu bekommen. Hinsichtlich der ‚referentiellen Intention' muss der Barkeeper in diesem Beispiel wissen, dass der Mann auf den leeren Zustand des Glases hinweist und nicht auf seine Farbe, seine Form oder Ähnliches. Bezüglich der sozialen Intention versteht der Barkeeper die Zeigegeste, da sowohl der Mann als auch der Barkeeper wissen, dass Kunden wie der Mann unter normalen Umständen in einer Bar sitzen, um zu trinken, und dass hierzu ein leeres Glas gefüllt werden muss. Es ist wichtig, darauf hinzuweisen, dass das Verstehen der sozialen Intention alles andere als trivial ist, da es ebenso gut möglich wäre, dass der Barkeeper weiß, dass der Mann ein Alkoholiker ist, der mit dem Trinken aufhören möchte. Der Mann könnte sich dann im Rahmen einer Konfrontationstherapie in eine Bar begeben, ohne zu trinken. In diesem (zugegebenermaßen exotischen) Fall würde die Zeigegeste des Mannes signalisieren, dass er es noch immer geschafft hat, dem Trinken zu widerstehen.

Die Tatsache, dass die Kommunikation zwischen dem Mann und dem Barkeeper in den meisten Fällen gut funktioniert, beruht auf komplexen Prozessen, die dazu dienen, sowohl die referentielle als auch die soziale Intention zu bestimmen. Diese Prozesse sind in der linguistischen Literatur gemeinhin unter dem Begriff des ‚Common Ground' untersucht worden (vgl. z. B. Clark 1996: 92-121 für eine Einführung in dieses Konzept und Stalnaker 2002 für eine einflussreiche Theorie).

Kommen wir nun zur zweiten Komponente von kollektiver Intentionalität. Bezüglich der sozial-motivationalen Infrastruktur von kollektiver Intentionalität postuliert Tomasello:

> three general types of evolved communicative motives [...]: **Requesting:** I want you to do something *to help me* [...]; **Informing:** I want you to know something because *I think it will help or interest you* [...]; **Sharing:** I want you to feel something so that *we can share attitudes/feelings together*.

(Tomasello 2008: 87; Hervorhebungen im Original)

Zunächst ist wichtig festzuhalten, dass sowohl das kommunikative Motiv des Aufforderns als auch das Motiv des Informierens ein ‚Helfen' involvieren. Genauer gesagt: Hinsichtlich des Motivs der Aufforderung entspricht man einer Bitte, indem man dem Auffordernden hilft; bezüglich des informativen Motivs hilft man den Mitmenschen, indem man sie über nützliche Gegenstände in der Welt in Kenntnis setzt. Demzufolge fasst Tomasello diese beiden Motive in der sozialen Motivation, jemandem zu helfen, zusammen. Die Annahme dieser drei grundlegenden menschlichen kommunikativen Motive basiert auf einer Unmenge an experimentellen Studien, die zeigen, dass nicht-menschliche Primaten diese prosozialen Motive in verschiedensten Zusammenhängen nicht besitzen (vgl. etwa Tomasello et al. 2005: 684-686 für eine zusammenfassende Darstellung).

Menschliche Kleinkinder hingegen zeigen sowohl das Motiv, eine Einstellung mit einem Erwachsenen zu teilen, als auch die Motivation, den Erwachsenen mit für ihn nützlicher Information durch Zeigegesten zu versorgen (Tomasello et al. 2007). Fügt man nun diese drei prosozialen Motive mit der kognitiven Fähigkeit zusammen, gemeinsame Intentionen produzieren zu können, dann ergibt dies, laut Tomasello, die gegenseitig gewusste Annahme, dass menschliche Kommunikation kooperativ sei. Resultat ist das ‚cooperative model of human communication' (Tomasello 2008: 98).

Wie oben bereits erwähnt, nimmt Tomasello an, dass Sprache (im Sinne von grammatischen Strukturen) entstanden sei, um die Anforderungen menschlicher Kommunikation zu erfüllen. Bevor wir also zu einer kritischen Betrachtung seiner Theorie insgesamt kommen, sollten wir uns im Folgenden noch genauer ansehen, wie sprachliche Strukturen, wie Grammatik auf der Grundlage des kooperativen Models menschlicher Kommunikation entstanden sein könnten.

7.3 Sprachevolution und Sprachwandel

Tomasello geht von der grundlegenden Annahme aus, dass der jeweilige Kommunikationszweck innerhalb einer menschlichen Kommunikation determiniert, welche grammatische Struktur gebraucht wird. Infolgedessen, und vor dem Hintergrund der drei grundlegenden Motive, die oben genannt wurden, beschreibt er die Entwicklung komplexer menschlicher Grammatiken wie folgt:

Motive des Aufforderns seien bereits bei unseren Vorfahren vorhanden und beinhalteten nur das ‚Ich und Du' im ‚Hier und Jetzt'. Dementsprechend gäbe es in diesem Zusammenhang keinen Entwicklungsdruck für irgendwelche komplexen syntaktischen Markierungen. Mit dem informativen Motiv, verstanden als Angebot des Helfens, seien grammatische Mittel entstanden, welche komplexe Funktionen wie das Verweisen auf Referenten in entfernten Zeiten oder Räumen ermöglichen. Zu guter Letzt erforderte die Entstehung der Motivation des Teilens eine Syntax, welche Mittel für die Erzählung einer Abfolge von komplexen Ereignissen bereitstellt, die zeitlich und räumlich versetzt sein können.

Es ist wichtig, an dieser Stelle zu betonen, dass laut Tomasello die prosozialen Motive, welche der Entstehung komplexer Grammatiken zugrunde liegen, ihre Grundlage in der Evolution einer speziellen psychologischen Infrastruktur haben. Die Entstehung der Grammatik selbst sei jedoch überhaupt nicht auf biologische Prozesse der Evolution zurückzuführen – vielmehr beruhen diese auf der kulturellen Weitergabe grammatischen Wissens.

In diesem Punkt seiner Theorie rekurriert Tomasello auf den kulturhistorischen Prozess der Konventionalisierung und somit auf gebrauchsbasierte Ansätze zur Sprachentstehung (siehe die allgemeinen Prozesse kultureller Evolution oben in Abschnitt 7.1). Im linguistischen Zusammenhang sind hier insbesondere die Arbeiten der Linguistin Joan Bybee zu nennen, die als eine der ersten innerhalb der modernen Sprachwissenschaft diese Perspektive auf Sprache auf die Thematik der Sprachevolution angewendet hat (vgl. Bybee et al. 1994). Ihren Arbeiten zufolge ist es notwendig, die diachrone Dimension von

Sprache in die Debatten zur Sprachevolution einzubeziehen. So kann die diachrone Linguistik nicht nur herausfinden, wie einzelne grammatische Konventionen, sondern wie Sprache insgesamt entstanden sei. Diese Perspektive, Sprachevolution und Sprachwandel konzeptuell miteinander zu verbinden, kann sich auf eine lange Tradition innerhalb der Philologie berufen.

Einer der frühesten Vertreter der Idee, dass Sprachen sich auf einer diachronen Achse entwickeln, war der Sprachforscher Sir William Jones im 18. Jahrhundert. Er war der erste westliche Forscher, der das Sanskrit studierte und seine Verwandtschaft mit dem Griechischen und Lateinischen aufdeckte (siehe Cannon 1991). Später war die Sprachwissenschaft im 19. Jahrhundert dominiert von einer organizistischen Sicht auf Sprache (McMahon 1994). Franz Bopp, einer der Wegbereiter der Indogermanistik, betrachtete Sprache als einen Organismus, der seziert und klassifiziert werden könne (siehe Davies 1987). Auch Wilhelm von Humboldt, auf den sich die moderne Linguistik im Rahmen der Sprachtheorie von Noam Chomsky oft bezogen hat (siehe Kapitel 3 oben), argumentierte, dass Sprache ein Organismus sei (Humboldt 1907 [1836]).

Den Sprachen wurden in diesem Zusammenhang Lebenszyklen zugeschrieben, die Geburt, Wachstum und schließlich auch Tod involvierten. Die evolutionstheoretischen Begriffe, welche diesen organizistischen Sprachauffassungen zugrunde lagen, waren jedoch weitestgehend von einer Evolutionsauffassung geprägt, die auf die Zeit vor Charles Darwin zurückgeht. Dies schlägt sich am deutlichsten in den Schriften des Sprachwissenschaftlers August Schleicher nieder. Obgleich er explizit auf die Beziehung zwischen der Sprachwissenschaft und der Darwinschen Evolutionstheorie hinwies (Schleicher 1863), so spielten doch Darwins Prinzipien der Mutation, Variation und natürlichen Selektion keine Rolle in seinen Überlegungen zur Sprachevolution (siehe Nerlich 1989).

Kommen wir zurück zur modernen Linguistik. Wenn Sprache also auf diachroner Achse entsteht und auf biologischer Ebene lediglich den Anforderungen bereits vorhandener kognitiver und kommunikativer Beschränkungen genügen muss, dann wäre es auch plausibel anzunehmen, dass historische Prozesse des Sprachwandels ein Modell für Sprachevolution bereitstellen. Anders ausgedrückt: Historischer Sprachwandel wäre dann nichts anderes als Sprachevolution ‚in einem Mikrokosmos'. Diese Perspektive haben nun Bybee et al. (1994) innerhalb einer gebrauchsbasierten Linguistik stark gemacht. Sie argumentierten, dass das ‚Überleben' eines Lexems oder einer syntaktischen Konstruktion sowohl durch seine individuellen Eigenschaften als auch durch das Passen ins gesamte linguistische System determiniert sei (will sagen: durch die syntaktische, semantische oder pragmatische Überlappung mit anderen

Konstruktionen). In einer Reihe von korpusbasierten Analysen haben Bybee et al. nun gezeigt, dass hierbei die Frequenz des Vorkommens einer Konstruktion eine zentrale Rolle spielt, da auf diesem Wege Effekte von sich wiederholenden Verarbeitungserfahrungen mit speziellen Beispielen (sowohl auf der Type- als auch auf der Tokenebene) erzeugt werden.

Hierbei wurde insbesondere das Phänomen der Grammatikalisierung in Augenschein genommen (Bybee et al. 1994; Hopper und Traugott 2003). Grammatikalisierung bezeichnet den Prozess, bei dem, sehr grob gesagt, funktionale (= grammatische) Elemente aus lexikalischen Elementen entstehen. Dieser Übergang beinhaltet ein semantisches ‚Ausbleichen' des lexikalischen Elementes, phonologische Reduktion sowie die Erhöhung der Abhängigkeit von anderen Elementen. Ein prominentes Beispiel in der oben stehenden Literatur ist die Verwendung von *go* und *have* als Hilfsverben, wie etwa in *I'm going to read this book* oder *I have read this book*). In diesen Fällen sind die ursprünglichen Bedeutungskomponenten der physischen Bewegung (*go*) oder des Besitzes (*have*) ausgeblichen. Eine phonologische Reduktion kann dann im weiteren Verlauf zu abgekürzten grammatischen Formen führen (wie etwa die phonetische Erosion von *going to* zu *gonna*).

Der Prozess der Grammatikalisierung ist graduell und scheint konsistenten historischen Mustern zu folgen. Dies zeigt an, dass es systematische Selektionsprinzipien für Konstruktionen gibt, die im Sprachwandel wirken. Solche Selektionsprinzipien konkretisieren somit das gebrauchsbasierte Schema von Christiansen und Chater aus Abschnitt 7.1 (Abbildung 17). Diese Prozesse der Grammatikalisierung sind im evolutionären Zusammenhang auch als mögliche Ursprünge grammatischer Strukturen in einer Protosprache beschrieben worden, die zunächst nur aus ungeordneten und unflektierten Reihungen von Wörtern bestanden hat (Heine und Kuteva 2012).

In einer breiteren Perspektive könnte man nun zusammenfassend sagen, dass die kognitive und kommunikative Basis für die Prozesse der Grammatikalisierung und verwandter diachroner Entwicklungen als wichtiger empirischer Baustein für eine Theorie der Sprachevolution gelten könnte. Wenn nämlich der empirisch beobachtbare Sprachwandel, so einige Forscher, nichts anderes als Sprachevolution im Kleinen ist, so könnte der durch theoretische Spekulationen charakterisierte Forschungsbereich der Sprachevolution direkt an ein Forschungsfeld angeschlossen werden, das als eines der reichsten Gebiete in der Sprachwissenschaft gilt: die historische Linguistik.

So ist es kein Wunder, dass Grammatikalisierung in der Tat ein zentraler Punkt in neueren Ansätzen zur Sprachevolution geworden ist, die einen besonderen Schwerpunkt auf die kulturelle Weitergabe linguistischer Information legen, die sich über hunderte, ja tausende von Generationen von Sprachnutzern hinweg vollzieht (siehe Heine und Kuteva 2002; Givón 1998).

Bleibt noch anzumerken, dass Grammatikalisierung auch relevant für grundlegende Prozesse der Syntax ist, die zur Illustration von Rekursion in Teil 2 der vorliegenden Einführung dienten. So ist bekannt, dass parataktische Kombinationen unabhängiger Sätze zu einer einzelnen Intonationseinheit oft auf eine Grammatikalisierung eines Demonstrativums hinauslaufen (vgl. hierzu zum Deutschen Axel 2009). Was in solchen Fällen vermutlich passiert, ist die Reanalyse des Demonstrativpronomens *das* (1a) als satzeinleitendes Element in (1b):

(1) a. Du weißt das. Sprachevolution ist ein spannendes Thema.
    b. Du weißt, dass Sprachevolution ein spannendes Thema ist.

Dieser Prozess der Grammatikalisierung ist laut Heine und Kuteva (2007) eine äußerst häufige Quelle für grammatische Elemente wie Konjunktionen beziehungsweise Subordinatoren.

Die historische Entwicklung von der Parataxe zur Hypotaxe sagt jedoch nichts über die Evolution der Fähigkeit zur rekursiven Syntax, wie ich sie in Teil 2 eingeführt habe, im Allgemeinen aus. Es ist wichtig, zu verstehen, dass Prozesse der kulturellen Überlieferung keine Alternative zu einer Theorie darstellen, welche an der Evolution von sprachrelevanten Gehirn- sowie Kognitionsvorgängen interessiert ist. Vielmehr spielen sich Prozesse der kulturellen Übertragung vor diesem biologischen Hintergrund ab.

So stellt etwa Bybee (2009) heraus, dass viele Eigenschaften von Sprache vollends mit historischen Prozessen des Sprachwandels erklärt werden können (wie etwa mit dem Prozess der Grammatikalisierung) und nimmt hierbei keinerlei Bezug auf zugrunde liegende kognitive Fähigkeiten. Diese Sicht teilen eine Vielzahl von neueren komputationellen Modellen, die sich mit der Simulation der kulturellen Weitergabe linguistischer Informationen beschäftigen (siehe Smith 2014 für einen Überblick).

Diese Modelle untersuchen, wie Sprache über Generationen hinweg durch Weitergabe geformt wird und beziehen hierbei etwa die Lösung von Kommunikationsproblemen oder allgemeine Beschränkungen des Lernens ein. Die konkrete Modellierung der kulturellen Evolution hat mittlerweile einen sehr hohen Standard erreicht. Diese Methoden der Computerlinguistik sind entscheidend für Auffassungen zur Sprachevolution, welche die Aufmerksamkeit von den biologischen hin zu den kulturellen evolutionären Prozessen lenken, und mittlerweile spielen diese Methoden auch eine wichtige Rolle auf internationalen Konferenzen zum Thema Sprachevolution.

Innerhalb dieser Perspektive gibt es, zusammenfassend gesagt, keine scharfe Trennung zwischen Sprachevolution und Sprachwandel. Wie wir oben angedeutet haben, wird Sprachevolution lediglich als Resultat von Sprachwandel über einen sehr langen Zeitraum verstanden. Man braucht folglich keine separaten Theorien zu Sprachevolution und Sprachwandel, wie auch Christiansen und Chater (2016) argumentieren. Die linguistischen Ansätze aus Teil 2 und 3 dieser Einführung gehen somit, gemäß dieser Sicht, am Thema der Sprachevolution vorbei.

Im Folgenden sollen die Auffassungen zur Sprachevolution von Chomsky und Jackendoff, um diese Namen stellvertretend für das generative Paradigma zu nennen, jedoch nicht ganz abgeschrieben werden. Natürlich beruhen auch die obigen historischen Prozesse wesentlich auf den ihnen zugrunde liegenden kognitiven Mechanismen. Selbst wenn also Sprache als rein kulturelles Produkt angesehen wird, das ausschließlich auf Prozesse der kulturellen Überlieferung zurückgeht, so ist Sprache dennoch geformt von kognitiven Leistungen, die eine solche Weitergabe zuerst ermöglichen. Die wesentliche Frage ist dann, ob es überhaupt sprachspezifische kognitive Dispositionen für diese Prozesse gibt. Anders: Welche Rolle spielt in diesem Zusammenhang die Idee einer UG und was ist die Relevanz eines solchen Konzeptes für das Thema der Sprachevolution?

7.4 Kommentierte Literaturhinweise

Die Position von Michael Tomasello zum Thema der Evolution der menschlichen Kommunikationsfähigkeit ist in folgenden Arbeiten ausführlich wiedergegeben:

Tomasello, Michael. 2008. *Origins of human communication*. Cambridge, MA: MIT Press.
Tomasello, Michael, Malinda Carpenter, Josep Call, Tanya Behne & Henrike Moll. 2005. Understanding and sharing intentions: The origins of cultural cognition. *Behavioral and Brain Sciences* 28. 675–691.

Die gebrauchsbasierte Perspektive auf Sprache im Allgemeinen und auf Sprachevolution im Speziellen wird in diesen Texten programmatisch formuliert:

Bybee, Joan. 2006. From usage to grammar: The mind's response to repetition. *Language* 82. 711–733.

Christiansen, Morten H. & Nick Chater. 2016. *Creating language: Integrating evolution, acquisition, and processing*. Cambridge, MA: MIT Press.

Zum Thema der engen Verwandtschaft von Sprachevolution und Sprachwandel soll auf folgende Arbeiten verwiesen werden:

Bybee, Joan, Revere Perkins & William Pagliuca. 1994. *The evolution of grammar: Tense, aspect, and modality in the languages of the world*. Chicago: University of Chicago Press.
Croft, William. 2008. Evolutionary linguistics. *Annual Review of Anthropology* 37. 219–234.
Heine, Bernd & Tania Kuteva. 2007. *The genesis of grammar: A reconstruction*. Oxford: Oxford University Press.

Eine allgemeine Einführung in das Thema der Grammatikalisierung geben:

Hopper, Paul J. & Elizabeth Closs Traugott. 2003. *Grammaticalization*. 2nd edition. Cambridge: Cambridge University Press.

Einen neueren Überblick über (computerlinguistische) Modellierung von Sprachevolution und Sprachwandel bietet:

Smith, Andrew D. M. 2014. Models of language evolution and change. *Wiley Interdisciplinary Reviews: Cognitive Science* 5. 281–293.

8 Sprachevolution ohne UG?

[...] grammar is the cognitive organization of experience with language. [...] Grammar cannot be thought of as pure abstract structure that underlies language use [...]. Grammar is built up from specific instances of use that marry lexical items with constructions; it is routinized and entrenched by repetition and schematized by the categorization of exemplars.

(Bybee 2006: 730)

[...] from the point of view of modeling *psychological processes,* we need not take the purported unbounded recursive structure of natural language as axiomatic. Nor need we take for granted the suggestion that a speaker/hearer's knowledge of language captures such infinite recursive structure. Rather, the view that 'unspeakable' sentences which accord with recursive rules form a part of the knowledge of language is an *assumption* of the standard view of language developed by Chomsky.

(Christiansen und Chater 1999: 158)

Das vorangegangene Kapitel hat gezeigt, dass innerhalb eines gebrauchsbasierten Ansatzes Sprache ein Produkt kultureller Evolution ist, das auf der Basis einer Vielzahl von Verarbeitungsepisoden durch viele Sprechergenerationen entstanden ist. Sprache ist also geformt durch Lern-, Verarbeitungs- sowie Kommunikationsanforderungen im Allgemeinen, die durch das menschliche Gehirn bedingt sind. Aus dieser Perspektive ist dann Sprachevolution einfach historischer Sprachwandel, so Christiansen und Chater (2016: 239), ‚wie er im Buche steht'. Auf der Basis der Forschungen zu solch zentralen Prozessen wie Grammatikalisierung können folglich auf lange Sicht auch Erklärungen für das Phänomen der Sprachevolution gefunden werden (vgl. hierzu vor allem Heine und Kuteva 2002, 2007, 2012).

Innerhalb der generativen Linguistik werden Sprachevolution und Sprachwandel jedoch als völlig unterschiedliche Forschungsdomänen behandelt (vgl. Berwick et al. 2013). Die grundlegende Annahme ist in diesem Zusammenhang, wie wir gesehen haben, dass die Kerngrammatik (die rekursiven Operationen der Syntax) sprachübergreifend Geltung hat und als biologische sprachspezifische Fähigkeit (FLN) angeboren ist. Diese angeborene Sprachkomponente (UG) ist diesem Ansatz zufolge ein Produkt genetischer Veränderungen – entweder durch Adaptation im Rahmen von natürlicher Selektion (Teil 3 dieses Buches) oder durch eine plötzliche genetische Veränderung (Teil 2 dieser Einführung).

Sprachwandel wird innerhalb dieser Sicht relevant für Aspekte von Sprache, welche nicht den Kernbereich des syntaktischen Apparats betreffen, wie zum Beispiel das Lexikon oder morphosyntaktische Domänen wie Flexion. Folglich sind Sprachevolution und Sprachwandel durch unterschiedliche Mechanismen angetrieben: biologische auf der einen und kulturelle Mechanismen auf der anderen Seite.

Christiansen und Chater (2016) behaupten nun, wie im obigen Zitat deutlich wird, dass diese strikte Trennung von Sprachevolution und Sprachwandel vollends überholt sei und auf eine theoretische Position zurückgehe, die nicht mehr haltbar sei. Sie bemängeln vor allem die methodologische Trennung von Kompetenz und Performanz (siehe unsere Diskussion in Teil 2 dieser Einführung).

Auch Christiansen und Chater räumen jedoch ein, dass es von großem Interesse sei, die biologischen Evolutionsprozesse zu verstehen, die zu den kognitiven Voraussetzungen kultureller Evolution geführt haben. Relevante Gegenstände sind für sie in diesem Zusammenhang etwa die Fähigkeit zu gemeinsam gerichteter Aufmerksamkeit („joint attention') und damit auch der Bereich kognitiver Fähigkeiten, den Tomasello mit kollektiver Intentionalität beschrieben hat (siehe Kapitel 7 oben). Bevor wir auf diese Prozesse noch einmal in Teil 5 dieses Buches zurückkommen, soll im nächsten Abschnitt zunächst diskutiert werden, inwiefern eine UG in gebrauchsbasierten Ansätzen ersetzt beziehungsweise gestrichen werden kann. Am Ende des Abschnitts werde ich dafür argumentieren, dass neuere Ansätze innerhalb der generativen Linguistik Performanzfaktoren durchaus als Teil einer Theorie zur menschlichen Sprachfähigkeit betrachten. Zudem kann die Evidenz, Rekursion aus dem UG-Apparat zu streichen, nicht vollends überzeugen.

8.1 Sprachfähigkeit ohne rekursive Syntax?

Innerhalb der Kognitionswissenschaften können zwei grobe Richtungen unterschieden werden, um mentale Fähigkeiten wie die Sprachfähigkeit zu modellieren: Zum einen verfolgen Forscher eine ‚top-down' Strategie. Das heißt: Bevor die neuronalen Mechanismen, die einer kognitiven Fähigkeit zugrunde liegen, in Augenschein genommen werden, fragen die Vertreter dieser Richtung zunächst nach der genauen Funktionsbeschreibung dieser Fähigkeit und charakterisieren die Ein- und Ausgabeelemente dieses Systems in Form von Symbolmanipulation. Diese Strategie geht im Wesentlichen darauf zurück, was David Marr (1982) die ‚komputationelle' Ebene genannt hat. Diese Ebene hat sich als sehr nützlich dafür erwiesen, Kognition auf höherer Ebene zu modellieren, wie sowohl Forscher aus generativer Perspektive (Berwick et al. 2013) als auch Vertreter eines probabilistischen Modells der Kognition herausgestellt haben (Griffiths et al. 2010). Diese allgemeine Perspektive auf die menschliche Kognition haben wir in Teil 2 und 3 dieser Einführung kennengelernt.

Auf der anderen Seite ist in den Kognitionswissenschaften jedoch ein Ansatz sehr prominent geworden, der als ‚bottom-up' Strategie bezeichnet werden könnte. Hierbei wird zunächst auf die zugrunde liegenden neuronalen Mechanismen geachtet und sodann gefragt, welche kognitiven Phänomene auf höherer Ebene hieraus (aus den Mechanismen der ‚Hardware') entstehen können. Die radikalste Form dieses ‚emergentistischen' Zweigs der Kognitionswissenschaft ist sicherlich derjenige Ansatz, den Pinker und Prince (1988) ‚eliminativen Konnektionismus' genannt haben. Diese Theorie zielt darauf ab, eine repräsentationale Ebene symbolischer Strukturen vollends zu eliminieren (vgl. McClelland et al. 2010 für einen Überblick über dieses Forschungsfeld). Dies ist letztlich die Strategie, auf welche die in Kapitel 7 skizzierten Ansätze hinauslaufen.

Wenn wir nun zur Linguistik zurückkehren, so sind diese beiden grundlegenden Strategien in der Unterscheidung zwischen generativen und gebrauchsbasierten Ansätzen sichtbar. Auf der einen Seite argumentieren gebrauchsbasierte Ansätze, dass alles Wissen über sprachliche Struktur rein aus dem Gebrauch von Sprache entsteht und daher auf Performanz basiert (siehe etwa das grundlegende Schema in Abbildung 17 oben). Gebrauchsbasierte Ansätze streiten daher eine autonome Kompetenzebene der symbolischen Repräsentation ab.

Auf der anderen Seite, wie wir bereits in Kapitel 3 dargestellt haben, postulieren generative Ansätze eine Kompetenzebene, die unabhängig vom Sprachgebrauch in konkreten Situationen ist. Chomsky (1963: 327) veranschaulicht dies mit folgender Analogie: „[T]he inability of a person to multiply 18,674 times 26,521 in his head is no indication that he has failed to grasp the rules of multiplication."

Rekursive syntaktische Einbettungen, wie ich sie bereits in Kapitel 3 diskutiert habe, gelten als Beispiel *par excellence* für die Ungleichheit, welche das Verhältnis zwischen durch die Kompetenzgrammatik generierten Strukturen und den tatsächlichen Äußerungen der Sprecher im Sprachgebrauch kennzeichnet. Es ist daher keine Überraschung, dass prominente Vertreter einer gebrauchsbasierten Richtung der Sprachwissenschaft Folgendes klarstellen:

> Indefinite recursion, or discrete infinity as Chomsky prefers, is not an actual property of human language – no human is capable of indefinite centre-embedding, for example.

> Only in the light of a radical distinction between competence and performance does this [...] make any sense at all.

(Evans und Levinson 2009: 482)

Innerhalb dieser fundamentalen Debatten hat gerade die rekursive Zentraleinbettung eine so prädominante Rolle eingenommen, da diese Konfigurationen ein integraler Bestandteil von Chomskys Argument waren, dass natürliche Sprachen nicht mithilfe von finite-state Mechanismen erklärt werden können (vgl. Chomsky 1956, 1959a sowie unsere Diskussion in Kapitel 4 dieses Buches). Infolgedessen wurden mögliche Strukturen wie die folgende als Argument gegen die rein statistische Modellierung von Sprache ohne explizite symbolische Regeln angeführt (siehe Miller und Chomsky 1963 für diese Diskussion):

(1) The rat the cat the dog chased killed ate the malt.

(Chomsky und Miller 1963: 286)

Was nun die Performanz, die Verarbeitung solcher Strukturen angeht, so ist bekannt, dass vielfache Zentraleinbettung wie in (1) unter normalen Bedingungen weder produziert noch (angemessen) verstanden werden kann. Vor dem Hintergrund dieser Performanzbeschränkungen haben zentral eingebettete Strukturen der Psycholinguistik als fruchtbares Phänomen gedient, um Beschränkungen des Arbeitsgedächtnisses im Rahmen der Satzverarbeitung zu formulieren.

In diesem Zusammenhang ist ein berühmtes Phänomen die Illusion, dass Sätze, die einen doppelt eingebetteten Relativsatz enthalten, oft als akzeptabler bewertet werden, wenn die Verbalphrase des übergeordneten Relativsatzes fehlt. Dies ist anhand des folgenden klassischen Beispiels (2b) veranschaulicht:

(2) a. The patient the nurse the clinic had hired sent to the doctor met Jack.
    b. *The patient the nurse the clinic had hired __ met Jack.

(Frazier 1985: 178)

Dieser ‚Missing-VP-Effekt' ist ein etabliertes Phänomen in SVO-Sprachen wie Englisch (Gibson und Thomas 1999; Vasishth et al. 2010) und Französisch (Gimenes et al. 2009).

Die Ungleichheit zwischen Strukturen, welche die Kompetenzgrammatik generieren kann, und der konkreten Performanz im Sprachgebrauch hat nun unterschiedliche Ansätze hervorgebracht, wie diese Aspekte in einer adäquaten kognitiven Erklärung zusammengebracht werden können.

Gemäß der generativen Perspektive werden die Performanzbeschränkungen im Kontext von rekursiven Einbettungen durch Faktoren erklärt, die außerhalb der Kompetenzgrammatik liegen (wie z. B. die Überlastung des Arbeitsgedächtnisses aufgrund der Verarbeitung struktureller Distanzen, siehe Gibson und Thomas 1999; Gibson 2000). Dieser Ansatz folgt im Wesentlichen der klassischen Argumentation von Chomsky und Miller (1963), die herausstellten, die Tatsache, dass Sätze wie in (1) und (2) ziemlich unverständlich seien, hätte keine Bedeutung für die Frage, ob eine Kompetenzgrammatik die Generierung solcher Sätze erlauben sollte. Will sagen: Solche Strukturen sind unverständlich aufgrund von Performanzbeschränkungen, welche die Realisierung der auf der Basis der grammatischen Kompetenz möglichen Strukturen einschränken.

Gemäß der gebrauchsbasierten Perspektive ist eine Kompetenzgrammatik, die unbegrenzte rekursive Einbettungen erlaubt, jedoch ein rein theoretisches Konstrukt; da solche Strukturen niemals produziert werden, sollten sie auch nicht in einer Art Kompetenzgrammatik repräsentiert sein. Die FLN-Hypothese zur Sprachevolution von Hauser et al. (2002) wäre somit hinfällig. Rekursive Syntax kann kein angeborener Aspekt der menschlichen Sprachfähigkeit sein, sondern wird – mit all seinen Beschränkungen – rein erfahrungsbasiert erworben. Ein wichtiger Aspekt dieser Sicht ist dann, dass sich die rekursiven Fähigkeiten von Individuen unterscheiden – und zwar abhängig davon, welche Sprachstrukturen Teil ihrer individuellen Erfahrung sind (siehe unsere Diskussion weiter unten).

Christiansen und MacDonald (2009) fassen diese Auffassung zur rekursiven Syntax folgendermaßen zusammen:

> In contrast to generative approaches, constraints on recursive regularities do not follow from extrinsic limitations on memory or processing; rather they arise from interactions between linguistic experience and architectural constraints on learning and processing [...], intrinsic to the system in which the knowledge of grammatical regularities is embedded.

(Christiansen und MacDonald 2009: 127)

Im Folgenden werde ich empirische Evidenz diskutieren, die innerhalb konnektionistischer Ansätze für die Untermauerung dieses Standpunktes angebracht wird. Auf der Basis dieser Diskussion unternehme ich sodann eine kritische Betrachtung dieser Evidenz.

8.2 Gebrauchsbasierte Rekursion und Konnektionismus

Newmeyer (2003) stellt in seinem programmatischen Artikel *Grammar is grammar and usage is usage* heraus, dass die Anziehungskraft der gebrauchsbasierten Sprachauffassung wesentlich auf den Aufstieg konnektionistischer Modellierungen in den Kognitionswissenschaften zurückgeht (siehe Box 11). Wenn alles, was wir zur Modellierung des menschlichen Geistes brauchen, gespeicherte Aktivierungsprofile (bzw. -gewichte) sowie deren Verbindungen untereinander sind, dann erscheinen gebrauchsbasierte Ansätze als der natürlichste Ansatz zum Verständnis der menschlichen Kognition im Allgemeinen.

Im Unterschied zu linguistischen Modellen, die mit autonomen symbolischen Repräsentationen arbeiten, möchte der konnektionistische Zweig der Kognitionswissenschaften Mechanismen identifizieren, die dafür ausreichend sind, gesetzmäßiges Verhalten zu erklären, ohne auf das Postulat expliziter symbolischer Regeln zurückzugreifen (vgl. hierzu Rumelhart und McClelland 1986 für eine grundlegende Arbeit).

Box 11. Der Konnektionismus ist ein Ansatz innerhalb der Kognitionswissenschaft, der in seiner heutigen Form wesentlich auf ein in den 1980er Jahren an der University of California, San Diego, durchgeführtes Forschungsprojekt zur ‚parallel verteilten Informationsverarbeitung' zurückgeht (siehe Rumelhart und McClelland 1986).

Gegenstand dieser Forschung sind Netzwerke, die aus einer großen Anzahl einfacher Verarbeitungseinheiten bestehen, die in paralleler Weise prozessieren. Die unzähligen Interaktionen dieser Einheiten produzieren einen bestimmten Output des Netzwerkes (ein ‚Verhalten'), können jedoch aufgrund der Vielzahl der Interaktionen nicht auf der Basis eines abstrakten symbolischen Vokabulars oder Regelinventars erfasst werden. Man spricht daher auch von ‚subsymbolischer' Verarbeitung. Die Netzwerke sollen der Arbeitsweise von Neuronenverbänden im menschlichen Gehirn entsprechen und sind somit auch in der Forschung zur Künstlichen Intelligenz sehr populär.

Die neueren Modelle des konnektionistischen Ansatzes gehen weit über die frühen Versionen in den 1980er Jahren hinaus. Die Beispiele in den frühen Arbeiten kamen oft aus den Bereichen der Morphologie und Phonologie – und somit aus Domänen, in denen die freie Kombination linguistischer Entitäten eine geringere Rolle spielt als in der Syntax (siehe Bybee und McClelland 2005 für einen Überblick über die klassischen Beispiele). Was die Syntax angeht, so war es die Arbeit des Psycholinguisten Jeffrey Elman, die als erste den Erwerb syntaktischer Sequenzen in einem konnektionistischen Modell simulierte, das seitdem unter dem Namen ‚Simple Recurrent Network' (SRN) firmiert (Elman 1990).

In diesem Netzwerk sind die Aktivierungen eines einzelnen Wortes innerhalb eines Satzes begleitet von einer zusätzlichen Repräsentation der zuletzt auftauchenden Wörter eines Satzes (die sogenannte ‚Kontextschicht'). Dies erlaubt den SRNs, einen Überblick über zeitliche Abfolgen zu behalten. Die folgende Abbildung verdeutlicht die Architektur eines solchen Netzwerks:

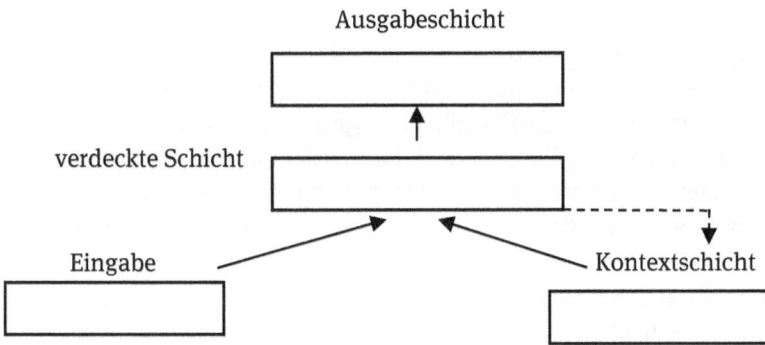

Abb. 19: Architektur eines ‚Simple Recurrent Network' nach Elman (1990) sowie Christiansen und Chater (1999). Die Rechtecke entsprechen verschiedenen Schichten des Netzwerkes, wobei die ‚verdeckte Schicht' sowohl Eingabedaten als auch ihre vorherigen Ausgabedaten enthält, die über die Kontextschicht wieder in die verdeckte Schicht kopiert werden können (gestrichelter Pfeil).

Vor dem Hintergrund dieses speziellen Sequenzierungsmerkmals dieser Netzwerke versuchen diese Modelle nun, zu demonstrieren, dass SRNs die syntaktischen und semantischen Funktionen von Wörtern innerhalb eines Satzes ohne die Formulierung expliziter Regeln vorhersagen können. Eine oft angebrachte Kritik gegen solche Modelle war, dass Elman keinen detaillierten Vergleich zwischen der Bewältigung der syntaktischen Aufgaben durch das Netzwerk und der Bewältigung vergleichbarer Aufgaben durch menschliche Probanden anstellte (siehe etwa Marcus 1998). Im Folgenden wenden wir uns solch einem Vergleich zwischen den SRN-Vorhersagen und der menschlichen Performanz in Bezug auf die Fähigkeit zur rekursiven Syntax zu.

Ein prominenter Ansatz innerhalb konnektionistischer Arbeiten, der Elmans Theorie zur Modellierung syntaktischer Vorhersagen folgt und zudem auf einschlägige Kritik wie die gerade angemerkte eingeht, ist die Forschung rund um den Psychologen Morten Christiansen, angefangen mit seiner Dissertation (Christiansen 1994). Wir haben in Kapitel 7 bereits das von ihm und Kollegen vorgeschlagene Szenario zur Sprachevolution kennengelernt. Im Folgenden wenden wir uns dem hier zugrunde liegenden Sprachbegriff zu.

Christiansen und Chater (1994) zeigten, dass ihr SRN fähig ist, nicht-lokale Generalisierungen im Zusammenhang mit der Konjunktion von Nominalphrasen zu bewerkstelligen. Auf dieser Basis stellen sie in späteren Arbeiten heraus, dass ihr Model keine klassische Konstituenz im Sinne der Syntax und anderen symbolischen Modellen involviert, sondern dass Konstituenten in einem kontextabhängigen Modus definiert seien (siehe hierzu Christiansen und Chater 2003).

Mit anderen Worten: Gemäß dieser ‚eliminativen' Strategie gibt es kein fixes symbolisches Vokabular von Repräsentationseinheiten, wie es dies in einer generativen Kompetenzgrammatik gibt. So wurde auch in neueren Arbeiten hervorgehoben, dass sich dieser konnektionistische Zugang zu syntaktischen Konfigurationen für eine radikal neue Sicht auf Syntax eignet, nach der hierarchische Strukturen sowie symbolische Repräsentation keine Rolle mehr spielen (Frank et al. 2012). Christiansen und MacDonald (2009) bieten nun einen Vergleich zwischen den Vorhersagen, die ein solches SRN erzeugt, und dem tatsächlichen menschlichen Verhalten bezüglich der Fähigkeit zur rekursiven Syntax.

In ihrem Artikel aus dem Jahre 2009 berichten Christiansen und MacDonald über die Trainingsergebnisse ihres SRN im Hinblick auf rechtseinbettende sowie zentraleinbettende Strukturen. Das wichtigste Ergebnis ihres Artikels ist, dass die auf diesem Weg der Simulation erzielten Vorhersagen für die Grammatikalität und Ungrammatikalität rekursiv einbettender Konfigurationen zu den menschlichen Verarbeitungsdaten passen, welche sie auf der Basis von selbstgesteuerten Leseexperimenten (‚Self-Paced Reading') gewonnen haben.

Vor diesem Hintergrund bewerten sie ihr konnektionistisches Modell als ausreichend, um die konkrete Verarbeitung komplexer rekursiver Strukturen vorauszusagen und damit eben auch zu erklären. Auf dieser Basis lehnen sie den traditionellen (generativen) Ansatz ab, die menschliche Verarbeitung solcher Strukturen durch eine abstrakte symbolische Grammatik in Verbindung mit allgemeinen Gedächtnisbeschränkungen zu erklären. Im Folgenden möchte ich diese recht abstrakten Überlegungen ein wenig konkreter machen.

Der zentrale empirische Punkt ihres Artikels sind die Daten über rekursive Zentraleinbettung und der damit verbundene ‚Missing-VP-Effekt', den ich bereits oben eingeführt habe. Um solche Strukturen innerhalb ihres SRN zu simulieren und das SRN hinsichtlich dieser Strukturen zu trainieren, verwendeten sie dasselbe Sprachmaterial, welches bereits von Gibson und Thomas (1999) verwendet wurde. Diese Arbeit stellte die erste experimentelle Untersuchung dieses Effektes dar. Hier ist ein Beispiel aus dieser Arbeit:

(3) a. The apartment that the maid who the service had sent over was cleaning every week was well decorated.
b. *The apartment that the maid who the service had sent over ___ was well decorated.

(Gibson und Thomas 1999: 248)

Für das Englische zeigten die Aktivitätsmuster des Ausgabeknotens des von Christiansen und MacDonald (2009) verwendeten SRN-Modells eine klare Präferenz für Strukturen, in denen die zweite Verbalphrase fehlte (3b). Um diese Präferenz zu messen, verwendeten sie den sogenannten *Grammatical prediction error* (GPE) – eine Maßeinheit der SRN-Performanz, welche, grob gesagt, die Verarbeitungsschwierigkeit anzeigt (siehe Christiansen und Chater 1999: 178-180 für eine ausführliche Beschreibung). Ein wenig genauer: Auf Basis des Abschneidens des Netzwerks bei einer Testmenge von Satzstrukturen signalisiert diese Maßeinheit, inwieweit das SRN eine Grammatik ‚erworben' hat. Hierbei erstreckt sich die Skala von ‚0' (vorhersagbar, einfach zu verarbeiten) bis ‚1' (unvorhersagbar, schwer zu verarbeiten). Da die GPE-Werte für Strukturen mit einer fehlenden Verbalphrase niedriger waren als für grammatische Fälle (0.307 vs. 0.404), sagt ihre Netzwerksimulation korrekt voraus, dass grammatische Sätze wie (3a) signifikant schlechter bewertet werden als ungrammatische Strukturen wie (3b).

Die Resultate ihre Lesezeitstudie mit menschlichen Probanden bestätigten nun diese Vorhersage. Auf der Basis einer Bewertungsskala von ‚1' (sehr gut) bis ‚7' (sehr schlecht) zeigten die Satzbewertungen, dass die ungrammatischen Strukturen in der Tat besser bewertet wurden (4.778) als die grammatischen Varianten (5.639). Dies unterscheidet sich von den Ergebnissen von Gibson und Thomas (1999), die lediglich herausfanden, dass Sätze wie (3b) nicht schlechter bewertet werden als grammatische Strukturen wie (3a).

Wichtig in unserem Zusammenhang ist nun, dass der gebrauchsbasierte Ansatz von Christiansen und Kollegen signifikante Differenzen in der Verarbeitung von Zentraleinbettungen in unterschiedlichen Sprachen vorhersagt, da die Fähigkeit, bestimmte Strukturen rekursiv zu verwenden, ja ausschließlich auf der tatsächlichen Verwendung dieser Strukturen beruht. Das heißt: Ähnlich wie das Netzwerk verfügen Menschen nur über den Erfahrungsinput und sind nicht durch irgendwelche sprachspezifischen universalen Beschränkungen, die ihnen angeboren sind, in ihrer Verarbeitungsleistung der rekursiven Syntax determiniert. In diesem Kontext ist es nun äußerst lehrreich, auf die Datenlage zum Missing-VP-Effekt im Deutschen zu sprechen zu kommen.

Christiansen und MacDonald (2009) führen empirische Evidenz an, die von der Potsdamer Gruppe um Shravan Vasishth stammt. Vasishth et al. (2010)

behaupten auf der Basis ihrer Daten, dass es den Missing-VP-Effekt im Deutschen, im Unterschied zum Englischen und Französischen, nicht gäbe.

Sie führten eine Serie von selbstgesteuerten Lesezeitstudien durch, welche diesen Effekt sowohl im Englischen als auch im Deutschen untersuchten. Für das Englische konnten Vasishth et al. (2010) kurz gesagt die Resultate von Christiansen und MacDonald (2009) bestätigen. Hier waren die Lesezeiten an der Stelle des satzfinalen Verbs in der grammatischen Bedingung länger als in der ungrammatischen (Missing-VP-)Bedingung. Fürs Deutsche stellten sie jedoch ein umgekehrtes Muster fest. Das heißt: Bei Sätzen wie (4) waren die Lesezeiten für das Verb *überzeugte* länger, wenn dem relevanten Relativsatz das Verb *schnitt* fehlte (4b), und kürzer, wenn das Verb vorhanden war (4a):

(4) a. Der Anwalt, den der Zeuge, den der Spion betrachtete, schnitt, überzeugte den Richter.
   b. *Der Anwalt, den der Zeuge, den der Spion betrachtete, _____ überzeugte den Richter.

(Vasishth et al. 2010: 550)

Die folgenden Abbildungen illustrieren die Unterschiede in den gemessenen Lesezeiten für das Englische (Abbildung 20) und das Deutsche (Abbildung 21):

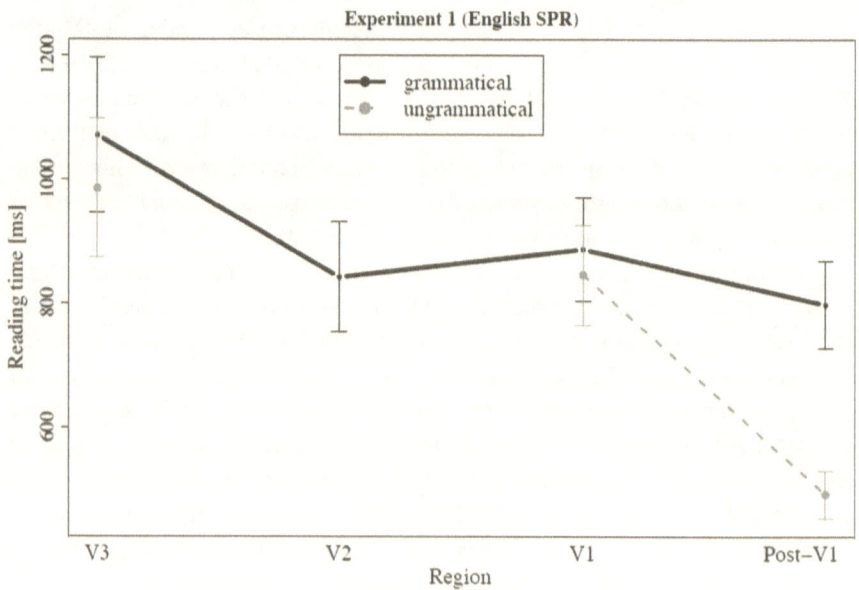

Abb. 20: Lesezeiten für die englischen Stimuli in der Studie von Vasishth et al. (2010).

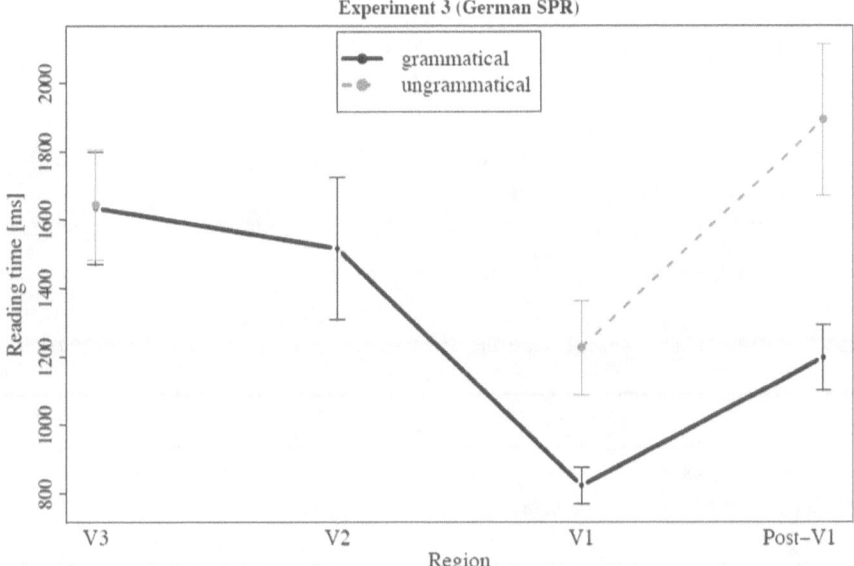

Abb. 21: Lesezeiten für die deutschen Stimuli in der Studie von Vasishth et al. (2010).

Auf der Basis dieser Resultate, und in Übereinstimmung mit der oben dargestellten gebrauchsbasierten Perspektive, argumentieren Engelmann und Vasishth (2009) nun, dass es den Missing-VP-Effekt im Deutschen nicht gäbe, weil deutsche Relativsätze kopffinale Strukturen seien. Will sagen: Die Erwartung der relevanten Verbalphrase des höher eingebetteten Relativsatzes sei im Deutschen höher als im Englischen – basierend auf der frequenten Erfahrung deutscher Leser mit kopffinalen Strukturen. Infolgedessen scheinen sprachunabhängige Beschränkungen des Arbeitsgedächtnisses, wie sie innerhalb des generativen Ansatzes angefangen bei Chomsky und Miller (1963) behauptet worden sind, keine Erklärung dafür zu liefern, dass der Missing-VP-Effekt im Deutschen nicht existiert.

Um zu demonstrieren, dass ein gebrauchsbasierter Ansatz ein besseres Erklärungsmodell liefert, untersuchen Engelmann und Vasishth (2009) nun den Nutzen des konnektionistischen Modellierungsansatzes von Christiansen und MacDonald (2009). Sie vergleichen ihre experimentellen Daten zum Deutschen und Englischen mit den Resultaten von Netzwerksimulationen für beide Sprachen. Um dies zu bewerkstelligen, wenden sie die GPE-Maßeinheit an und gebrauchten dieselben Stimuli wie in den Lesezeitexperimenten aus Vasishth et al. (2010).

Die folgende Tabelle fasst ihre Resultate zusammen und zeigt lediglich die Ergebnisse für die relevanten Regionen ‚V2' und ‚V1', wie sie in den Beispielen in (5) definiert sind:

(5) a. Der Anwalt, den der Zeuge, den der Spion betrachtete (V3), schnitt (V2), überzeugte (V1) den Richter
   b. The judge that the reporters that the senators understand (V3) praise (V2) attacked (V1) the lawyers.

Tab. 2: GPE-Werte fürs Englische sowie fürs Deutsche nach Engelmann und Vasishth (2009: 3).

	V2		V1	
	Englisch	Deutsch	Englisch	Deutsch
Komplett	0.90	0.54	0.98	0.56
Missing-VP	-	-	0.86	0.56

Wie in der Tabelle gesehen werden kann, sind die GPE-Werte fürs Deutsche niedriger als die Werte für die englischen Sätze. Genauer gesagt, und um den Sinn der GPE-Maßeinheit noch einmal zu verdeutlichen, sind sowohl das Verb V2 als auch das Verb V1 im Deutschen vorhersagbarer als im Englischen.

Diese Resultate bedeuten, (i) dass die grammatischen Zentraleinbettungen im Deutschen einfacher zu verarbeiten sein sollten als im Englischen und (ii) dass die Ungrammatikalität im Falle einer Missing-VP-Konstruktion leichter zu bemerken sein sollte als im Englischen. Vor dem Hintergrund der Resultate von Vasishth et al. (2010), die zeigten, dass der Missing-VP-Effekt im Deutschen nicht existiert, können Engelmann und Vasishth (2009) nun schlussfolgern, dass die deutschen Lesezeitdaten mithilfe eines SRN-Modells umfassend verstanden werden können, während andere sprachunabhängige Erklärungen nur die englischen Daten erklären könnten. Im Folgenden möchte ich noch einmal genauer auf die deutschen Daten eingehen und zeigen, dass eine solche Schlussfolgerung zu stark ist.

Vasishth et al. führen in ihren Arbeiten nicht die vorangegangenen Studien einer Gruppe Konstanzer Psycholinguisten an, aus welchen gegenteilige Resultate hervorgingen und die in Trotzke et al. (2013) und Trotzke und Bader (2013) in die oben stehende Diskussion eingeordnet werden.

8.3 Die minimale UG und die Grenzen konnektionistischer Modelle

Zunächst einmal: Die oben stehenden Experimente sagen – anders als Christiansen und Kollegen behaupten – nichts über die Sprachkompetenz aus, wie sie in Teil 2 dieser Einführung eingeführt worden ist; bei der FLN-Hypothese von Hauser et al. (2002) zur Sprachevolution geht es darum, dass der Mensch über ein kognitives Regelinventar verfügt, welches prinzipiell multiple rekursive Einbettungen generieren kann. Christiansen und Kollegen bestreiten jedoch, dass es ein solch abstraktes Regelinventar als mentale Fähigkeit des Menschen gibt. Vielmehr behaupten sie, dass der menschliche Geist am besten in Form von konnektionistischen Netzwerken (und das heißt: ohne abstrakte Regeln) modelliert werden kann. Der Sinn ihrer Simulationen besteht nun darin, zu zeigen, dass rekursive Strukturen in unterschiedlichen Sprachen unterschiedlich verarbeitet werden, da die Verarbeitung auf rein erfahrungsbasiertes Lernen zurückgehe. Aber selbst wenn man ihrer Argumentation ein Stück weit folgt und die Existenz einer Kompetenzgrammatik abstreitet, so sind meines Erachtens ein paar kritische Anmerkungen bezüglich der empirischen Evidenz, die oben angeführt wurde, angebracht.

Bader et al. (2003) führten die erste experimentelle Untersuchung zum Missing-VP-Effekt im Deutschen durch. Sie testeten Sätze wie in (6) und benutzen die Methode der sogenannten ‚Speeded Grammaticality Judgments' (siehe Warner und Glass 1987).

(6) Heute morgen ist das Programm, das den Programmierer, der die
Dokumentation völlig ohne irgendeine Hilfe erstellen musste, _____
abgestürzt.

Bader et al. (2003) fanden heraus, dass doppelt eingebettete Zentraleinbettungen in 76% der Fälle als grammatisch beurteilt wurden und bei ungrammatischen Fällen, in denen eine Verbalphrase fehlte, immer noch 57% der präsentierten Fälle akzeptiert wurden. Dies mag zunächst die Ergebnisse von Vasishth und Kollegen stützen. Doch um diese Resultate nun adäquat zu bewerten, sei darauf verwiesen, dass in Fällen von weniger komplexen ungrammatischen Strukturen Akzeptabilitätsbewertungen mit derselben Methode auf unter 10% oder sogar 5% fallen (siehe etwa Bader und Schmid 2009).

Basierend auf dem Befund, dass Missing-VP-Fälle sogar in der Sprachproduktion auftauchen, da sie in Korpora gefunden werden können (siehe Trotzke et al. 2013), kann geschlossen werden, dass der Missing-VP-Effekt auch im

Deutschen eine (wenn auch weniger große) Rolle spielt. Ich möchte folglich dafür argumentieren, dass sowohl sprachunabhängige als auch einzelsprachabhängige Faktoren eine Rolle spielen. Weitere Evidenz für diese Position kommt auch aus neueren Studien: Obwohl die Stärke des Missing-VP-Effektes durch die Position des Relativsatzes (Vorfeld oder Mittelfeld des deutschen Satzes) moduliert werden kann, kann Bader (2016) in einer neueren Arbeit den Missing-VP-Effekt in allen Relativsatzpositionen für das Deutsche nachweisen.

Fassen wir zusammen: Sowohl die radikale Version, die Verarbeitung rekursiver Strukturen beruhe nur auf sprachspezifischen Erfahrungen, als auch das andere Extrem, sprachspezifische Erfahrungen spielten gar keine Rolle, können also zurückgewiesen werden. Insgesamt bleibt jedoch die unumstößliche Beobachtung, der minimale Kern der UG bestehen: Jeder Satz kann beliebig und kreativ verlängert werden kann (siehe Teil 2 dieser Einführung und die zahlreichen Beispiele im obigen Text). Dieses Faktum (der ‚kreative Aspekt des Sprachgebrauchs') muss von einer Sprachtheorie erklärt werden und spricht für die Unterscheidung zwischen einer Kompetenzgrammatik und einer Performanzdomäne. Zum Schluss dieses Kapitels soll jedoch kurz hervorgehoben werden, dass die Performanzdomäne innerhalb neuerer generativer Arbeiten mitnichten ein blinder Fleck ist, sondern durchaus in Überlegungen zur Sprachevolution einbezogen wird.

Zunächst sei angemerkt, dass der Ansatz, Performanzsysteme wie Sprachverstehen, Sprachproduktion sowie Spracherwerb in die Theorien zum Aufbau der Grammatik natürlicher Sprachen einzubeziehen, auch innerhalb des generativen Paradigmas alles andere als neu ist. Ein prominenter Versuch in diesem Zusammenhang ist Berwick und Weinbergs (1984) einflussreiches Buch *The Grammatical Basis of Linguistic Performance*. Die Autoren zielen hier darauf ab, einige Annahmen zum grammatischen System (hier verstanden als die Kompetenzebene der Grammatik) auf Performanzmechanismen zurückzuführen.

In neuerer Zeit ist dieses Unterfangen wieder von höchster Aktualität, setzt man das ‚minimalistische' Ziel voraus, die Grammatik auf ihre wesentlichen Bestandteile zu reduzieren (siehe Kapitel 3 dieser Einführung). In diesem Kontext heben Trotzke et al. (2013) hervor, dass die auf Performanzsystemen beruhende Reduktion der Kerngrammatik der biolinguistischen Methodologie entspricht, die Chomsky (2005) im Rahmen von Überlegungen zur Sprachevolution mit dem Begriff der ‚Third-Factor-Erklärungen' skizziert hat.

Chomsky (2005) stellt heraus, dass es drei Faktoren gebe, die berücksichtigt werden müssen, wenn man auf eine umfassende Theorie der Sprachevolution abziele: (i) Die genetische und sprachspezifische Komponente (UG), (ii) die linguistische Erfahrung (will sagen: der Input) sowie (iii) Prinzipien, die nicht spezifisch für die Sprachfähigkeit sind. Bezüglich des dritten Faktors konkretisiert er nun, dies seien „principles of data analysis that might be used in language acquisition and other domains; (b) principles of structural architecture and developmental constraints [...] including principles of efficient computation" (Chomsky 2005: 6).

Trotzke et al. (2013) zeigen in ihrem Artikel nun auf, dass diese Prinzipien im Kontext von Sprachverstehen und -produktion eine äußerst systematische Komponente der menschlichen Kognition darstellen und dass diese Komponente in vielen Bereichen dazu dienen kann, Merkmale der UG auf Performanzprinzipien zurückzuführen. All dies entspricht dem in Kapitel 3 formulierten biolinguistischen Ziel, die UG-Komponente (wie im FLN-Konzept von Hauser et al. 2002) möglichst weitgehend zu reduzieren, um empirisch überprüfbare Hypothesen zur Sprachevolution aufstellen zu können. Die Kritik von Christiansen und Chater (2016) und weiteren Autoren, die generative Linguistik berücksichtige in ihren Theorien keinerlei Performanzfaktoren, trifft somit nicht zu – ganz im Gegenteil: Theorien zur Performanz sind letztlich notwendiger Bestandteil einer sinnvollen Theorie zur UG.

8.4 Kommentierte Literaturhinweise

Klassische Texte zur konnektionistischen Modellierung von Sprache sind:

Rumelhart, David E. & James McClelland. 1986. On learning the past tenses of English verbs. In James L. McClelland, David E. Rumelhart & PDP Research Group (Hrsg.), *Parallel distributed processing: Explorations in the microstructure of cognition, vol. 2*. Cambridge, MA: MIT Press.
Elman, Jeffrey L. 1990. Finding structure in time. *Cognitive Science* 14. 179–211.

Eine neuere programmatische Darstellung bietet der folgende Artikel:

McClelland, James L., Matthew M. Botvinick, David C. Noelle, David C. Plaut, Timothy T. Rogers, Mark S. Seidenberg & Linda B. Smith. 2010. Letting structure emerge: Connectionist and dynamical systems approaches to cognition. *Trends in Cognitive Sciences* 14. 348–356.

Zur konnektionistischen Modellierung rekursiver sowie hierarchischer Aspekte von Sprache können folgende Arbeiten empfohlen werden:

Christiansen, Morten H. & Nick Chater. 1999. Toward a connectionist model of recursion in human linguistic performance. *Cognitive Science* 23. 157–205.
Christiansen, Morten H. & Maryellen C. MacDonald. 2009. A usage-based approach to recursion in sentence processing. *Language Learning* 59. 126–161.

Frank, Stefan L., Rens Bod & Morten H. Christiansen. 2012. How hierarchical is language use? *Proceedings of the Royal Society B* 279. 4522–4531.

Das in diesem Zusammenhang wichtige empirische Phänomen des Missing-VP-Effekts wird in folgenden Arbeiten besprochen und untersucht:

Gibson, Edward & James Thomas. 1999. Memory limitations and structural forgetting: The perception of complex ungrammatical sentences as grammatical. *Language and Cognitive Processes* 14. 225–248.
Gimenes, Manuel, François Rigalleau & Daniel Gaonac'h. 2009. When a missing verb makes a French sentence more acceptable. *Language and Cognitive Processes* 24. 440–449.
Trotzke, Andreas, Markus Bader & Lyn Frazier. 2013. Third factors and the performance interface in language design. *Biolinguistics* 7. 1–34.
Vasishth, Shravan, Katja Suckow, Richard L. Lewis & Sabine Kern. 2010. Short-term forgetting in sentence comprehension: Crosslinguistic evidence from verb-final structures. *Language and Cognitive Processes* 25. 533–567.

Teil 5: **Schluss: Sprachevolution und der qualitative Unterschied**

9 Rekursive Kognition und der qualitative Unterschied

In Kapitel 7 haben wir bereits einen kurzen Eindruck von der Theorie des Psychologen Michael Tomasello gewonnen. Wenn wir nun auf die allgemeinen kognitiven Fähigkeiten zurückkommen, die in seiner Theorie eine wesentliche Rolle spielen, so kann gezeigt werden, dass auch gebrauchsbasierte Ansätze wie derjenige von Tomasello eine rekursive Komponente in der menschlichen Kognition annehmen. Um diese Komponente einzuführen, müssen zunächst ein paar Probleme benannt werden, die im Zusammenhang mit Tomasellos Ansatz im Allgemeinen auftauchen.

Wie bereits oben in Kapitel 7 erwähnt worden ist, kann die Annahme der drei grundlegenden menschlichen Kommunikationsmotive durch zahlreiche experimentelle Studien begründet werden, die Tomasello und Kollegen hauptsächlich zum Thema der Zeigegesten bei Kleinkindern durchgeführt haben. In diesen Studien beobachten Tomasello et al., dass es nur bei Kleinkindern und nicht bei nicht- menschlichen Primaten Zeigegesten gibt, die nicht als Akte des Aufforderns interpretiert werden können, sondern denen die kooperativen Motive des Helfens und Teilens zugrunde liegen. Es gibt jedoch berechtigten Zweifel an der Interpretation der Ergebnisse, die Tomasello et al. mit ihren Studien erzielten. So stellen etwa Southgate et al. (2007) heraus, dass jedem angeführten Beispiel der kleinkindlichen Zeigegesten auch ein egoistisches Motiv zugrunde liegen könnte. Die Autorengruppe argumentiert, dass jeder Fall ebenso als ein Beispiel angesehen werden kann, in welchem die Zeigegesten dazu dienen, einen Referenten zu identifizieren, über den die Kleinkinder Informationen erlangen wollen. Somit kann kleinkindliches Zeigen im Allgemeinen als ein interrogativer Akt betrachtet werden, der, grob gesagt, dem egoistischen Ziel dient, etwas über die Welt zu erfahren.[9]

Diese alternative Sichtweise, die Daten von Tomasello et al. zu interpretieren, legt ein fundamentales Problem mit der experimentellen Grundierung prosozialer Motive frei. Um dieses Problem weiter zu verdeutlichen, ist ein Vergleich mit früheren Theoriestufen hilfreich, die Tomasello und Kollegen in den 1990er Jahren formuliert haben.

---

[9] Interessanterweise suggeriert Tomasello (2008) selbst eine gleichsam ‚egoistischere' Interpretation seiner Resultate, indem er herausstellt: „Helping motives [...] can flourish in mutualistic collaboration in which helping you helps me" (Tomasello 2008: 198).

Tomasello und Call (1997) argumentierten, dass nur Menschen dazu fähig seien, das Verhalten ihrer Artgenossen als intentional oder, anders gesagt, als Anzeichen mentaler Zustände zu verstehen. Folglich sei die kognitive Fähigkeit, die mentalen Zustände anderer zu repräsentieren, dasjenige Merkmal, das den Menschen von nicht-menschlichen Primaten unterscheide.

Nachfolgende Forschung in der Gruppe um Michael Tomasello hat indes mehr und mehr gezeigt, dass auch nicht-menschliche Primaten die sozialen Fähigkeiten haben, zahlreiche Aspekte des Verhaltens ihrer Artgenossen zu verstehen und vorherzusagen (vgl. hierzu erstmals Hare et al. 2000). Sie schlossen daraus (im Gegensatz zu ihrer alten Hypothese), dass nicht-menschliche Primaten ebenfalls (zumindest einige) mentale Zustände ihrer Artgenossen repräsentieren können. Es ist wichtig zu bemerken, dass im Unterschied zu der Theorie in den 1990er Jahren die aktuelle Hypothese bezüglich kollektiver Intentionalität nun keine repräsentationale mehr ist, die auf die mentale Repräsentationsfähigkeit von anderen Primaten abhebt. Vielmehr behaupten Tomasello et al. nun, dass in vielen sozialen Zusammenhängen, zum Beispiel im Zusammenhang des ‚Teilens', nicht-menschliche Primaten nicht *motiviert* seien, ihre Emotionen, Erfahrungen und so weiter zu teilen (Tomasello et al. 2005).

Dieser Wechsel von einer repräsentationalen Hypothese, welche klare Vorhersagen macht (entweder nicht-menschliche Primaten können mentale Zustände von Artgenossen repräsentieren oder nicht), zu einer Theorie, die auf motivationalen Begrifflichkeiten ruht, stellt eine große Herausforderung für die experimentelle Überprüfung dar. So stellen etwa Lyons et al. (2005) in einem kritischen Kommentar fest, dass durch die inhärente Subjektivität von ‚Motivation' als Erklärungsansatz die dementsprechenden Hypothesen letztlich schwer zu falsifizieren sind.

Wir können also folgendermaßen zusammenfassen: Tomasello (2008) argumentiert, dass die Einzigartigkeit menschlicher Sprache auf die Einzigartigkeit menschlicher Kommunikation zurückzuführen sei (siehe Kapitel 7 oben). Menschliche Kommunikation unterscheide sich von anderen Kommunikationsformen dadurch, dass sie auf kollektiver Intentionalität beruhe. Dieser Aspekt menschlicher Kommunikation betrifft sowohl die Erzeugung gemeinsamer Intentionen als auch die Existenz prosozialer Motive. Wie in Kapitel 7 angedeutet worden ist, ist die Erzeugung gemeinsamer Intentionen ein sowohl in der linguistischen Literatur der Pragmatik als auch in den komparativen Studien von Tomasello et al. gut erforschter Gegenstand.

Die Existenz der prosozialen Motive jedoch, wenn wir Einwände wie die oben stehenden ernst nehmen, kann angezweifelt werden, da es einige Probleme gibt, ‚Motivation' in einer experimentell quantifizierbaren (und letztlich:

falsifizierbaren) Weise zu definieren. Vor dem Hintergrund dieser Probleme soll im Folgenden von der motivationalen Komponente abstrahiert und stattdessen die kognitive Komponente der Theorie Tomasellos in größerer Detailtiefe behandelt werden. Auf dieser Basis können dann Schnittmengen mit den alternativen Perspektiven auf Sprachevolution aufgezeigt werden, die in Teil 2 und Teil 3 dieses Buches vorgestellt worden sind.

9.1 Rekursives Gedankenlesen

Wie wir in Tomasellos Theorie sehen, beruht auch die kommunikative Theorie der Sprachevolution auf der Annahme, dass sich die menschliche Sprachfähigkeit aus einzigartigen Fähigkeiten des Menschen speist, die nicht mit anderen Spezies geteilt werden. In Teil 2 dieser Einführung haben wir Ansätze diskutiert, welche diese Einzigartigkeit der Fähigkeit zur rekursiven Syntax zuschreiben, wie sie etwa in der generativen Linguistik beschrieben ist. Im Gegensatz zu diesem Ansatz wird innerhalb der kommunikativen Sicht argumentiert, dass die Fähigkeit zu kollektiver Intentionalität das ausschlaggebende Merkmal zur Entwicklung der menschlichen Sprache sei.

Wie am Ende des letzten Abschnitts herausgestellt worden ist, ist ein Aspekt der kollektiven Intentionalität die prosoziale Motivation, die jedoch auf methodologisch fragwürdigen Annahmen fußt. Wenn wir uns nun der kognitiven Seite der kommunikativen Sicht zuwenden, so ist herausgestellt worden, dass die entsprechenden repräsentationalen Fähigkeiten auch bei nichtmenschlichen Primaten festgestellt werden können. Allerdings wird auch in neueren Arbeiten immer wieder betont, dass der Grad dieser repräsentationalen Fähigkeit immer noch deutlich von demjenigen des Menschen abweiche (vgl. etwa Call und Tomasello 2008 für eine Zusammenfassung dieser These). Wir können somit davon ausgehen, dass auch die kognitive Basis kollektiver Intentionalität eine Einzigartigkeit darstellt – die Frage ist dann natürlich, ob wir in diesem Falle eher von einem quantitativen Unterschied im Sinne der vorherigen Kapitel sprechen sollten. Diese Frage kann nur beantwortet werden, indem wir uns diese kognitive Basis noch einmal genauer anschauen.

Da die Fähigkeit zur kollektiven Intentionalität als wesentlich für die Entstehung der menschlichen Grammatik angesehen wird (Konventionalisierungsprozesse beruhen wesentlich auf der Fähigkeit, einen ‚Common Ground' zu konstruieren), erscheint es an dieser Stelle vielversprechend, diese Fähigkeit mit Theorien in Verbindung zu bringen, die auf die Form grammatischer Strukturen fokussieren.

An einigen Stellen bemerkt Tomasello (2008), dass die kognitive Grundlage für kollektive Intentionalität die kognitive Fähigkeit zu rekursivem Gedankenlesen sei. Das heißt: Die kognitive Fähigkeit zur Erzeugung eines Common Ground impliziert einen bestimmten Typ von hierarchischer Einbettung, da zur Etablierung eines Common Ground zwischen zwei Personen erforderlich ist, dass jeder der beiden Personen etwas darüber weiß, was der jeweils andere darüber weiß, was sein Gegenüber weiß usw.

Dies klingt sehr abstrakt. Erinnern wir uns als Beispiel an den Stammgast in der Bar und nehmen wir seine Perspektive ein. Bezüglich der sozialen Intention seiner Zeigegeste muss der Mann wissen, dass der Barkeeper weiß, dass der Mann weiß, dass sein Zeigen auf das leere Glas ein Zeichen dafür ist, dass der Mann ein weiteres Bier möchte. Tomasello betont in diesem Zusammenhang, dass solche Einbettungen nicht durch einen primitiven mentalen Zustand ersetzt werden können, der in etwa so etwas bedeutet wie: ‚Wir beide wissen, dass eine Handlung X als Y gilt'. Er führt aus, dass die zugrunde liegenden rekursiven Ebenen deutlich werden, wenn es eine Art Zusammenbruch, eine Störung auf einer bestimmten Ebene gibt. In anderen Worten: Wenn der Mann annimmt, dass er ein Wissen, einen Hintergrund mit dem Barkeeper teilt und sich herausstellt, dass dies nicht der Fall ist, dann kann eine Störung auf verschiedenen Einbettungsstufen passieren.

Wenn der Stammgast etwa ausruft „Wie lecker!", dann könnte dieser Sprechakt scheitern, (i) wenn der Barkeeper denkt, dass der Mann auf etwas anderes referiert als er eigentlich beabsichtigt oder (ii) wenn der Mann denkt, dass der Barkeeper denkt, dass der Mann auf etwas anderes referiert als er eigentlich beabsichtigt – dieses Gedankenspiel kann nun natürlich wieder *ad infinitum* fortgesetzt werden.

Natürlich sind solche kognitiven Prozesse nur bis zu einem bestimmten Punkt, bis zu einer bestimmten Einbettungstiefe psychologisch möglich. Dies kann jedoch auf Begrenzungen des Arbeitsgedächtnisses zurückgeführt werden und fällt somit in den Bereich der Performanzfaktoren, wie sie auch in unseren obigen Diskussionen im Zusammenhang mit rekursiven Satzstrukturen eine Rolle gespielt haben (siehe insbesondere in Kapitel 8). Der zugrunde liegende kognitive Mechanismus setzt der Einbettungstiefe jedoch keine Grenzen. Die Tatsache, dass wir es also mit unterschiedlichen Ebenen rekursiver Einbettung zu tun haben, legt einen Vergleich mit den Prozessen nahe, die wir bereits in Teil 2 dieses Buches kennengelernt haben. Um diese Parallele weiter zu verdeutlichen, könnten wir die Einbettungen im Falle rekursiven Gedankenlesens auch folgendermaßen veranschaulichen:

(1) [A weiß, [dass B weiß, [dass A weiß, [dass p]]]]

Interessanterweise gibt es elaborierte Vorschläge im linguistischen Teilgebiet der Pragmatik, die sehr an das Unterfangen in der generativen Linguistik erinnern, mittels finiter Regelsysteme eine unendliche Anzahl an Ausdrücken zu generieren. So haben zum Beispiel Clark und Marshall (1981) schon früh ein Regelwerk vorgeschlagen, mit dem gegenseitiges Wissen als eine einzelne mentale Entität gefasst werden kann und daher infinite Listen von immer komplexeren mentalen Entitäten vermieden werden. Moderne Formalisierungen dieser Rekursivität in pragmatischen Prozessen finden sich insbesondere in Arbeiten innerhalb des Paradigmas des ‚Rational-Speech-Act'-Modells (siehe Frank und Goodman 2012).

Wenn wir eine einseitige Definition gegenseitigen Wissens annehmen, die infinite Einbettungen mittels einer einzigen mentalen Entität, einer einzigen Regel fasst, dann kann dies wie folgt wiedergegeben werden (vgl. Clark und Marshall 1981: 59):

(2) (r) A weiß, dass p und dass B weiß, dass p und dass r.

Es dürfte klar sein, dass die Rekursivität, die durch die Wiedereinführung des Symbols ‚r' ermöglicht wird, sehr stark an die Regeltypen der generativen Grammatik erinnert, die wir in Kapitel 3 diskutiert haben.

Rekursivität spielt folglich im Rahmen von Gedankenlesen eine zentrale Rolle (vgl. zusätzlich zu Tomasello 2008 auch Corballis 2011 zur Rekursivität solcher kognitiven Prozesse). Nachdem diese offensichtliche Parallele aufgezeigt worden ist, sollten wir uns noch einmal genauer ansehen, auf was für eine mentale Entität rekursive Regelsysteme im Kontext der generativen Linguistik referieren.

9.2 Rekursive Syntax als Gedankensprache

Hauser et al. (2002: 1570) heben hervor, dass die ‚interne' Sprache oder auch: ‚I-Sprache' der primäre Untersuchungsgegenstand für Forschungen zur Sprachevolution sein sollte. Wenn wir nun mit Chomsky (1986) annehmen, dass eine Entität wie I-Sprache das Wissenssystem darstellt, das Sprache im menschlichen Geist repräsentiert, dann lässt sich sagen, dass die rekursiven Regelapparate zur menschlichen Grammatik das Mittel des menschlichen Geistes sind, hierarchische Repräsentationssysteme zu erzeugen. Es ist nun äußerst interessant, dass auch Tomasello für ein solches repräsentationales Format argumentiert. Im Kontext der Erzeugung gemeinsamer Absichten postuliert er perspektivische kognitive Repräsentationen, welche die menschliche Kognition von einem individuellen Unterfangen zu einem in erster Linie kollektiven kulturellen Unternehmen transformieren, welches geteilte Überzeugungen und Praktiken involviert (siehe insbesondere Moll und Tomasello 2007 zu dieser Thematik).

Wie wir schon oben angedeutet haben, implizieren diese kognitiven Repräsentationen Mechanismen des rekursiven Gedankenlesens, die aus Gründen der Speicherkapazität unseres Gehirns als finite Systeme (etwa im Format von Regeln wie die oben dargestellte) gedacht werden müssen – diese finiten Systeme können analog zu den Regelsystemen gedacht werden, welche die Fähigkeit zur rekursiven Syntax modellieren.

Hier begegnen wir einem wohlbekannten und lange diskutierten Problem an der Schnittstelle zwischen Linguistik und Philosophie. Auf der einen Seite könnten wir zwei unterschiedliche Repräsentationssysteme annehmen und eine von der menschlichen Sprache unabhängige Gedankensprache ('Language of Thought') annehmen. Wir könnten also kognitive Prozesse postulieren, die auf anderen Repräsentationssystemen beruhen als demjenigen der Sprache (vgl. etwa Fodor 1975 zu dieser Tradition).

Auf der anderen Seite könnten wir die Annahme komplexer Gedanken in der Abwesenheit von Strukturen, wie sie durch Sprache gegeben sind, abstreiten und folglich ein einzelnes repräsentationales Format sowohl für Gedanken als auch für Sprache behaupten. Dies scheint der Standpunkt von Chomsky in seinen neueren Arbeiten zu sein – in seinen eigenen Worten:

> Each language [...] consists of a generative procedure that yields a discrete infinity of hierarchically structured expressions with semantic interpretations, hence a kind of 'language of thought' (LOT), along with an operation of externalization (EXT) to some sensory-motor system, typically sound.
>
> Chomsky (2016: 1)

Wenn wir nun zur evolutionären Debatte zurückkehren, so finden wir Bemerkungen von Chomsky, die noch deutlicher machen, welche der oben genannten beiden Alternativen zum Thema ‚Gedankensprache' er favorisiert. So stellt Chomsky (2010) in diesem Zusammenhang klar, dass das Postulat einer von der Sprachfähigkeit unabhängigen oder ihr vorhergehenden Gedankensprache all diejenigen Probleme der Erforschung ihrer Evolution mit sich bringt, welche die Erforschung der Sprachevolution bereits ohnehin beinhaltet. Erschwerend käme nach Chomsky noch hinzu, dass wir streng genommen gar keine Idee von einer solchen Gedankensprache hätten, die unabhängig von linguistischer Evidenz und Konzepten wäre.

Gegen diese Position argumentiert Jackendoff (2011), der vor dem Hintergrund seiner Grammatiktheorie (siehe seine ‚Parallelarchitektur' in Teil 3 dieses Buches) eine von Syntax unabhängige Repräsentationsform der ‚konzeptuellen Struktur' annimmt, die durchaus rekursive Einbettungen enthalten kann. Beispiele aus den Bereichen der visuellen, musikalischen sowie der mit komplexen Handlungen verbundenen Kognition haben wir in Kapitel 6 angeführt. Jackendoff (2011) behauptet nun, dass die Annahme einer von Syntax unabhängigen Gedankensprache keinen explanatorischen Regress bedeute, wie dies Chomsky mit seinen obigen Anmerkungen suggeriert – vielmehr könne komplexe Syntax evolutionär auch durch komplexes Denken in sprachunabhängigen Domänen entstanden sein und nicht umgekehrt.

Fassen wir zusammen: Chomsky argumentiert folglich für ein einziges repräsentationales Format und legt bezüglich rekursiver Prozesse in Sprache und Denken nahe, dass diese auf ontologischer Ebene identisch seien. Überraschenderweise schlägt Tomasello eine solche Entsprechung ebenfalls vor – wenn auch ein wenig indirekter als Chomsky.

Tomasellos funktionale Perspektive auf Sprache beinhaltet, dass Sprache, verstanden als konventionalisierte grammatische Strukturen, nichts weiter ist als ein Mittel, um den Anforderungen menschlicher Kommunikation zu genügen. Diese Anforderungen, wie wir oben gesehen haben, sind geformt durch spezielle kognitive Fähigkeiten wie rekursives Gedankenlesen. Infolgedessen widerspricht es der Theorie von Tomasello nicht, dass sich die rekursiven Mechanismen des Gedankenlesens, indem es die menschliche Kommunikation formt, auch auf irgendeine Weise in der grammatischen Struktur der menschlichen Sprache niederschlagen.

Zugegebenermaßen ist diese Konvergenz der Theorien von Tomasello und Chomsky auf einer sehr abstrakten Ebene angesiedelt. Selbst wenn wir aber von diesen Überlegungen absehen, so ist die Tatsache, dass beide Theorien zur Sprachevolution rekursive Operationen des Geistes als *conditio sine qua non* für die Entstehung von Grammatik betrachten, ausreichend für eine Überlegung, an welchen Stellen sich die beiden Ansätze sinnvollerweise ergänzen könnten. Mit dieser Absicht wenden wir uns im Folgenden zunächst der Theorie Tomasellos zu.

Tomasello et al. behaupten, dass ein Kind, das auf einer verlassenen Insel aufwächst, immer noch alle biologischen Voraussetzungen für die Teilnahme an Interaktionen hätte, die kollektive Intentionalität involvieren (vgl. hierzu Moll und Tomasello 2007: 646). Sie berühren mit einer solchen Behauptung die biologische Seite ihrer Evolutionstheorie. In anderen Worten: Auch Forscher, welche die These vertreten, dass Sprache ein rein kulturelles Phänomen sei, müssen immer noch eine Erklärung für die Evolution menschlicher Kultur bereitstellen (siehe schon Kapitel 7 oben) – und hier spielen nicht nur Prozesse der kulturellen Weitergabe von Informationen, sondern eben auch biologische Prozesse eine Rolle. An dieser Stelle enthält die Theorie von Tomasello et al. meines Erachtens jedoch einen blinden Fleck. Sie behaupten bezüglich der Evolution der kognitiven Fähigkeit zum rekursiven Gedankenlesen lediglich: „some early humans had to become less aggressive/competitive and more tolerant/friendly with one another" (Moll und Tomasello 2007: 646).

Wir haben bereits oben betont, dass Falsifizierbarkeit ein wichtiges Kriterium ist, welches auf Motivation beruhende Hypothesen indes nur schwer zu erfüllen scheinen. So könnte man aus biologischer Perspektive hinsichtlich des von Tomasello und Kollegen vorgeschlagenen Szenarios mit Fitch (2009b) von einem ‚Evolutionario' sprechen, das experimentell nur schwer oder eben gar nicht überprüft werden kann. Genauer gesagt: Prosoziale Komponenten wie ‚freundlicher/toleranter werden' sind nicht wirklich falsifizierbar.

Damit ich an dieser Stelle nicht missverstanden werde: Die zahlreichen Studien von Tomasello et al. haben zu wegweisenden Erkenntnissen gerade im Bereich des Spracherwerbs (und hier spezieller im Gebrauch von Zeigegesten) geführt. Gleichwohl gibt es in diesen Studien nicht eine einzige Referenz auf neuropsychologische Arbeiten, welche die neurobiologischen Grundlagen kollektiver Intentionalität erforschen (vgl. hierzu etwa Becchio und Bertone 2004; Schurz und Perner 2015). Vor dem Hintergrund dieser Studien und mit dem Wissen, das auf sprachlicher Seite über rekursive Prozeduren besteht, erscheint es gewinnbringend, die Theorie von Tomasello auch in einem biologischen Zusammenhang zu bewerten.

Zum Abschluss dieses Abschnitts kann somit festgehalten werden, dass es einige, wenn auch abstrakte, Schnittmengen zwischen der kommunikativen Sicht auf Sprache und den Theorien gibt, die in Teil 2 und 3 dieses Buches eine große Rolle gespielt haben. Unglücklicherweise ignorieren sich beide Strömungen in weiten Teilen. Im folgenden und abschließenden Kapitel sollen daher einige Überlegungen skizziert werden, die sich als Brückenschlag zwischen diesen beiden Lagern erweisen könnten.

9.3 Kommentierte Literaturhinweise

Die Untersuchung rekursiver Prozesse in der Disziplin der Pragmatik hat eine lange Tradition; sowohl ältere als auch neuere Modelle machen wesentlichen Gebrauch von rekursiven Operationen – exemplarisch seien hier genannt:

Clark, Herbert H. & Catherine R. Marshall. 1981. Definite reference and mutual knowledge. In Aravind K. Joshi, Bonnie L. Webber & Ivan A. Sag (Hrsg.), *Elements of discourse understanding*, 10–63. Cambridge: Cambridge University Press.
Frank, Michael C. & Noah D. Goodman. 2012. Predicting pragmatic reasoning in language games. *Science* 336. 998.

Dass rekursives Gedankenlesen eine zentrale kognitive Fähigkeit des Menschen ist und diese in enger Verbindung mit unserer Sprachfähigkeit steht, wird in diesen Arbeiten deutlich:

Corballis, Michael C. 2011. *The recursive mind: The origins of human language, thought, and civilization*. Princeton: Princeton University Press.
de Villiers, Jill. 2007. The interface of language and theory of mind. *Lingua* 177. 1858–1878.

Beispiele für neurobiologische Arbeiten zum Thema kollektive Intentionalität und rekursives Gedankenlesen sind:

Becchio, Cristina & Cesare Bertone. 2004. Wittgenstein running: Neural mechanisms of collective intentionality and we-mode. *Consciousness and Cognition* 13. 123–133.
Schurz Matthias & Josef Perner. 2015. An evaluation of neurocognitive models of theory of mind. *Frontiers in Psychology* 6. 1610.

10 Sprache und die Komplexität der menschlichen Kognition

Erinnern wir uns an dieser Stelle an Kapitel 2 und den dort diskutierten Zusammenhang zwischen der Komplexität des menschlichen Geistes und der menschlichen Sprache. Das Postulat einer disziplinübergreifenden Perspektive auf Sprachevolution könnte folglich auch einen Blick auf die immensen Fortschritte lenken, die in der Philosophie des Geistes erzielt worden sind. Schon seit geraumer Zeit ist diese Disziplin „[i]m globalen Diskussionszusammenhang der akademischen Philosophie [...] mittlerweile [...] die Leitdisziplin innerhalb des Faches" (Metzinger 2005 [1995]: 10).

Das zentrale Thema dieser Disziplin ist sicherlich das sogenannte Leib-Seele-Problem. Die erste klassische Formulierung des für diese Disziplin zentralen Problems geht auf den Philosophen René Descartes zurück, wie wir in Kapitel 3 kurz skizziert haben. Dieses Problem besteht grob gesagt in der Fragestellung, wie sich mentale Zustände – und hier vor allem: das Bewusstsein – zu physischen Zuständen (etwa Vorgängen im Gehirn) verhalten.

Chomsky baut in seiner Sprachtheorie maßgeblich auf diesen philosophischen Fragestellungen auf. Sein bereits zitiertes Buch *Cartesian Linguistics* (Chomsky 1966) nimmt zu diesem Zusammenhang ausführlich Stellung. Es kann also zumindest überraschen, dass die generative Linguistik, in der anfangs die Zusammenhänge mit philosophischen Positionen ausführlich thematisiert worden sind, nun als eine Disziplin erscheint, die, wie es der Philosoph Wolfram Hinzen feststellt, weitgehend von der Forschung im Feld der Philosophie des Geistes abgetrennt ist (siehe Hinzen 2006). Die Arbeiten von Wolfram Hinzen und Kollegen stellen hier sicherlich eine Ausnahme dar (siehe vor allem Hinzen und Sheehan 2013).

Dies mag daher rühren, dass Chomsky, obwohl er von einigen neueren Diskussionen, gerade in der Philosophie des Geistes, Kenntnis nimmt, diesbezüglich feststellt, dass der Einbezug dieser neueren Ansätze innerhalb einer – wie von ihm in Anspruch genommenen – rein biologischen, naturalistischen Untersuchung der Sprache nicht sehr vielversprechend sei: „philosophy calls for a kind of explanation unknown in naturalistic inquiry" (Chomsky 2000: 141).

Somit hätte die Philosophie des Geistes innerhalb einer biolinguistischen Untersuchung der menschlichen Sprachfähigkeit nicht viel beizutragen. – Ein hartes Urteil gerade gegenüber der Disziplin der Philosophie des Geistes, welche sich ja seit dem von Chomsky oft zitierten Descartes zu einem maßgeblichen Faktor innerhalb der disziplinübergreifenden Diskussion zur menschlichen Kognition entwickelt hat. Für renommierte Neurowissenschaftler ist es mittlerweile selbstverständlich geworden, relevante Hypothesen in enger Zusammenarbeit mit Philosophen zu erarbeiten (siehe zu diesen methodologischen Überlegungen aus der Perspektive der Neurowissenschaften z. B. Bennett 2007).

Mit einer verstärkten Einbeziehung dieser neueren Entwicklungen und mithilfe der hiermit einhergehenden vielfältigen Erkenntnisperspektiven auf die menschliche Kognition eröffnet sich in Bezug auf die Sprachevolution nun eine Möglichkeit zur Formulierung eines distinktiven Merkmals qualitativer Art. In diesem abschließenden Kapitel soll eine solche Möglichkeit aufzeigt werden, indem sowohl dem kognitiven Gesamtzusammenhang, in dem die Sprachfähigkeit zu verorten ist, als auch der Integration der sehr unterschiedlichen Perspektiven auf Sprachevolution Rechnung getragen wird. In diesem letzten Teil des Buches wird also durch Bezugnahme auf die Philosophie des Geistes ein Brückenschlag im Sinne des vorangegangenen Kapitels versucht.

In Teil 2 dieses Buches ist aufgezeigt worden, dass frühe Arbeiten innerhalb der generativen Linguistik mit der Intuition verbunden sind, dass der Mensch sich aufgrund seiner Sprachfähigkeit qualitativ von anderen Spezies unterscheide, was die Erforschung der Sprachfähigkeit letztlich zu einem bedeutenden Aspekt der Erforschung der Evolution menschlicher Kognition im Allgemeinen mache.

Sodann ist herausgestellt worden, dass der namentlich von Hauser et al. (2002) unternommene Versuch, diese in frühen Arbeiten der generativen Grammatik zugrunde liegende Intuition im Rahmen experimenteller Studien zu reformulieren, aufgrund der vorhandenen disziplinübergreifenden Evidenzen bisher keinen zureichenden Erfolg verbuchen kann.

Vielmehr können die Evidenzen genauso für ein Evolutionsszenario sprechen, nach dem die menschliche Sprachfähigkeit in einem Kontinuum zu den Fähigkeiten unserer Vorfahren gedacht wird. Dies würde in einen Sprachbegriff münden, dem zufolge diese menschliche Fähigkeit als ein distinktives Merkmal quantitativer Art betrachtet werden muss (siehe Teil 3 dieses Buches). Teil 4 dieser Einführung hat nun gezeigt, dass gebrauchsbasierte Ansätze die Einzigartigkeit menschlicher Sprache an der kommunikativen Fähigkeit zur kollektiven Intentionalität festmachen. Auf Basis dieser Fähigkeit entstand dann – im Rahmen von Prozessen des historischen Sprachwandels und der kulturellen Evolution – die menschliche Sprache.

Im Folgenden werde ich darstellen, wie vor dem Hintergrund von Überlegungen der Disziplin der Analytischen Philosophie des Geistes eine Erklärung der Rolle der Sprachfähigkeit im kognitiven Gesamtzusammenhang versucht werden kann, die eine Formulierung eines distinktiven Merkmals qualitativer Art ermöglicht. Ich folge hierbei einem namentlich von Jackendoff (1996) inspirierten Ansatz. Schauen wir uns nun die Details an.

Seit den 1970er Jahren wird in der Analytischen Philosophie des Geistes verstärkt diskutiert, inwieweit sich – grob gesagt – menschliches Bewusstsein auf physikalische, neuronale Mechanismen zurückführen lässt. Dabei wird von vielen Vertretern dieser Disziplin ein phänomenaler Bereich des subjektiven Charakters der Erfahrung ins Feld geführt. Hinsichtlich dieses subjektiven Charakters gilt dann, dass wir aus der Perspektive der Naturwissenschaften absolut nicht fähig seien, über den subjektiven Charakter von Erfahrung nachzudenken, ohne den Standpunkt des erfahrenden Subjekts einzunehmen (siehe hierzu den klassischen Text von Nagel 1974).

Konkreter ausgedrückt: Es gibt einen Bereich menschlicher Erfahrung, einen Bereich mentaler Zustände – gängige Beispiele sind etwa die ‚Schmerzhaftigkeit' eines Schmerzerlebnisses oder die ‚Röte' der wahrgenommenen Farbe Rot – der nur der Person zugänglich ist, welche die diesbezüglichen Erlebnisse hat. Man spricht bezüglich dieser Entitäten von sogenannten ‚Qualia', von einer subjektiven Qualität des Erlebens.[10] Von anderen Vertretern der Philosophie des Geistes – etwa Vertretern des sogenannten ‚eliminativen Materialismus' – wird schlicht behauptet, dass es solche Eigenschaften wie ‚Qualia' überhaupt nicht gebe (vgl. etwa Dennett 1988 als grundlegende Arbeit).

Im Anschluss an solche Diskussionen hat Jackendoff (1996) über Gegenstände der subjektiven Erfahrung und Gegenstände, die dieser Erfahrung nicht zugänglich sind – wie etwa spezielle Gehirnprozesse – nachgedacht, um innerhalb einer solchen das Bewusstsein betreffenden Unterscheidung die Sprachfähigkeit und deren Funktion innerhalb eines kognitiven Gesamtzusammenhangs zu verorten.

Da dieser Ansatz nur eine provisorische Skizze darstellt und bisher keine klare Rolle in der Diskussion um die Sprachevolution im Allgemeinen sowie in der Debatte um die Fähigkeit zur rekursiven Syntax im Besonderen spielt, werde ich im Folgenden aufzeigen, wie dieser Ansatz zu dieser Diskussion, zu der Frage ‚Qualität oder Quantität?' einen Beitrag leisten kann. Ich werde argumentieren, dass dieser Ansatz eine neue Formulierung der Annahme ermöglicht, die Sprachfähigkeit sei ein distinktives Merkmal qualitativer Art.

---

10 Für die Existenz solcher Zustände liegen ausgefeilte Argumentationen vor, auf die ich an dieser Stelle jedoch nicht im Einzelnen eingehen kann (vgl. hierzu die klassischen Argumentationen bei Jackson 1986 sowie Nagel 1974).

10.1 Sprache als Form menschlicher ‚Qualia'

Jackendoff (1996) unterscheidet im Anschluss an Überlegungen innerhalb der Philosophie des Geistes zwei Sorten von Phänomenen im menschlichen Gehirn: solche, die der Wahrnehmung zugänglich sind (solche Phänomene, die wir bewusst erfahren) und solche, die es nicht sind. Um dies zu verdeutlichen, kontrastiert er mentale Zustände wie etwa den subjektiven Gehalt des Erlebens einer Farbe mit unbewussten Prozessen, wie etwa dem binokularen Sehvermögen, bei dem die unterschiedlichen Bilder der beiden Augen im Sehzentrum unseres Gehirns zusammengefügt werden, um die Tiefenwahrnehmung zu verbessern. Dieser im Gehirn stattfindende Prozess der Fusion der beiden Bilder könne nicht bewusst wahrgenommen werden – er passiere einfach. Um diesen Prozess bewusst zu machen, bedürfe es erst ausgiebiger Forschung, so Jackendoff.

Vor dem Hintergrund dieser Unterscheidung betrachtet Jackendoff (1996) nun die generelle Beziehung zwischen dem Sprachvermögen und der ebenfalls in den Bereich des subjektiven Erlebens fallenden Fähigkeit zum Vollzug von Gedankengängen. Er postuliert, dass – entgegen einer weit verbreiteten Auffassung – solche Gedankengänge, das Denken generell nicht einfach als Sprachstücke im Kopf begriffen werden kann.

Für eine modulare Unterscheidung zwischen Sprache und Denken sprechen zum einen – wie bereits in Kapitel 3 angedeutet – sprachpathologische Studien, in denen eine weitestgehende Unabhängigkeit zwischen sprachlicher Ausdrucksfähigkeit und allgemeiner Intelligenzleistung, wie etwa logischem Denken, nachgewiesen wird. Zum anderen, so Jackendoff (1996), lege das viel trivialere Faktum der Verschiedenheit der menschlichen Sprachen und der gleichwohl zwischen diesen vermittelnden Übersetzungen, welche Bedeutungen in verschiedene Sprachen transformieren, eine Unterscheidung zwischen den Gedankengängen und ihren jeweiligen Ausdrucksformen nahe. Somit kann laut Jackendoff insgesamt festgehalten werden, dass das Denken, obgleich Sprache Gedanken ausdrückt, ein separates Phänomen des Gehirns sei. Die relevante Frage sei nun, inwieweit diese beiden unterschiedlichen Phänomene dem Bewusstsein, der subjektiven Erfahrung zugänglich sind.

Im Falle der Sprache lässt sich, so Jackendoff, ein bewusster, subjektiv erfahrbarer Aspekt leicht aufzeigen: Nehmen wir etwa zwei Wörter, die wir als miteinander in einer Reimbeziehung stehend erfahren, wie etwa *Haus* und *Maus*. In diesem Fall können wir laut Jackendoff ohne Schwierigkeiten mit Rekurs auf diesen subjektiven Erlebnisgehalt des Reimes angeben, warum eine solche Beziehung vorliegt, nämlich aufgrund der gleichen Endung *-aus*. Hinsichtlich dieses den Bereich der Sprache betreffenden Beispiels sind folglich die für den Erlebnisgehalt relevanten Teile der Wörter sofort für unsere Wahrnehmung transparent. Es ist wichtig, an dieser Stelle die Feststellung zu machen, dass der Erlebnisgehalt eines Reimes eben nicht mit der Angabe der objektiv beschreibbaren materiellen Lauteigenschaften gleichzusetzen sei.

Betrachten wir demgegenüber Beziehungen, welche in der gedanklichen Strukturierung von Informationen, in der konzeptuellen Struktur bestehen, so ergibt sich nach Jackendoff ein anderes Bild. Nehmen wir etwa die logische Beziehung der Folgerung in dem Beispiel: wenn *Hans tötete Gabi*, dann gilt auch: *Gabi starb*. Hier können wir – im Gegensatz zur Reimbeziehung – kein unmittelbar erfahrbares Element isolieren, welches diese Beziehung anzeigt, denn – so Jackendoff vereinfachend – wir können unseren Finger nicht auf die Teile der Wörter legen, welche die Folgerung als automatisch erscheinen lassen. Genauer: Es besteht keine direkte Beziehung zwischen der zugänglichen Form des Wortes *tötete* und der Form von *starb*, so dass diese Folgebeziehung einen intuitiven Schritt beinhaltet – einen Schritt, der für unsere Wahrnehmung nicht transparent ist.

Aufgrund solcher Beispiele wie dem der logischen Folgerung vermutet Jackendoff nun, dass Denken im Allgemeinen niemals bewusst im oben geschilderten Sinne ist. Der Umstand, dass wir uns unserer Gedankengänge bewusst werden, dass sie Teil der subjektiven Erfahrung sind, sei nur einer Vermittlung namentlich der phonologischen Struktur der Sprache zuzuschreiben; diese stellt eine bewusst wahrnehmbare Ausdrucksform von Gedanken bereit. Jackendoff geht folglich davon aus, dass wir Gedankengänge als eine Art ‚linguistischer Bildlichkeit' (‚linguistic imagery'), in dem Modus eines ‚inneren Sprechens' erfahren, das – so führt er bereits in einer älteren Arbeit aus – in Wörter und möglicherweise in noch feinere Einheiten segmentiert werden kann (vgl. Jackendoff 1987).[11]

Um an dieser Stelle gleichsam den spekulativen Bogen nicht zu überspannen und dieser abstrakten Argumentation – anders als Jackendoff an dieser Stelle – ein empirisches Fundament einzuziehen, sei bemerkt, dass ein solches ‚inneres Sprechen' ein auch experimentell nachweisbares Phänomen ist. So zeigen etwa psycholinguistische Studien, dass einem solchen ‚inneren Sprechen' eine bedeutsame Rolle bei der Fehlerkorrektur innerhalb der Sprachproduktion zukommt. Ein Sprecher kann anscheinend Bezug auf seine ‚interne

---

11 Dieses ‚innere Sprechen' ist somit nicht mit der von Fodor (1975) postulierten *Language of Thought* – so der Titel seines Buches – gleichzusetzen, da diese ein mittels formaler Sprache beschreibbares konzeptuelles System bezeichnet.

Rede' nehmen, bevor er sie tatsächlich äußert (siehe grundlegende Ausführungen hierzu in Levelt 1989 sowie für weitere neurowissenschaftliche Evidenz Prinz 2007).

Die obigen Annahmen zur menschlichen Kognition werden zudem von einer Reihe von Tatsachen gestützt, die gegen die in Kapitel 9 skizzierte Annahme von Chomsky et al. sprechen, dass syntaktische Komplexität sowie komplex strukturiertes Denken als eine Entität aufzufassen sind.

Zunächst haben wir weiter oben bereits angedeutet, dass auch nichtmenschliche Primaten, die nicht über Sprache verfügen, durchaus Zeichen komplexen Denkens aufweisen (wie z. B. Gedankenlesen – wenn auch nicht rekursiv). Des Weiteren stellt Jackendoff (2011) heraus, dass wir durchaus vernünftigerweise einen bilingualen Menschen fragen können, ‚in welcher Sprache er denkt'. Dies wäre jedoch eine unsinnige Frage, wenn wir Denken mit dem sprachlichen inneren Monolog gleichsetzen würden. Gedanken als solches sollten auch eine sprachunabhängige Dimension haben, da dies der Aspekt einer Sprache ist, den wir in eine andere Sprache übersetzen können. Wir können also versuchsweise annehmen, dass der innere Gedankenstrom in Form einer spezifischen Einzelsprache vonstattengeht, während es zusätzlich eine von der jeweiligen Einzelsprache unabhängige Repräsentation des Denkens gibt, die auch – zumindest teilweise – bei nicht-menschlichen Primaten vorhanden ist. Was bedeutet dies nun im evolutionären Zusammenhang?

Chomsky et al. argumentieren, dass komplexes Denken evolutionär der Externalisierung dieses Denkens, dem Sprechen vorangeht. Obwohl also externalisierte Sprache ohne strukturierte Gedanken nicht denkbar wäre, so sollte komplexes Denken auch ohne externalisierte Sprache möglich sein. Trotzdem haben wir in Kapitel 9 oben gesehen, dass eine rekursiv komplexe Strukturierung wie im Falle von kollektiver Intentionalität nur beim Menschen, der Sprache bekanntlich externalisiert, möglich ist. Ich möchte daher im Folgenden dafür argumentieren, dass die Externalisierung von Sprache und rekursiv komplexes Denken gleichsam in einer Art ‚Feedback-Szenario' zur selben Zeit entstanden sein müssen (vgl. Tattersall 2016 für den Begriff des ‚Feedback-Szenarios'). Konkret: Die Möglichkeit eines inneren Monologs verbesserte in entscheidender Weise unsere rekursiven Fähigkeiten innerhalb unserer Denkvorgänge und dieser innere Monolog wird zugleich durch eine zunächst nichtrekursive externalisierte Sprachform ermöglicht. Um dies zu veranschaulichen, wenden wir uns wieder der Theorie Jackendoffs zu.

Im Rahmen einer Gesamtschau von unbewussten und bewussten mentalen Zuständen lässt sich die Sprache, namentlich deren phonologische Ebene, somit als bewusste, dem subjektiven Erleben zugängliche Form beschreiben, die sich in einer intermediären Stellung zwischen der sensorisch-motorischen Peripherie und dem kognitiven Kern der Denkvorgänge (wie etwa logische Folgerung, siehe oben) befindet.

Jackendoff argumentiert hier vor dem Hintergrund der in Jackendoff (1987) formulierten ‚Intermediate Level Theory of Consciousness', in welcher die Formen unbewusster Strukturen dadurch erfahrbar werden, dass die formalen Distinktionen, die in jeder Modalität vorhanden sind, durch eine intermediäre kognitive Ebene verursacht beziehungsweise projiziert werden. Diese intermediäre Ebene liegt somit zwischen dem Bereich unbewusster Signale sensorischer oder motorischer Art und dem Bereich der kognitiven Verarbeitung dieser Signale und stellt demnach genau diejenige Ebene dar, welche innerhalb der Analytischen Philosophie des Geistes mit dem Phänomen der ‚Qualia' beschrieben wird (siehe unsere Ausführungen oben). Das Schema in Abbildung 22 unten soll dies verdeutlichen (vgl. Jackendoff 1996: 12).

Jackendoff postuliert demnach, dass eine der Formen der auf der intermediären Ebene angesiedelten ‚Qualia' die phonologische Ebene der Sprache im Rahmen eines ‚inneren Sprechens' ist. Diese Ebene kann dann durch die Möglichkeit der Sprache, Gedanken, Konzepte abzubilden, unbewusste kognitive Strukturen des Denkens der subjektiven Erfahrung zugänglich machen.

Diese Rolle der Sprache innerhalb des kognitiven Gesamtzusammenhangs hat nun bedeutsame Folgen für das menschliche Denken insgesamt und lässt infolgedessen eine Reformulierung einer bereits in den frühen Schriften Chomskys behaupteten wesentlichen Eigenschaft des menschlichen Geistes zu: der auf Rekursion beruhenden geistigen Kreativität.

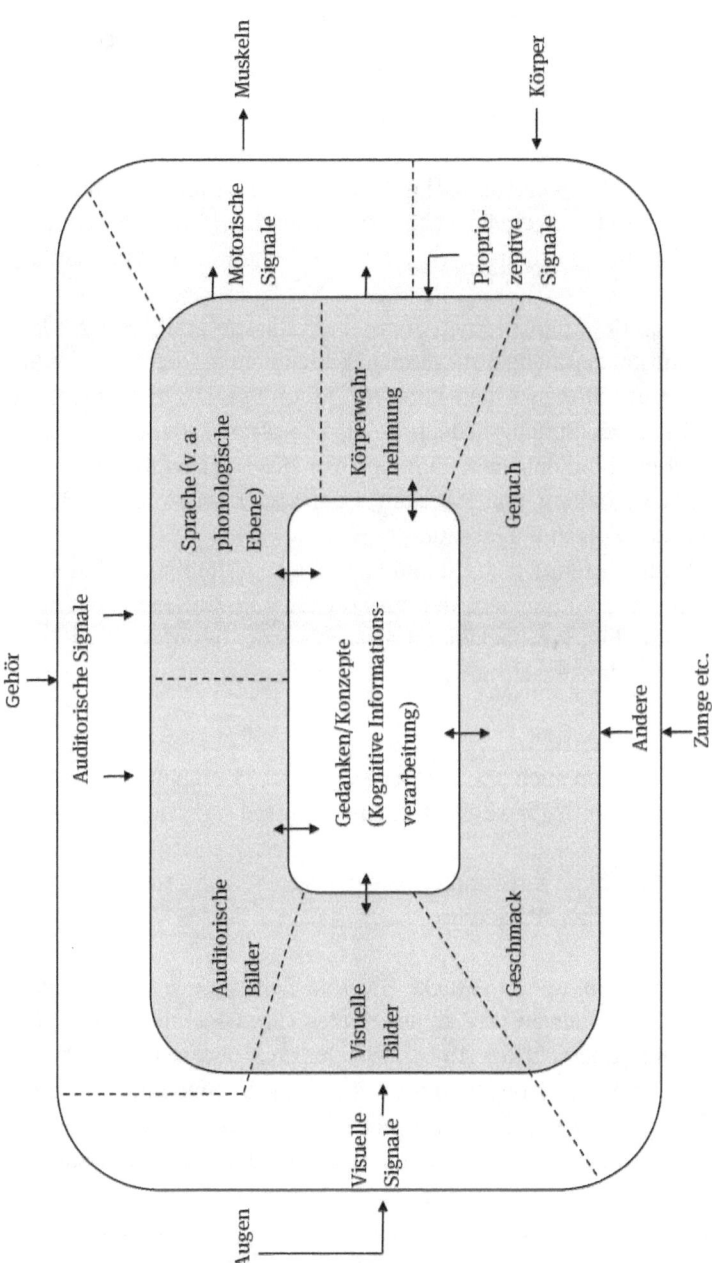

Abb. 22: Die ‚Intermediate Level Theory of Consciousness' nach Jackendoff (1996).

10.2 Sprache als kognitive Voraussetzung menschlicher Kreativität

Wenden wir uns den von Jackendoff im Anschluss an das Vorangegangene unternommenen Überlegungen zu, dann können wir die in Kapitel 3 dargelegte, ebenfalls im Anschluss an philosophische Überlegungen formulierte Annahme, die Sprachfähigkeit stehe in einem engen Zusammenhang mit menschlicher Kreativität, neu formulieren. Betrachten wir hierzu seine weitere Argumentation:

Da mit Aspekten der linguistischen Form eine subjektiv erfahrbare Modalität bestehe, welche konzeptuelle Strukturen abbilden könne, folgert Jackendoff (1987) bereits in einer älteren Arbeit vorsichtig, dass Sprache zwar nicht die Quelle des Denkens sei, Sprache jedoch helfe, komplexe Gedankengänge zu vollziehen. Er veranschaulicht diese Funktion vor der Negativfolie eines Beispiels aggressiven Verhaltens von Primaten – der sogenannten ‚umgeleiteten Aggression' (vgl. zum Folgenden Jackendoff 1996).

Wenn Affe X einen Affen Y angreift und im Gegenzug Affe Y nicht den Affen X, sondern einen Affen Z attackiert, der ein Mitglied von Xs Gruppe ist, dann dürften diesem Verhalten laut Jackendoff etwa folgende, in ein ‚inneres Sprechen' übersetzbare Gedankenschritte zugrunde liegen:

(1) a. X hat mich attackiert.
 b. Eine Attacke gegen mich erfordert eine Gegenattacke meinerseits.
 c. Die Mitglieder der Gruppe des Attackierenden sind legitime Ziele meiner Attacken.
 d. Z ist ein Mitglied von Xs Gruppe.
 e. Folglich werde ich Z attackieren.

Zwischen der Wahrnehmung der Attacke (1a) und dem subjektiv, will sagen: bewusst erlebten Drang, den Affen Z zu attackieren (1e), liegen laut Jackendoff die abstrakten Folgerungsschritte (1b-1d), welche dem bewussten Erleben – gemäß der oben dargelegten Überlegungen – für sich genommen nicht zugänglich sind. Obwohl auf dem Weg von der Attacke zur Gegenattacke solche Folgerungen, so Jackendoff, auch vom Affen kognitiv verarbeitet werden müssten, so erfahre der Affe doch aufgrund des Fehlens der Modalität der Sprache keinen Gedankengang wie (1b-1d), sondern lediglich einen Drang, den Affen Z zu attackieren und, möglicherweise, ein Bild von sich selbst, wie er den Affen Z attackiert.

Der wesentliche Unterschied zwischen Menschen und Affen, die nicht über die beim Menschen vorfindbare Modalität der Sprache verfügen, besteht demnach in der Möglichkeit des Menschen, einen solchen Gedankengang mithilfe eines ‚inneren Sprechens' als ‚Quale', als subjektiven Erlebnisgehalt zu erfahren. Nur auf der Basis der linguistischen Modalität sei es möglich, die einzelnen Schritte eines abstrakten Gedankengangs bewusst zu erleben.

Wenn die Sprachfähigkeit, und hier namentlich die für das ‚innere Sprechen' bedeutsame phonologische Komponente ermögliche, solche Gedankengänge subjektiv erfahrbar zu machen, dann folge hieraus der wesentliche Vorteil, dass Sprache uns erlaubt, kognitive Aufmerksamkeit auf unsere Gedanken zu lenken. Jackendoff vollzieht hiermit eine Unterscheidung zwischen mentalen Zuständen, die uns bewusst sind, und Zuständen, die Gegenstand ‚kognitiver Aufmerksamkeit' sind. Er konstatiert im Rahmen dieser Unterscheidung, dass das Bewusstsein die Basis für kognitive Aufmerksamkeit bereitstellt und diese sodann auswählen kann, auf welchen interessanten Gegenstand geistige Energie verwendet wird.

Indem er diese Differenzierung anführt, greift er auch hier auf eine innerhalb der Philosophie des Geistes vollzogene Unterscheidung zurück, wo zwischen ‚phänomenalem Bewusstsein' (‚P-consciousness') und ‚Zugriffsbewusstsein' (‚A[ccess]-consciousness') unterschieden wird (siehe grundlegend hierzu Block 1995). Im Rahmen dieser Differenzierung meint ‚P-consciousness' die Totalität der Eigenschaften, welche erfahrbar sind; will sagen: die generell unter ‚Qualia' subsumierte Art subjektiver Erfahrung. Im Gegensatz dazu ist Bewusstseinsinhalt laut Block (1995) ‚A-conscious', wenn es das exekutive System der Kognition involviert und somit mit rationaler Kontrolle über Handlungen und Sprache zu tun hat. Das heißt: ‚Zugriffsbewusstsein' beschreibt bewusste Zustände, die im Arbeitsgedächtnis ‚verankert' werden, um auf diese bei der Handlungs- und Sprachkontrolle zugreifen zu können. Was bedeutet diese Unterscheidung nun im Hinblick auf die Fähigkeit, mittels Sprache Gedankengänge im Zugriffsbewusstsein verankern zu können?

Verdeutlichen wir dies in Bezug auf die bereits oben angeführte Vermutung zur Erfahrungsgrundlage eines Affen innerhalb der umgeleiteten Aggression. Im Gegensatz zum Affen, der laut Jackendoff lediglich den Drang verspürt, jemanden zu attackieren, kann, so Jackendoff, ein über die Modalität der Sprache verfügender Mensch beispielsweise einen Gedankenschritt wie (1b), *Eine Attacke gegen mich erfordert eine Gegenattacke meinerseits*', der ihm durch die Erfahrung des ‚inneren Sprechens' zugänglich sei, zum Gegenstand seiner Aufmerksamkeit machen. Anders formuliert: Er kann ihn kognitiv ‚verankern' und somit im Arbeitsgedächtnis gleichsam festsetzen.

Infolgedessen könnten aufgrund dieser Verankerung im Zugriffsbewusstseins bezüglich dieses Gedankens etwa folgende weitere Gedankenschritte vollzogen werden (vgl. Jackendoff 1996):

(2) a. Ist eine Gegenattacke wirklich nötig?
b. Was kann dies für Folgen haben?
c. Kann ich mich auf andere Weise rächen?
d. Bin ich überhaupt ernsthaft verletzt worden?
(...)

Im Rahmen der von Jackendoff skizzierten Konzeption kann abstrakten Gedankenschritten somit dank der Abbildung konzeptueller Strukturen auf eine dem Bewusstsein zugängliche linguistische Form Aufmerksamkeit zugewendet werden. Aufgrund dieser Zuwendung, dieser kognitiven ‚Verankerung' sind, so Jackendoff, die abstrakten und relationalen Elemente des Denkens als separate Einheiten verfügbar. Mittels dieser durch das Medium der Sprache ermöglichten Fähigkeit könnten wir nun nicht nur unsere Gedanken fixieren und ausbauen, sondern überdies – und das ist ein entscheidender Punkt – über unsere somit bewussten Gedanken wiederum nachdenken. Dies ermöglicht dann Prozesse des Metadenkens, wie sie auch im Rahmen von Tomasellos (2008) Theorie zur kollektiven Intentionalität in Anspruch genommen werden (‚Was denkt er, was ich denke, dass er denkt?' etc.); siehe Kapitel 9 oben.

Erinnern wir uns an dieser Stelle noch einmal an die in Kapitel 3 bereits skizzierte Annahme, dass die für den menschlichen Geist als wesentlich postulierte Kreativität in einem grundsätzlichen Zusammenhang mit der Sprachfähigkeit, namentlich mit dem ‚kreativen Aspekt' des Sprachgebrauchs stehe. Diese Annahme lässt sich nun vor dem Hintergrund der von Jackendoff entworfenen Konzeption neu formulieren: Denn ebendiese von Jackendoff beschriebenen Metadenkprozesse, innerhalb derer ein Gedanke über die Bewertung eines anderen Gedankens möglich ist, beschreiben genau die mit der menschlichen Sprachfähigkeit verbundene Eigenschaft, die Chomsky (1966: 29) als ‚unendliche Möglichkeiten des Denkens und der Imagination' beschreibt.

Der Zusammenhang, in dem menschliche Kreativität und Sprachfähigkeit stehen, kann demnach folgendermaßen gefasst werden: Die Sprachfähigkeit ermöglicht mittels der Modalität des ‚inneren Sprechens', das als ‚Quale', als subjektive Erfahrung dem Bewusstsein zugänglich ist, den prinzipiell unendlichen Ausbau von Gedankengängen und somit die Kreativität menschlichen Denkens.

Die Implikationen für die Unterscheidung von nicht über eine solche Modalität verfügenden Spezies dürften bereits deutlich geworden sein: Wenn angenommen wird, dass Sprache die einzige Modalität des Bewusstseins sei, die relationale Strukturen, die abstrakte Prädikationsformen des Denkens wahrnehmbar machen kann, und Tiere über keine solche Sprache verfügen, besteht der wesentliche Unterschied zu anderen Spezies darin, dass bei diesen Lebewesen abstrakte Gedankenschritte dem Bewusstsein und somit auch dem Zugriffsbewusstsein nicht zugänglich sind – das rekursive Metadenken wäre demzufolge ein speziesspezifisches Merkmal des Menschen.

Fassen wir das Bisherige zusammen: In diesem Kapitel ist angedeutet worden, wie mittels der Bezugnahme auf neuere Überlegungen innerhalb der Philosophie des Geistes die Annahme der Sprachfähigkeit als Distinktionsmerkmal unter Einbeziehung ihrer Funktion innerhalb der kognitiven Gesamtorganisation neu formuliert werden kann. Gemäß dieser neuen Formulierung besteht der wesentliche Unterschied zu anderen Spezies – so die provisorische Vermutung – in dem Vorhandensein einer Modalität, welche konzeptuelle Strukturen, die für sich genommen unbewusst sind, der subjektiven Erfahrung zugänglich macht.

In Bezug auf die von Hauser et al. (2002) formulierte Annahme, der wesentliche Unterschied zu anderen Spezies bestehe in der Fähigkeit zur rekursiven Syntax, bedeutet dies nun Folgendes: Der Mechanismus der rekursiven Syntax kann zwar im Hinblick auf manche Abbildungen konzeptueller Strukturen als hilfreich angenommen werden, da er erlaubt, von Jackendoff postulierte verschachtelte Metadenkprozesse in einer hierarchisch eingebetteten Struktur darzustellen. Doch dürfte sich in manchen Fällen eine solche hierarchisch einbettende syntaktische Struktur innerhalb der Modalität des ‚inneren Sprechens', die ja – wie bereits angedeutet – dem psycholinguistischen Performanzfaktor der ‚internal speech' entspricht, auch als Nachteil erweisen.

Denn intuitiv betrachtet kann sich ein parataktisches ‚inneres Sprechen' in komplexen konzeptuellen Zusammenhängen der subjektiven Erfahrung als nützlicher erweisen, um klare Gedankenschritte, etwa der logischen Folgerung, zu vollziehen. Diese Vermutung stützen auch Studien, die menschliche Sprachen aufzeigen, in denen – wie in der Amazonassprache Pirahã – eine vermeintliche Abwesenheit der Externalisierung rekursiver Strukturen nachgewiesen werden kann. Von deren Sprechern könne indes nicht behauptet werden, dass sie in irgendeiner Weise mental benachteiligt oder unterentwickelt seien (Everett 2005). Es muss auch bei solchen Völkern die wesentliche Eigenschaft des kreativen Vollzugs von Gedankengängen angenommen werden. Hiermit berühren wir die Frage, welche Eigenschaften eine Modalität aufweisen muss, die eine solche Verankerung von Gedanken wie oben beschrieben ermöglicht.

Jackendoff (1987) nimmt in seinen früheren Arbeiten zu solchen bewusstseinsphilosophischen Themen an, dass im Falle eines Menschen, der nicht über die Modalität einer Laut-, sondern über die Modalität einer Gebärdensprache verfügt, vermutet werden könne, dass die Form der relevanten subjektiven Erfahrung eine Art ‚ASL [= American Sign Language] Bildlichkeit' sei. Demzufolge sei das ‚innere Sprechen' so etwas wie das Sehen von Händen, die Gebärdensprache vollziehen. Hieraus folgt, dass die Funktion, konzeptuelle Strukturen dem Bewusstsein zugänglich zu machen, prinzipiell auch von anderen Arten ‚phonologischer' Formen erfüllt werden kann.

Doch egal ob komplexe Laut- oder Gebärdensprache: Wenn allein die Sprachfähigkeit die oben skizzierte Funktion innerhalb der kognitiven Gesamtorganisation des Menschen erfüllen kann, dann kann die Erfüllung dieser Funktion als qualitativer Unterschied zu anderen Spezies beschrieben werden, denn durch die Abwesenheit dieser Modalität kann die in Rede stehende Funktion nicht graduell abgeschwächt, sondern vielmehr überhaupt nicht erfüllt werden. Dies legt Jackendoff auch in seinen neueren Arbeiten nahe, indem er feststellt:

> [...] the way we differ *qualitatively* from animals is that [...] it is possible for us to be conscious of our thoughts in a way that is impossible for animals: not through awareness of the thoughts themselves, but through awareness of phonological structures associated with thoughts, which animals lack.

(Jackendoff 2007: 84; Hervorhebung von mir)

Während Jackendoff also einen Unterschied qualitativer Art bezüglich der Fähigkeit zur rekursiven Syntax verneint (siehe Teil 3 dieses Buches), so läuft doch die menschliche Sprachfähigkeit insgesamt im Rahmen seines Ansatzes auf einen Unterschied qualitativer Art hinaus.

Ziehen wir nun aufgrund der oben angeführten Überlegungen in Betracht, dass auch andere Modalitäten als das von Jackendoff mit Bezug auf die Lautsprache postulierte ‚innere Sprechen' dieses Bewusstsein unserer Gedankengänge ermöglichen können, so eröffnet dies jedoch auch die Möglichkeit einer Arbeitshypothese, gemäß der diese Funktion bei anderen Spezies mittels anderer Modalitäten erfüllt werden könnte.

Doch selbst wenn wir diese Möglichkeit in Rechnung stellen, so kann doch die von Jackendoff aufgrund introspektiver Überlegungen zum ‚inneren Sprechen' formulierte Hypothese zur Einzigartigkeit des Menschen, die in dieser Form lediglich eine gleichsam in kognitionswissenschaftlichem Gewand gekleidete philosophische Spekulation darstellt, so kann diese Hypothese in dieser Form weder experimentell falsifiziert noch verifiziert werden und stellt somit keine ‚starke' Hypothese im Sinne von Fitch et al. (2005) dar (siehe Teil 2 dieser Einführung).

Auf experimentellem Wege – wie oben angedeutet – kann zwar eine Art ‚inneres Sprechen' belegt werden. Doch scheint die Hypothese, solch ein ‚inneres Sprechen' und vor allem seine Funktion in der Gesamtorganisation des menschlichen Geistes stellten einen qualitativen Unterschied zu anderen Spezies dar – so scheint diese Hypothese tatsächlich nur eine inexakte, vage Vermutung zu sein, die experimentell überprüft werden müsste. Im Folgenden sollen daher abschließend mögliche Schritte aufgezeigt werden, wie aus dieser intuitiven, in dieser Form empirisch nicht überprüfbaren Hypothese eine ‚starke' Hypothese im Sinne von Fitch et al. (2005) werden könnte.

Um die im Vorangegangenen formulierte Hypothese eines distinktiven Merkmals qualitativer Art der experimentellen Überprüfung innerhalb komparativer Studien zugänglich zu machen, sollten wir zunächst die Forschungslage in diesem Gebiet daraufhin betrachten, welche für dieses Unterfangen relevanten Informationen bereits vorliegen.

Eine der bei anderen Spezies am besten erforschten kognitiven Komponenten, die den von Jackendoff als der subjektiven Erfahrung unzugänglichen Bereich kognitiver Verarbeitung betrifft, ist der Bereich der sozialen Kognition, wie wir in Teil 4 dieser Einführung gesehen haben. Hierzu gehören auch die schon oben mit dem Gedankengang (1b-1d) angedeuteten Folgerungen, die auf sozialen Konzepten – wie etwa ‚Mitgliedschaft in einer Gruppe' – beruhen.

In der Forschung zur sozialen Kognition unserer nächsten Verwandten, der Schimpansen, besteht ein breites Spektrum an unterschiedlichen Positionen zu der Frage, ob die soziale Kognition des Menschen mit der des Schimpansen vergleichbar ist. Auf der einen Seite wird etwa behauptet, dass sich auf der Basis ausgiebiger Forschung sowohl hinsichtlich der sozialen Kognition als auch bezüglich anderer von Schimpansen gezeigten Fähigkeiten wesentliche kognitive Gemeinsamkeiten aufzeigen lassen (vgl. zuerst Savage-Rumbaugh et al. 1998).

Am anderen Ende dieses Spektrums werden die meisten solcher Feststellungen unseren fehlleitenden Intuitionen in diesem Bereich zugeschrieben (Povinelli und Vonk 2003); dies geschieht vor allem vor dem Hintergrund einer Kritik an gängigen experimentellen Methoden.

In neuerer Zeit zeichnet sich jedoch ein differenzierteres Bild ab, das weiter oben mit den Arbeiten von Tomasello et al. skizziert worden ist. Aufgrund der Vergleichbarkeit in bedeutsamen Aspekten sozialer Kognition sowie aufgrund der Tatsache, dass auch Aspekte dieser ‚feineren' Unterscheidung des Menschen vom Schimpansen schon wieder zurückgenommen worden sind, können wir davon ausgehen, dass – um noch einmal auf unser Beispiel (1) Bezug zu nehmen – auch beim Schimpansen der Bereich (1b-1d) eine komplexe Kette von Folgerungen beinhaltet.

Die entscheidende Frage wäre nun gemäß der oben angestellten Vermutung bezüglich eines distinktiven Merkmals qualitativer Art, ob dem Schimpansen diese Gedankengänge – wie es dem Menschen laut Jackendoff durch seine Sprachfähigkeit möglich ist – auch als ‚Qualia', als subjektiver Erlebnisgehalt zugänglich sind. Anders gewendet: Verfügen Schimpansen über eine dem Bewusstsein zugängliche Modalität, welche die für sich genommen unbewussten Verarbeitungsvorgänge der sozialen Kognition abbilden und als subjektiven Erlebnisgehalt erfahrbar machen kann? – Dies führt zu der in Teil 1 dieses Buches behandelten Frage zurück, wie (grammatisch) komplex die natürlichen Kommunikationsmittel etwa von nicht-menschlichen Primaten sind. Wir müssen also auf weitere Forschung und Erkenntnisse der gerade erst im Entstehen begriffenen Disziplin zählen, die eine formal-linguistische Erforschung der natürlichen Kommunikationsformen von Primaten unternimmt (siehe Schlenker et al. 2016 und unsere Diskussion in Teil 1).

Der hiermit angedeutete Weg zur Formulierung einer Hypothese, nach der das Bewusstsein abstrakter Gedankenschritte – in diesem Fall innerhalb der sozialen Kognition – und somit das Nachdenken über diese Schritte den Menschen qualitativ von anderen Spezies unterscheidet, konnte an dieser Stelle nur skizzenhaft angedeutet werden. Doch wäre hiermit eine Möglichkeit aufgezeigt, wie innerhalb komparativer Studien die Annahme eines auf der Sprachfähigkeit gründenden qualitativen Distinktionsmerkmals überprüft werden könnte. Diese Möglichkeit eröffnet die Perspektive, den folgenden von Tomasello (1995: 153) schon früh und sehr programmatisch formulierten Widerspruch aufzulösen:

> Chomskyan nativism is a philosophical endeavor to discern by means of logic what is uniquely and innately human [...] Cognitive and Functional approaches are scientific endeavors aimed at understanding how people learn and use languages.

Philosophischer Anspruch und experimentelle Validierung – so hoffe ich mit der Auswahl der Arbeiten zur Sprachevolution in dieser Einführung deutlich gemacht zu haben – schließen sich im Rahmen des Themas der Sprachevolution nicht zwangsweise aus.

10.3 Schlusswort

Um die Kontinuität zu den der generativen Linguistik zugrunde liegenden, philosophiehistorisch motivierten Annahmen zur menschlichen Natur wiederherzustellen, ist in diesem Kapitel eine Möglichkeit angedeutet worden, wie unter Einbeziehung neuerer Ansätze innerhalb der Philosophie des Geistes sowie der Berücksichtigung der innerhalb komparativer Studien bereits gut erforschten sozialen Kognition die Formulierung einer Hypothese ermöglicht werden kann, die einen qualitativen Unterschied des Menschen zu anderen Spezies zum Gegenstand hat.

Hierbei ist auf die bereits in der Forschung skizzierte Konzeption des Bewusstseinsphänomens, des ‚Quale' eines ‚inneren Sprechens' abgehoben worden, das innerhalb des kognitiven Gesamtzusammenhangs die menschliche Fähigkeit des Metadenkens und somit die in der generativen Linguistik schon früh postulierte Fähigkeit kreativen Denkens ermöglicht. Da hinsichtlich dieser Funktion naheliegt, so ist argumentiert worden, dass diese auch durch andere Modalitäten als die der Sprache, genauer: des ‚inneren Sprechens' erfüllt werden könnte, ist abschließend ein Weg skizziert worden, der die Überprüfung des Vorhandenseins einer solchen Modalität bei anderen Spezies innerhalb komparativer Studien zur sozialen Kognition ermöglichen könnte.

Wenn auf diesem Wege eine Hypothese zur Einzigartigkeit der Sprachfähigkeit der empirischen Überprüfung standhalten könnte, so ließen sich vor dem Hintergrund dieses Distinktionsmerkmals noch weitere bedeutsame Unterscheidungen des Menschen vom Tier näher verstehen – und die Erforschung der diesem distinktiven Merkmal zugrunde liegenden Sprachfähigkeit wäre tatsächlich als ‚Schlüssel' zur menschlichen Natur zu betrachten. Hierzu ein bedenkenswertes Beispiel aus der in Teil 4 dieser Einführung diskutierten Forschung von Michael Tomasello:

Neuere von Tomasello et al. durchgeführte Experimente zeigen, dass der Schimpanse, einer der nächsten lebenden Verwandten des Menschen, eher gemäß der Kategorie des Selbstinteresses und nicht im Sinne von Fairness oder Altruismus handelt (siehe z. B. Bullinger et al. 2011). Somit könnte vor dem Hintergrund der oben reformulierten Hypothese, dass die Sprachfähigkeit in ihrer kognitiven Funktion den Menschen qualitativ von anderen Spezies unterscheidet, die Vermutung naheliegen, dass die Sprachfähigkeit des Menschen die Ursache dafür ist, dass der Mensch gleichsam ‚von Natur aus' – um ein philosophisches Wort zu gebrauchen – dazu verdammt ist, sich mit moralischen Fragen der Fairness, der Gerechtigkeit auseinanderzusetzen. Somit könnte ein bisher von Chomsky nur angedeutetes Ziel wieder in den Blick geraten: „[to]

develop a social science based on empirically well-founded propositions concerning human nature" (Chomsky 1973b: 405). Auch dieses Ziel ist nicht weit von Tomasellos aktuellen Bestrebungen entfernt, eine Naturgeschichte der menschlichen Moralität vorzulegen (Tomasello 2016).

Die vorliegende Einführung in das Thema der Sprachevolution hat gezeigt, dass Untersuchungen in diesem Feld wesentlich vom Sprachbegriff der jeweiligen Forscher abhängen. Alle Forscher in diesem Gebiet teilen jedoch die Idee, dass die menschliche Sprache einen qualitativen Unterschied zu anderen Spezies anzeigt – sei es in direkter Form (Teil 2 des Buches) oder in indirekter Weise über ihre Rolle im gesamten System der menschlichen Kognition (Teil 3 und 4). Die moderne Linguistik ist somit eine Disziplin, die in all ihren Bestrebungen von der Annahme einer anthropologischen Differenz geprägt ist.

10.4 Kommentierte Literaturhinweise

Klassische Texte zum Gegenstand der ‚Qualia' in der Philosophie des Geistes sind die folgenden:

Dennett, Daniel C. 1988. Quining qualia. In Anthony J. Marcel & Edoardo Bisiach (Hrsg.), *Consciousness in contemporary science*, 42–77. Oxford: Clarendon Press.
Jackson, Frank. 1986. What Mary didn't know. *Journal of Philosophy* 83. 291–295.
Nagel, Thomas. 1974. What is it like to be a bat? *Philosophical Review* 83. 435–450.

Eine Diskussion grundlegender Annahmen der generativen Linguistik im Zusammenhang mit Annahmen und Theorien innerhalb der Philosophie des Geistes leisten:

Chomsky, Noam. 2000. *New horizons in the study of language and mind*. Cambridge: Cambridge University Press.
Hinzen, Wolfram & Michelle Sheehan. 2013. *The philosophy of Universal Grammar*. Oxford: Oxford University Press.

Das Thema einer Modalität des ‚inneren Sprechens' und seiner intermediären Stellung im Gesamtsystem der menschlichen Kognition wird etwa in folgenden Arbeiten behandelt:

Jackendoff, Ray. 1996. How language helps us think. *Pragmatics & Cognition* 4. 1–34.
Prinz, Jesse. 2007. The intermediate level theory of consciousness. In Max Velmans & Susan Schneider (Hrsg.), *The Blackwell companion to consciousness*, 248–260. Oxford: Blackwell.

Vicente, Agustin & Fernando Martinez Manrique. 2011. Inner speech: Nature and functions. *Philosophy Compass* 6. 209–219.

Literaturverzeichnis

Abe, Kentaro & Dai Watanabe. 2012. Songbirds possess the spontaneous ability to discriminate syntactic rules. *Nature Neuroscience* 14. 1067–1074.
Arbib, Michael. 2012. *How the brain got language: The mirror neuron hypothesis*. Oxford: Oxford University Press.
Arensburg, Baruch, Lynne A. Schepartz, Anne-Marie Tillier, Bernard Vandermeersch & Yoel Rak. 1990. A reappraisal of the anatomical basis for speech in middle Palaeolithic hominids. *American Journal of Physical Anthropology* 83. 137–146.
Austin, John L. 1962. *How to do things with words*. Oxford: Oxford University Press.
Axel, Katrin. 2009. Die Entstehung des *dass*-Satzes – ein neues Szenario. In Veronika Ehrich (Hrsg.), *Koordination und Subordination im Deutschen*, 21–42. Hamburg: Buske.
Bader, Markus. 2016. Complex center embedding in German: The effect of sentence position. In Sam Featherston & Yannick Versley (Hrsg.), *Quantitative approaches to grammar and grammatical change*, 9–32. Berlin & New York: Mouton de Gruyter.
Bader, Markus, Josef Bayer & Jana Häussler. 2003. Explorations of center-embedding and missing VPs. *Proceedings of the 16th CUNY Conference on Sentence Processing*, Cambridge, MA.
Bader, Markus & Tanja Schmid. 2009. Verb clusters in colloquial German. *The Journal of Comparative Germanic Linguistics* 12. 175–228.
Badin, Pierre, Louis-Jean Boë, Thomas R. Sawallis & Jean-Luc Schwartz. 2014. Keep the lips to free the larynx: Comments on de Boer's articulatory model (2010). *Journal of Phonetics* 46. 161–167.
Bahlmann, Jörg, Ricarda I. Schubotz & Angela D. Friederici. 2008. Hierarchical artificial grammar processing engages Broca's area. *NeuroImage* 42. 525–534.
Barney, Anna, Sandra Martelli, Antoine Serrurier & James Steele. 2012. Articulatory capacity of Neanderthals, a very recent and human-like fossil hominin. *Philosophical Transactions of the Royal Society B* 367. 88–102.
Becchio, Cristina & Cesare Bertone. 2004. Wittgenstein running: Neural mechanisms of collective intentionality and we-mode. *Consciousness and Cognition* 13. 123–133.
Beckers, Gabriel, Johan Bolhuis & Robert C. Berwick. 2012. Birdsong neurolinguistics: Songbird context-free grammar claim is premature. *Neuroreport* 23. 139–146.
Bennett, Maxwell. 2007. Epilogue. In Maxwell Bennett, Daniel Dennett, Peter Hacker, John Searle (Hrsg.), *Neuroscience and philosophy: Brain, mind, and language*, 163–170. New York: Columbia University Press.
Berwick, Robert C. 2016. Monkey business. *Theoretical Linguistics* 42. 91–95.
Berwick, Robert C. & Noam Chomsky. 2016. *Why only us: Language and evolution*. Cambridge, MA: MIT Press.
Berwick, Robert C., Angela D. Friederici, Noam Chomsky & Johan J. Bolhuis. 2013. Evolution, brain, and the nature of language. *Trends in Cognitive Sciences* 17. 89–98.
Berwick, Robert C., Kazuo Okanoya, Gabriel J.L. Beckers & Johan J. Bolhuis. 2011. Songs to syntax: The linguistics of birdsong. *Trends in Cognitive Sciences* 15. 113–121.
Berwick, Robert C. & Amy S. Weinberg. 1984. *The grammatical basis of linguistic performance: Language use and acquisition*. Cambridge, MA: MIT Press.
Bickerton, Derek. 1981. *Roots of language*. Ann Arbor: Karoma.
Bickerton, Derek. 1990. *Language & species*. Chicago: University of Chicago Press.

Bickerton, Derek. 2002. From protolanguage to language. *Proceedings of the British Academy* 106. 103–120.
Bickerton, Derek. 2009. *Adam's tongue*. New York: Hill & Wang.
Bickerton, Derek. 2014. Some problems for biolinguistics. *Biolinguistics* 8. 73–96.
Bierwisch, Manfred. 2001. The apparent paradox of language evolution: Can Universal Grammar be explained by adaptive selection? In Jürgen Trabant & Sean Ward (Hrsg.), *New essays on the origin of language*, 55–79. Berlin & New York: Mouton de Gruyter.
Blackmore, Susan. 2000. *The meme machine*. Oxford: Oxford University Press.
Block, Ned. 1995. On a confusion about a function of consciousness. *Behavioral and Brain Sciences* 18. 227–247.
Boë, Louis-Jean, Jean-Louis Heim, Kiyoshi Honda & Shinji Maeda. 2002. The potential Neandertal vowel space was as large as that of modern humans. *Journal of Phonetics* 30. 465–484.
de Boer, Bart. 2016. Evolution of speech and evolution of language. *Psychonomic Bulletin & Review*. Online-First, DOI: 10.3758/s13423-016-1130-6.
Boeckx, Cedric. 2006. *Linguistic minimalism: Origins, concepts, methods, and aims*. Oxford: Oxford University Press.
Bolhuis, Johan J., Ian Tattersall, Noam Chomsky & Robert C. Berwick. 2014. How could language have evolved? *PLOS Biology* 12. e1001934.
Brockman, John. 1995. *The third culture*. New York: Simon & Schuster.
Bullinger, Anke F., Emily Wyman, Alicia P. Melis & Michael Tomasello. 2011. Coordination of Chimpanzees (Pan troglodytes) in a Stag Hunt Game. *International Journal of Primatology* 32. 1296–1310.
Bybee, Joan. 2006. From usage to grammar: The mind's response to repetition. *Language* 82. 711–733.
Bybee, Joan. 2009. Language universals and usage-based theory. In Morten H. Christiansen, Christopher Collins & Shimon Edelman (Hrsg.), *Language universals*, 17–39. Oxford: Oxford University Press.
Bybee, Joan & James L. McClelland. 2005. Alternatives to the combinatorial paradigm of linguistic theory based on domain general principles of human cognition. *The Linguistic Review* 22. 381–410.
Bybee, Joan, Revere Perkins & William Pagliuca. 1994. *The evolution of grammar: Tense, aspect, and modality in the languages of the world*. Chicago: University of Chicago Press.
Call, Josep & Michael Tomasello. 2008. Does the chimpanzee have a theory of mind? 30 years later. *Trends in Cognitive Sciences* 12. 187–192.
Cannon, Garland. 1991. Jone's 'Spring from some common source': 1786-1986. In Sydney M. Lamb & E. Douglas Mitchell (Hrsg.), *Sprung from some common source: Investigations into the pre-history of languages*, 23–50. Stanford, CA: Stanford University Press.
Cheney, Dorothy L. & Robert M. Seyfarth. 1990. *How monkeys see the world*. Chicago, IL: University of Chicago Press.
Chomsky, Noam. 1956. Three models for the description of language. *IRE Transactions of Information Theory IT-2 3*. 113–124.
Chomsky, Noam. 1957. *Syntactic structures*. 'S-Gravenhage: Mouton.
Chomsky, Noam. 1959a. On certain formal properties of grammars. *Information and Control* 2. 137–167.
Chomsky, Noam. 1959b. Review of Skinner's "Verbal Behavior". *Language* 35. 26–58.

Chomsky, Noam. 1963. Formal properties of grammars. In R. Duncan Luce, Robert R. Bush & Eugene Galanter (Hrsg.), *Handbook of mathematical psychology, vol. 2*, 323–418. New York: Wiley.
Chomsky, Noam. 1964. *Current issues in linguistic theory*. The Hague & Paris: Mouton.
Chomsky, Noam. 1965. *Aspects of the theory of syntax*. Cambridge, MA: MIT Press.
Chomsky, Noam. 1966. *Cartesian linguistics: A chapter in the history of rationalist thought*. New York & London: Harper & Row.
Chomsky, Noam. 1970. Remarks on nominalization. In Roderick A. Jacobs & Peter S. Rosenbaum (Hrsg.), *Readings in English transformational grammar*, 184–221. Waltham, MA: Ginn.
Chomsky, Noam 1972 [1968]. *Language and mind: Enlarged edition*. New York: Harcourt Brace Jovanovich.
Chomsky, Noam. 1973a. Conditions on transformations. In Stephen R. Anderson & Paul Kiparsky (Hrsg.), *A festschrift for Morris Halle*, 232–286. New York: Holt, Rinehart and Winston.
Chomsky, Noam. 1973b. *For reasons of state*. New York: Pantheon.
Chomsky, Noam. 1975. *Reflections on language*. New York: Pantheon.
Chomsky, Noam. 1980. *Rules and representations*. New York: Columbia University Press.
Chomsky, Noam. 1981. *Lectures on government and binding*. Dordrecht: Foris.
Chomsky, Noam. 1986. *Knowledge of language: Its nature, origin, and use*. New York: Praeger.
Chomsky, Noam. 1988. *Language and problems of knowledge: The Managua lectures*. Cambridge, MA: MIT Press.
Chomsky, Noam. 1991. Linguistics and cognitive science: Problems and mysteries. In Asa Kasher (Hrsg.), *The Chomskyan turn*, 26–53. Oxford: Blackwell.
Chomsky, Noam. 1993. A minimalist program for linguistic theory. In Kenneth Hale & Samuel J. Keyser (Hrsg.), *The view from building 20: Essays in linguistics in honor of Sylvain Bromberger*, 1–52. Cambridge, MA: MIT Press.
Chomsky, Noam. 1995. Bare phrase structure. In Gert Webelhuth (Hrsg.), *Government and binding theory and the minimalist program: Principles and parameters in syntactic theory*, 283–439. Oxford: Blackwell.
Chomsky, Noam. 2000. *New horizons in the study of language and mind*. Cambridge: Cambridge University Press.
Chomsky, Noam. 2004. Beyond explanatory adequacy. In Adriana Belletti (Hrsg.), *Structures and beyond*, 104–131. Oxford: Oxford University Press.
Chomsky, Noam. 2005. Three factors in language design. *Linguistic Inquiry* 36. 1–22.
Chomsky, Noam. 2007. Approaching UG from below. In Uli Sauerland & Hans- Martin Gärtner (Hrsg.), *Interfaces + recursion = language? Chomsky's minimalism and the view from syntax-semantics*, 1–29. Berlin & New York: Mouton de Gruyter.
Chomsky, Noam. 2010. Some simple evo devo theses: How true might they be for language? In Richard K. Larson, Viviane Déprez & Hiroko Yamakido (Hrsg.), *The evolution of human language: Biolinguistic perspectives*, 45–62. Cambridge: Cambridge University Press.
Chomsky, Noam. 2016. The language capacity: Architecture and evolution. *Psychonomic Bulletin & Review*. Online-First, DOI: 10.3758/s13423-016-1078-6.
Chomsky, Noam & Howard Lasnik. 1993. The theory of principles and parameters. In Joachim Jacobs, Arnim von Stechow, Wolfgang Sternefeld & Theo Vennemann (Hrsg.), *Syntax: An international handbook of contemporary research, vol. 1*, 506–569. Berlin & New York: Mouton de Gruyter.

Chomsky, Noam & George A. Miller. 1963. Introduction to the formal analysis of natural languages. In R. Duncan Luce, Robert R. Bush & Eugene Galanter (Hrsg.), *Handbook of mathematical psychology, vol. 2*, 269–321. New York: Wiley.
Christiansen, Morten H. 1994. *Infinite languages, finite minds: Connectionism, learning and linguistic structure*. Dissertation, University of Edinburgh.
Christiansen, Morten H. & Nick Chater. 1999. Toward a connectionist model of recursion in human linguistic performance. *Cognitive Science* 23. 157–205.
Christiansen, Morten H. & Nick Chater. 2003. Constituency and recursion in language. In Michael Arbib (Hrsg.), *The handbook of brain theory and neural networks*, 267–271. Cambridge, MA: MIT Press.
Christiansen, Morten H. & Nick Chater. 2016. *Creating language: Integrating evolution, acquisition, and processing*. Cambridge, MA: MIT Press.
Christiansen, Morten H. & Simon Kirby. 2003. Language evolution: The hardest problem in science? In Morten H. Christiansen & Simon Kirby (Hrsg.), *Language evolution*, 1–15. Oxford: Oxford University Press.
Christiansen, Morten H. & Maryellen C. MacDonald. 2009. A usage-based approach to recursion in sentence processing. *Language Learning* 59. 126–161.
Clark, Herbert H. 1996. *Using language*. Cambridge: Cambridge University Press.
Clark, Herbert H. & Catherine R. Marshall. 1981. Definite reference and mutual knowledge. In Aravind K. Joshi, Bonnie L. Webber & Ivan A. Sag (Hrsg.), *Elements of discourse understanding*, 10–63. Cambridge: Cambridge University Press.
Condillac, Étienne Bonnot de. 2006 [1746]. *Versuch über den Ursprung der menschlichen Erkenntnis*, übersetzt und herausgegeben von Angelika Oppenheimer. Würzburg: Königshausen & Neumann.
Corballis, Michael C. 2002. Did language evolve from manual gestures? In Alison Wray (Hrsg.), *The transition to language: Studies in the evolution of language*, 161–179. Oxford: Oxford University Press.
Corballis, Michael C. 2011. *The recursive mind: The origins of human language, thought, and civilization*. Princeton: Princeton University Press.
Crockford, Catherine, Roman M. Wittig, Roger Mundry & Klaus Zuberbühler. 2012. Wild chimpanzees inform ignorant group members of danger. *Current Biology* 22. 1–5.
Croft, William. 2007. Construction grammar. In Dirk Geeraerts & Hubert Cuyckens (Hrsg.), *The Oxford handbook of cognitive linguistics*, 463–508. Oxford: Oxford University Press.
Croft, William. 2008. Evolutionary linguistics. *Annual Review of Anthropology* 37. 219–234.
Curtiss, Susan. 1977. *Genie: A psycholinguistic study of a modern-day 'wild child'*. New York: Academic Press.
Darwin, Charles. 1859. *On the origin of species*. London: John Murray.
Davidson, Donald. 1999. The emergence of thought. *Erkenntnis* 51. 7–17.
Davies, Anna M. 1987. 'Organic' and 'Organism' in Franz Bopp. In Henry M. Hoenigswald & Linda F. Wiener (Hrsg.), *Biological metaphor and cladistic classification*, 81–107. Philadelphia, PA: University of Pennsylvania Press.
Dawkins, Richard. 1976. *The selfish gene*. Oxford: Oxford University Press.
Dawkins, Richard. 1986. *The blind watchmaker*. Harlow: Longman Scientific & Technical.
Deacon, Terrence W. 1997 *The symbolic species: The co-evolution of language and the brain*. New York: Norton.
Dediu, Dan & Morten H. Christiansen. 2016. Language evolution: Constraints and opportunities from modern genetics. *Topics in Cognitive Science* 8. 361–370.

Dediu, Dan & D. Robert Ladd. 2007. Linguistic tone is related to the population frequency of the adaptive haplogroups of two brain size genes, *ASPM* and *Microcephalin*. *Proceedings of the National Academy of Sciences of the United States of America* 104. 10944–10949.

Dediu, Dan & Stephen C. Levinson. 2013. On the antiquity of language: The reinterpretation of Neandertal linguistic capacities and its consequences. *Frontiers in Psychology* 4. 1–17.

DeKeyser, Robert M. 2000. The robustness of critical period effects in second language acquisition. *Studies in Second Language Acquisition* 22. 499–533.

Dennett, Daniel C. 1988. Quining qualia. In Anthony J. Marcel & Edoardo Bisiach (Hrsg.), *Consciousness in contemporary science*, 42–77. Oxford: Clarendon Press.

Descartes, Réne. 1990 [1637]. Discours de la méthode pour bien conduire sa raison, et chercher la verité dans les sciences. Von der Methode des richtigen Vernunftgebrauchs und der wissenschaftlichen Forschung. Französisch – deutsch. Übersetzt und herausgegeben von Lüder Gäbe. Hamburg: Meiner.

Diller, Karl C. & Rebecca L. Cann. 2012. Genetic influence on language evolution: An evaluation of the evidence. In Maggie Tallerman & Kathleen R. Gibson (Hrsg.), *The Oxford handbook of language evolution*, 168–175. Oxford: Oxford University Press.

Di Sciullo, Anna Maria & Lyle Jenkins. 2016. Biolinguistics and the human language faculty. *Language* 92. e205–e236.

Eibl-Eibesfeldt, Irenäus. 1973. The expressive behaviour of the deaf-and blind-born. In Mario von Cranach & Ian Vine (Hrsg.), *Social communication and movement*, 163–194. London: Academic.

Elman, Jeffrey L. 1990. Finding structure in time. *Cognitive Science* 14. 179–211.

Enard, Wolfgang, Molly Przeworski, Simon E. Fisher, Celica S. Lai, Victor Wiebe, Takashi Kitano, Antony P. Monaco & Svante Pääbo. 2002. Molecular evolution of FOXP2, a gene involved in speech and language. *Nature* 418. 869–872.

Enard, Wolfgang, Sabine Gehre, Kurt Hammerschmidt, Sabine M. Hölter, Torsten Blass, Mehmet Somel, Martina K. Brückner, Christiane Schreiweis, Christine Winter, Reinhard Sohr, Lore Becker, Victor Wiebe, Birgit Nickel, Thomas Giger, Uwe Müller, Matthias Groszer, Thure Adler, Antonio Aguilar, Ines Bolle, Julia Calzada-Wack, Claudia Dalke, Nicole Ehrhardt, Jack Favor, Helmut Fuchs, Valérie Gailus-Durner, Wolfgang Hans, Gabriele Hölzlwimmer, Anahita Javaheri, Svetoslav Kalaydjiev, Magdalena Kallnik, Eva Kling, Sandra Kunder, Ilona Moßbrugger, Beatrix Naton, Ildikó Racz, Birgit Rathkolb, Jan Rozman, Anja Schrewe, Dirk H. Busch, Jochen Graw, Boris Ivandic, Martin Klingenspor, Thomas Klopstock, Markus Ollert, Leticia Quintanilla-Martinez, Holger Schulz, Eckhard Wolf, Wolfgang Wurst, Andreas Zimmer, Simon E. Fisher, Rudolf Morgenstern, Thomas Arendt, Martin Hrabé de Angelis, Julia Fischer, Johannes Schwarz & Svante Pääbo. 2009. A humanized version of Foxp2 affects cortico-basal ganglia circuits in mice. *Cell* 137. 961–971.

Engelmann, Felix & Shravan Vasishth. 2009. Processing grammatical and ungrammatical center embeddings in English and German: A computational model. *Proceedings of 9th International Conference on Cognitive Modeling*, Manchester, UK.

Evans, Nicholas & Stephen C. Levinson. 2009. The myth of language universals: Language diversity and its importance for cognitive science. *Behavioral and Brain Sciences* 32. 429–448.

Everett, Daniel L. 2005. Cultural constraints on grammar and cognition in Pirahã: Another look at the design features of human language. *Current Anthropology* 46. 621–634.

Fitch, W. Tecumseh. 2000. The evolution of speech: A comparative review. *Trends in Cognitive Sciences* 4. 258–267.

Fitch, W. Tecumseh. 2009a. Fossil cues to the evolution of speech. In Rudolf Botha & Chris Knight (Hrsg.), *The cradle of language*, 112–134. Oxford: Oxford University Press.
Fitch, W. Tecumseh. 2009b. Prolegomena to a science of biolinguistics. In Louise S. Röska-Hardy & Eva M. Neumann-Held (Hrsg.), *Learning from animals? Examining the nature of human uniqueness*, 15–44. Hove & New York: Psychology Press.
Fitch, W. Tecumseh. 2010a. *The evolution of language*. Cambridge: Cambridge University Press.
Fitch, W. Tecumseh. 2010b. Three meanings of 'recursion': Key distinctions for biolinguistics. In Richard K. Larson, Viviane Déprez & Hiroko Yamakido (Hrsg.), *The evolution of human language: Biolinguistic perspectives*, 73–90. Cambridge: Cambridge University Press.
Fitch, W. Tecumseh. 2012. The biology and evolution of rhythm: Unravelling a paradox. In Patrick Rebuschat, Martin Rohrmeier, John A. Hawkins & Ian Cross (Hrsg.), *Language and music as cognitive systems*, 73–95. Oxford: Oxford University Press.
Fitch, W. Tecumseh. 2016a. Why formal semantics and primate communication make strange bedfellows. *Theoretical Linguistics* 42. 97–109.
Fitch, W. Tecumseh. 2016b. Preface to the special issue on the biology and evolution of language. *Psychonomic Bulletin & Review*. Online-First, DOI: 10.3758/s13423-016-1113-7.
Fitch, W. Tecumseh & Angela D. Friederici. 2012. Artificial grammar learning meets formal language theory: An overview. *Philosophical Transactions of the Royal Society B* 367. 1933–1955.
Fitch, W. Tecumseh & Marc D. Hauser. 2004. Computational constraints on syntactic processing in a nonhuman primate. *Science* 303. 377–380.
Fitch, W. Tecumseh, Marc D. Hauser & Noam Chomsky. 2005. The evolution of the language faculty: Clarifications and implications. *Cognition* 97. 179–210.
Fitch, W. Tecumseh & Klaus Zuberbühler. 2013. Primate precursors to human language: Beyond discontinuity. In Eckart Altenmüller, Sabine Schmidt & Elke Zimmerman (Hrsg.), *The evolution of emotional communication: From sounds in nonhuman mammals to speech and music in man*, 26–48. Oxford: Oxford University Press.
Fodor, Jerry A. 1975. *The language of thought*. Cambridge, MA: Harvard University Press.
Frank, Michael C. & Noah D. Goodman. 2012. Predicting pragmatic reasoning in language games. *Science* 336. 998.
Frank, Stefan L., Rens Bod & Morten H. Christiansen. 2012. How hierarchical is language use? *Proceedings of the Royal Society B* 279. 4522–4531.
Frazier, Lyn. 1985. Syntactic complexity. In David Dowty, Lauri Karttunen & Arnold Zwicky (Hrsg.), *Natural language processing: Psychological, computational, and theoretical perspectives*, 129–189. Cambridge: Cambridge University Press.
Friederici, Angela D., Jörg Bahlmann, Roland Friedrich & Michiru Makuuchi. 2011. The neural basis of recursion and complex syntactic hierarchy. *Biolinguistics* 5. 87-104.
Friederici, Angela D., Jörg Bahlmann, Stefan Heim, Ricarda I. Schubotz & Alfred Anwander. 2006. The brain differentiates human and non-human grammars: Functional localization and structural connectivity. *Proceedings of the National Academy of Sciences of the United States of America* 103. 2458–2463.
Gardner, R. Allen & Beatrice T. Gardner. 1969. Teaching sign language to a chimpanzee. *Science* 165. 664–672.
Gentner, Timothy Q., Kimberly M. Fenn, Daniel Margoliash & Howard C. Nusbaum. 2006a. Recursive syntactic pattern learning by songbirds. *Nature* 440. 1204–1207.

Gentner, Timothy Q., Kimberly M. Fenn, Daniel Margoliash & Howard C. Nusbaum. 2006b. Recursive syntactic pattern learning by songbirds. Supplementary information. <http://www.nature.com/nature/journal/ v440/n7088/extref/nature04675-s1.pdf>

Gibson, Edward. 2000. The dependency locality theory: A distance-based theory of linguistic complexity. In Alec Marantz, Yasushi Miyashita & Wayne O'Neil (Hrsg.), *Image, language, brain: Papers from the first mind articulation project symposium*, 95–126. Cambridge, MA: MIT Press.

Gibson, Edward & James Thomas. 1999. Memory limitations and structural forgetting: The perception of complex ungrammatical sentences as grammatical. *Language and Cognitive Processes* 14. 225–248.

Gilbert, Margaret. 1990. Walking together: A paradigmatic social phenomenon. *Midwest Studies in Philosophy* 15. 1–14.

Gimenes, Manuel, François Rigalleau & Daniel Gaonac'h. 2009. When a missing verb makes a French sentence more acceptable. *Language and Cognitive Processes* 24. 440–449.

Givón, Talmy. 1998. On the co-evolution of language, mind and brain. *Evolution of Communication* 2. 45–116.

Gopnik, Myrna. 1990. Feature-blind grammar and dysphasia. *Nature* 344. 715.

Gopnik, Myrna & Martha B. Crago. 1991. Familial aggregation of a developmental language disorder. *Cognition* 39. 1–50.

Gould, Stephen J., Elisabeth S. Vrba. 1982. Exaptation – a missing term in the science of form. *Paleobiology* 8. 4–15.

Griffiths, Thomas L., Nick Chater, Charles Kemp, Amy Perfors & Joshua B. Tenenbaum. 2010. Probabilistic models of cognition: Exploring representations and inductive biases. *Trends in Cognitive Sciences* 14. 357–364.

Hare, Brian, Josep Call, Bryan Agnetta & Michael Tomasello. 2000. Chimpanzees know what conspecifics do and do not see. *Animal Behaviour* 59. 771–785.

Harris, Randy A. 1993. *The linguistics wars*. Oxford: Oxford University Press.

Hauser, Marc D., David Barner & Tim O'Donnell. 2007. Evolutionary linguistics: A new look at an old landscape. *Language Learning & Development* 3. 101–132.

Hauser, Marc D., Noam Chomsky & W. Tecumseh Fitch. 2002. The faculty of language: What is it, who has it, and how did it evolve? *Science* 298. 1569–1579.

Hauser, Marc D., Elissa L. Newport, Richard N. Aslin. 2001. Segmentation of the speech stream in a non-human primate: Statistical learning in cotton-top tamarins. *Cognition* 78. B53–B64.

Hayes, Catherine. 1951. *The ape in our house*. New York: Harper.

Heimlich, Henry J. 1975. A life-saving maneuver to prevent food-choking. *Journal of the American Medical Association* 234. 398–401.

Heine, Bernd & Tania Kuteva. 2002. On the evolution of grammatical forms. In Alison Wray (Hrsg.), *Transitions to language*, 376–397. Oxford: Oxford University Press.

Heine, Bernd & Tania Kuteva. 2007. *The genesis of grammar: A reconstruction*. Oxford: Oxford University Press.

Heine, Bernd & Tania Kuteva. 2012. Grammaticalization theory as a tool for reconstructing language evolution. In Maggie Tallerman & Kathleen R. Gibson (Hrsg.), *The Oxford handbook of language evolution*, 512–522. Oxford: Oxford University Press.

Henrich, Joseph. 2016. *The secret of our success: How culture is driving human evolution, domesticating our species and making us smarter*. Princeton: Princeton University Press.

Henshilwood, Christopher, Francesco d'Errico, Royden Yates, Zenobia Jacobs, Chantal Tribolo, Geoff A. T. Duller & Norbert Mercier. 2002. Emergence of modern human behavior: Middle Stone Age engravings from South Africa. *Science* 295. 1278–1280.

Hewes, Gordon W. 1973. Primate communication and the gestural origins of language. *Current Anthropology* 14. 5–24.

Hinzen, Wolfram. 2006. *Mind design and minimal syntax*. Oxford: Oxford University Press.

Hinzen, Wolfram & Michelle Sheehan. 2013. *The philosophy of Universal Grammar*. Oxford: Oxford University Press.

Hobaiter, Catherine & Richard W. Byrne. 2011. The gestural repertoire of the wild chimpanzee. *Animal Cognition* 14. 745–767.

Hopper, Paul J. & Elizabeth Closs Traugott. 2003. *Grammaticalization*. 2nd edition. Cambridge: Cambridge University Press.

Hornstein, Norbert, Jairo Nunes & Kleanthes K. Grohmann. 2005. *Understanding minimalism*. Cambridge: Cambridge University Press.

Humboldt, Wilhelm von. 1907 [1836]. Ueber die Verschiedenheit des menschlichen Sprachbaues und ihren Einfluß auf die geistige Entwicklung des Menschengeschlechts. In Albert Leitzmann (Hrsg.), *Wilhelm von Humboldts Gesammelte Schriften, Bd. 7.1*, 1–344. Berlin: Behr.

Jackendoff, Ray. 1983. *Semantics and cognition*. Cambridge, MA: MIT Press.

Jackendoff, Ray. 1987. *Consciousness and the computational mind*. Cambridge, MA: MIT Press.

Jackendoff, Ray. 1994. *Patterns in the mind: Language and human nature*. New York: Basic.

Jackendoff, Ray. 1996. How language helps us think. *Pragmatics & Cognition* 4. 1–34.

Jackendoff, Ray. 1997. *The architecture of the language faculty*. Cambridge, MA: MIT Press.

Jackendoff, Ray. 1999. Possible stages in the evolution of the language capacity. *Trends in Cognitive Sciences* 3. 272–279.

Jackendoff, Ray. 2002. *Foundations of language: Brain, meaning, grammar, evolution*. Oxford: Oxford University Press.

Jackendoff, Ray. 2007. *Language, consciousness, culture: Essays on mental structure*. Cambridge, MA: MIT Press.

Jackendoff, Ray. 2009. Parallels and non-parallels between language and music. *Music Perception* 26. 195–204.

Jackendoff, Ray. 2010. Your theory of language evolution depends on your theory of language. In Richard K. Larson, Viviane Déprez & Hiroko Yamakido (Hrsg.), *The evolution of human language: Biolinguistic perspectives*, 63–72. Cambridge: Cambridge University Press.

Jackendoff, Ray. 2011. What is the human language faculty? Two views. *Language* 87. 586–624.

Jackendoff, Ray & Fred Lerdahl. 2006. The capacity for music: What is it, and what's special about it? *Cognition* 100. 33–72.

Jackendoff, Ray & Steven Pinker. 2005. The nature of the language faculty and its implications for evolution of language (Reply to Fitch, Hauser, and Chomsky). *Cognition* 97. 211–225.

Jackendoff, Ray & Eva Wittenberg. 2016. Linear grammar as a possible stepping-stone in the evolution of language. *Psychonomic Bulletin & Review*. Online-First, DOI: 10.3758/s13423-016-1073-y.

Jackson, Frank. 1986. What Mary didn't know. *Journal of Philosophy* 83. 291–295.

Jenkins, Lyle. 2000. *Biolinguistics: Exploring the biology of language*. Cambridge: Cambridge University Press.

Jenkins, Lyle. 2004. Introduction. In Lyle Jenkins (Hrsg.), *Variation and universals in biolinguistics*, xvii–xxiii. Amsterdam: Elsevier.
Jürgens, Uwe. 1998. Neuronal control of mammalian vocalization, with special reference to the squirrel monkey. *Naturwissenschaften* 85. 376–388.
Katz, Jonah & David Pesetsky. 2009. The identity thesis for language and music. <http://ling.auf.net/lingBuzz/000959>
Kendon, Adam. 2016. Reflections on the 'gesture-first' hypothesis of language origins. *Psychonomic Bulletin & Review*. Online-First, DOI: 10.3758/s13423-016-1117-3.
Kintsch, Walter. 1984. Approaches to the study of the psychology of language. In Thomas G. Bever, John M. Carroll & Lance A. Miller (Hrsg.), *Talking minds: The study of language in cognitive science*, 111–145. Cambridge, MA: MIT Press.
Klein, Richard G. 2009. *The human career*. Chicago, IL: Chicago University Press.
Krause, Johannes, Carles Lalueza-Fox, Ludovic Orlando, Wolfgang Enard, Richard Green, Herman A. Burbano & Jean-Jacques Hublin. 2007. The derived FOXP2 variant of modern humans was shared with Neandertals. *Current Biology* 17. 1–5.
Lai, Cecilia S. L., Simon E. Fisher, Jane A. Hurst, Faraneh Vargha-Khadem & Anthony P. Monaco. 2001. A forkhead-domain gene is mutated in a severe speech and language disorder. *Nature* 413. 519–523.
Lakoff, George. 1971. On generative semantics. In Danny D. Steinberg & Leon A. Jakobovits (Hrsg.), *Semantics: An interdisciplinary reader in philosophy, linguistics and psychology*, 232–296. Cambridge: Cambridge University Press.
Langacker, Ronald W. 1987. *Foundations of cognitive grammar, vol. 1: Theoretical prerequisites*. Stanford, CA: Stanford University Press.
Lenneberg, Eric H. 1967. *Biological foundations of language*. New York: Wiley & Sons.
Lerdahl, Fred & Ray Jackendoff. 1983. *A generative theory of tonal music*. Cambridge, MA: MIT Press.
Levelt, Willem J. M. 1989. *Speaking: From intention to articulation*. Cambridge, MA: MIT Press.
Lewontin, Richard. 1998. The evolution of cognition: Questions we will never answer. In Don Scarborough & Mark Liberman (Hrsg.), *Methods, models, and conceptual Issues: An invitation to cognitive science*, 108–132. Cambridge, MA: MIT Press.
Lieberman, Philip. 1984. *The biology and evolution of language*. Cambridge, MA: Harvard University Press.
Lieberman, Philip & Edmund S. Crelin. 1971. On the speech of Neanderthal man. *Linguistic Inquiry* 2. 203–222.
Lyons, Derek E., Webb Phillips & Laurie R. Santos. 2005. Motivation is not enough. *Behavioral and Brain Sciences* 28. 708.
Makuuchi, Michiru, Jörg Bahlmann, Alfred Anwander & Angela D. Friederici. 2009. Segregating the core computation of human language from working memory. *Proceedings of the National Academy of Science of the United States of America* 106. 8362–8367.
Marcus, Gary F. 1998. Rethinking eliminative connectionism. *Cognitive Psychology* 37. 243–282.
Marcus, Gary F. 2006. Startling starlings. *Nature* 440. 1117–1118.
Marr, David. 1982. *Vision: A computational investigation into the human representation and processing of visual information*. New York: Freeman.
McBrearty Sally. 2007. Down with the revolution. In Paul Mellars, Katie Boyle, Ofer Bar-Yosef & Chris Stringer (Hrsg.), *Rethinking the human revolution: New behavioural and biological*

perspectives on the origin and dispersal of modern humans, 133–151. Cambridge: McDonald Institute for Archaeological Research.

McClelland, James L., Matthew M. Botvinick, David C. Noelle, David C. Plaut, Timothy T. Rogers, Mark S. Seidenberg & Linda B. Smith. 2010. Letting structure emerge: Connectionist and dynamical systems approaches to cognition. *Trends in Cognitive Sciences* 14. 348–356.

McMahon, April M. S. 1994. *Understanding language change*. Cambridge: Cambridge University Press.

Meguerditchian, Adrien, Hélène Cochet & Jacques Vauclair. 2011. From gesture to language: Ontogenetic and phylogenetic perspectives on gestural communication and its cerebral lateralization. In Anne Vilain, Jean-Luc Schwartz, Christian Abry & Jacques Vauclair (Hrsg.), *Primate communication and human language: Vocalisation, gestures, imitation and deixis in humans and non-humans*, 91–119. Amsterdam & Philadelphia: John Benjamins.

Mellars, Paul. 2010. Neanderthal symbolism and ornament manufacture: The bursting of a bubble? *Proceedings of the National Academy of Sciences of the United States of America* 107. 20147–20148.

Metzger, Wolfgang. 1953 [1936]. *Gesetze des Sehens*. 2., erweiterte Auflage. Frankfurt a. M.: Kramer.

Metzinger, Thomas. 2005 [1995]. Vorwort. In Thomas Metzinger (Hrsg.), *Bewußtsein: Beiträge aus der Gegenwartsphilosophie*. 5., erweiterte Auflage. Paderborn: mentis.

Miller, George A. & Noam Chomsky. 1963. Finitary models of language users. In R. Duncan Luce, Robert R. Bush & Eugene Galanter (Hrsg.), *Handbook of mathematical psychology, vol. 2*, 419–491. New York: Wiley.

Miller, George A. & Kathryn Ojemann McKean. 1964. A chronometric study of some relations between sentences. *Quarterly Journal of Experimental Psychology* 16. 297–308.

Moll, Henrike & Michael Tomasello. 2007. Cooperation and human cognition: The Vygotskian intelligence hypothesis. *Philosophical Transactions of the Royal Society B* 362. 639–648.

Nagel, Thomas. 1974. What is it like to be a bat? *Philosophical Review* 83. 435–450.

Nerlich, Brigitte. 1989. The evolution of the concept of 'linguistic evolution' in the 19th and 20th century. *Lingua* 77. 101–112.

Newmeyer, Frederick J. 2003. Grammar is grammar and usage is usage. *Language* 79. 682–707.

Newmeyer, Frederick J. 2016. Form and function in the evolution of grammar. *Cognitive Science*. Online-First, DOI: 10.1111/cogs.12333.

Owren, Michael J., Jacquelyn A. Dieter, Robert M. Seyfarth & Dorothy L. Cheney. 1993. Vocalizations of rhesus (Macaca mulatta) and Japanese (M. fuscata) macaques cross-fostered between species show evidence of only limited modification. *Developmental Psychobiology* 26. 389–406.

Pagani, Luca, Stephan Schiffels, Deepti Gurdasani, Petr Danecek, Aylwyn Scally, Yuan Chen & Yali Xue. 2015. Tracing the route of modern humans out of Africa using 225 human genome sequences from Ethiopians and Egyptians. *American Journal of Human Genetics* 96. 1–6.

Perler, Dominik & Markus Wild (Hrsg.). 2005. *Der Geist der Tiere: Philosophische Texte zu einer aktuellen Diskussion*. Frankfurt a. M.: Suhrkamp.

Perruchet, Pierre & Arnaud Rey. 2005. Does the mastery of center-embedded linguistic structures distinguish humans from nonhuman primates? *Psychonomic Bulletin & Review* 12. 307–313.

Phillips, Colin. 1996. *Order and structure*. Cambridge, MA: MIT dissertation.
Piaget, Jean. 1980. The psychogenesis of knowledge and its epistemological significance. In Massimo Piattelli-Palmarini (Hrsg.), *Language and learning: The debate between Jean Piaget and Noam Chomsky*, 23–34. Cambridge, MA: Harvard University Press.
Piattelli-Palmarini, Massimo, Roeland Hancock & Thomas Bever. 2008. Language as ergonomic perfection. *Behavioral and Brain Sciences* 31. 530–531.
Pinker, Steven. 1994. *The language instinct: How the mind creates language*. New York: Morrow.
Pinker, Steven & Paul Bloom. 1990. Natural language and natural selection. *Behavioral and Brain Sciences* 13. 707–727.
Pinker, Steven & Ray Jackendoff. 2005. The faculty of language: What's special about it? *Cognition* 95. 201–236.
Pinker, Steven & Alan Prince. 1988. On language and connectionism: Analysis of a parallel distributed processing model of language acquisition. *Cognition* 28. 73–193.
Plummer, Tom. 2004. Flaked stones and old bones: Biological and cultural evolution at the dawn of technology. *Yearbook of Physical Anthropology* 39. 118–164.
Poeppel, David & David Embick. 2005. Defining the relation between linguistics and neuroscience. In Anne Cutler (Hrsg.), *Twenty-first century psycholinguistics: Four cornerstones*, 103–118. Mahwah & London: Erlbaum.
Pollick, Amy S. & Frans B. M. de Waal. 2007. Ape gestures and language evolution. *Proceedings of the National Academy of Sciences* 104. 8184–8189.
Popper, Karl R. 1934 [1966]. *Logik der Forschung*. 2., erweiterte Auflage. Tübingen: Mohr.
Povinelli, Daniel J. & Jennifer Vonk. 2003. Chimpanzee minds: Suspiciously human? *Trends in Cognitive Sciences* 7. 157–160.
Prinz, Jesse. 2007. The intermediate level theory of consciousness. In Max Velmans & Susan Schneider (Hrsg.), *The Blackwell companion to consciousness*, 248–260. Oxford: Blackwell.
Progovac, Ljiljana. 2015. *Evolutionary syntax*. Oxford: Oxford University Press.
Pullum, Geoffrey K. & James Rogers. 2006. Animal pattern-learning experiments: Some mathematical background. <http://ling.ed.ac.uk/~gpullum/MonkeyMath.pdf>
Ramus, Franck & Simon E. Fisher. 2009. Genetics of language. In Michael S. Gazzaniga (Hrsg.), *The cognitive neurosciences*, 855–871. Cambridge, MA: MIT Press.
Ritter, Nancy A. 2005. On the status of linguistics as a cognitive science. *The Linguistic Review* 22. 117–133.
Rumelhart, David E. & James McClelland. 1986. On learning the past tenses of English verbs. In James L. McClelland, David E. Rumelhart & PDP Research Group (Hrsg.), *Parallel distributed processing: Explorations in the microstructure of cognition, vol. 2*. Cambridge, MA: MIT Press.
Sauerland, Uli & Andreas Trotzke. 2011. Biolinguistic perspectives on recursion: Introduction to the special issue. *Biolinguistics* 5. 1–9.
Savage-Rumbaugh, Sue, Stuart G. Shanker & Talbot J. Taylor. 1998. *Apes, language and the human mind*. Oxford: Oxford University Press.
Schleicher, August. 1863. *Die Darwinsche Theorie und die Sprachwissenschaft*. Weimar: Böhlau.
Schlenker, Philippe, Emmanuel Chemla, Kate Arnold, Alban Lemasson, Karim Ouattara, Sumir Keenan, Claudia Stephan, Robin Ryder & Klaus Zuberbühler. 2014. Monkey semantics: two 'dialects' of Campbell's monkey alarm calls. *Linguistics and Philosophy* 37. 439–501.

Schlenker, Philippe, Emmanuel Chemla, Anne M. Schel, James Fuller, Jean-Pierre Gautier, Jeremy Kuhn, Dunja Veselinović, Kate Arnold, Cristiane Cäsar, Sumir Keenan, Alban Lemasson, Karim Ouattara, Robin Ryder & Klaus Zuberbühler. 2016. Formal monkey linguistics. *Theoretical Linguistics* 42. 1–90.

Schurz Matthias & Josef Perner. 2015. An evaluation of neurocognitive models of theory of mind. *Frontiers in Psychology* 6. 1610.

Searle, John R. 1969. *Speech acts: An essay in the philosophy of language*. Cambridge: Cambridge University Press.

Searle, John R. 1990. Collective intentions and actions. In Philip R. Cohen, Jerry Morgan & Martha E. Pollack (Hrsg.), *Intentions in communication*, 401–415. Cambridge, MA: MIT Press.

Seyfarth, Robert M. & Dorothy L. Cheney. 2003. Signalers and receivers in animal communication. *Annual Review of Psychology* 54. 145–173.

Shifman, Limor. 2013. *Memes in digital culture*. Cambridge, MA: MIT Press.

Skinner, Burrhus F. 1957. *Verbal behavior*. New York: Appleton-Century-Crafts.

Smith, Andrew D. M. 2014. Models of language evolution and change. *Wiley Interdisciplinary Reviews: Cognitive Science* 5. 281–293.

Smith, Kenny & Simon Kirby. 2008. Cultural evolution: Implications for understanding the human language faculty and its evolution. *Philosophical Transactions of the Royal Society B* 263. 3591–3603.

Southgate, Victoria, Catharine van Maanen & Gergely Csibra. 2007. Infant pointing: Communication to cooperate or communication to learn? *Child Development* 78. 735–740.

Spelke, Elizabeth S. 1990. Origins of visual knowledge. In Daniel N. Osherson, Stephen M. Kosslyn & John M. Hollerbach (Hrsg.), *Visual cognition and action: An invitation to cognitive science, vol. 2*, 99–127. Cambridge, MA: MIT Press.

Stalnaker, Robert. 2002. Common ground. *Linguistics and Philosophy* 25. 701–721.

Steels, Luc (Hrsg.). 2012. *Experiments in cultural language evolution*. Amsterdam & Philadelphia: John Benjamins.

Steels, Luc. 2016. Human language is a culturally evolving system. *Psychonomic Bulletin & Review*. Online-First, DOI: 10.3758/s13423-016-1086-6.

Sterelny, Kim. 2011. From hominins to humans: How sapiens became behaviourally modern. *Philosophical Transactions of the Royal Society B* 366. 809–822.

Sterelny, Kim. 2016. Cumulative cultural evolution and the origins of language. *Biological Theory* 11. 173–186.

Tallerman, Maggie & Kathleen R. Gibson (Hrsg.). 2012. *The Oxford handbook of language evolution*. Oxford: Oxford University Press.

Tamariz Monica & Simon Kirby. 2015. The cultural evolution of language. *Current Opinion in Psychology* 8. 37–43.

Tattersall, Ian. 2010. Human evolution and cognition. *Theory in Biosciences* 129. 193–201.

Tattersall, Ian. 2015. *The strange case of the rickety Cossack, and other cautionary tales from human evolution*. New York: Palgrave Macmillan.

Tattersall, Ian. 2016. How can we detect when language emerged? *Psychonomic Bulletin & Review*. Online-First, DOI: 10.3758/s13423-016-1075-9.

ten Cate, Carel & Kazuo Okanoya. 2012. Revisiting the syntactic abilities of non-human animals: Natural vocalizations and artificial grammar learning. *Philosophical Transactions of the Royal Society B* 367. 1984–1994.

Thornton, Rosalind & Stephen Crain. 2013. Parameters: The pluses and minuses. In Marcel den Dikken (Hrsg.), *The Cambridge handbook of generative syntax*, 927–970. Cambridge: Cambridge University Press.
Tomalin, Marcus. 2006. *Linguistics and the formal sciences: The origins of generative grammar*. Cambridge: Cambridge University Press.
Tomasello, Michael. 1995. Language is not an instinct. *Cognitive Development* 10. 131–156.
Tomasello, Michael. 2003. *Constructing a language: A usage-based theory of language acquisition*. Cambridge, MA: Harvard University Press.
Tomasello, Michael. 2005. Beyond formalities: The case of language acquisition. *The Linguistic Review* 22. 183–197.
Tomasello, Michael. 2008. *Origins of human communication*. Cambridge, MA: MIT Press.
Tomasello, Michael. 2016. *A natural history of human morality*. Cambridge, MA: Harvard University Press.
Tomasello, Michael & Josep Call. 1997. *Primate cognition*. Oxford: Oxford University Press.
Tomasello, Michael, Malinda Carpenter, Josep Call, Tanya Behne & Henrike Moll. 2005. Understanding and sharing intentions: The origins of cultural cognition. *Behavioral and Brain Sciences* 28. 675–691.
Tomasello, Michael, Malinda Carpenter & Ulf Liszkowski. 2007. A new look at infant pointing. *Child Development* 78. 705–722.
Tomasello, Michael, Sue Savage-Rumbaugh & Ann Cale Kruger. 1993. Imitative learning of actions on objects by children, chimpanzees, and enculturated chimpanzees. *Child Development* 64. 1688–1705.
Trotzke, Andreas. 2015. *Rethinking syntactocentrism: Architectural issues and case studies at the syntax-pragmatics interface*. Amsterdam & Philadelphia: John Benjamins.
Trotzke, Andreas & Markus Bader. 2013. Against usage-based approaches to recursion: The grammar-performance distinction in a biolinguistic perspective. *GLOW Newsletter* 70. 183–184.
Trotzke, Andreas, Markus Bader & Lyn Frazier. 2013. Third factors and the performance interface in language design. *Biolinguistics* 7. 1–34.
Trotzke, Andreas & Jan-Wouter Zwart. 2014. The complexity of narrow syntax: Minimalism, representational economy, and simplest Merge. In Frederick J. Newmeyer & Laurel B. Preston (Hrsg.), *Measuring grammatical complexity*, 128–147. Oxford: Oxford University Press.
Tsoulas, George. 2010. Computations and interfaces: Some notes on the relation between the language and the music faculties. *Musicae Scientiae, Discussion Forum* 5. 11–41.
Tversky, Barbara, Jeffrey M. Zacks & Paul Lee. 2004. Events by hands and feet. *Spatial Cognition and Computation* 4. 5–14.
Vargha-Khadem, Faraneh, Kate Watkins, Katie Alcock, Paul Fletcher & Richard Passingham. 1995. Praxic and nonverbal cognitive deficits in a large family with a genetically transmitted speech and language disorder. *Proceedings of the National Academy of Sciences of the United States of America* 92. 930–933.
Vasishth, Shravan, Katja Suckow, Richard L. Lewis & Sabine Kern. 2010. Short-term forgetting in sentence comprehension: Crosslinguistic evidence from verb-final structures. *Language and Cognitive Processes* 25. 533–567.
Vernes, Sonja C., Elizabeth Spiteri, Jérôme Nicod, Matthias Groszer, Jennifer M. Taylor, Kay E. Davies, Daniel H. Geschwind & Simon E. Fisher. 2007. High-throughput analysis of pro-

moter occupancy reveals direct neural targets of FOXP2, a gene mutated in speech and language disorders. *The American Journal of Human Genetics* 81. 1232–1250.

Vicente, Agustín & Fernando Martínez Manrique. 2011. Inner speech: Nature and functions. *Philosophy Compass* 6. 209–219.

de Villiers, Jill. 2007. The interface of language and theory of mind. *Lingua* 177. 1858–1878.

Walenski, Matthew & Michael T. Ullman. 2005. The science of language. *The Linguistic Review* 22. 327–346.

Warner, John & Arnold L. Glass. 1987. Context and distance-to-disambiguation effects in ambiguity resolution: Evidence from grammaticality judgements of garden path sentences. *Journal of Memory and Language* 26. 714–738.

Watson, Stuart K., Simon W. Townsend, Anne M. Schel, Claudia Wilke, Emma K. Wallace, Leveda Cheng, Victoria West & Katie E. Slocombe. 2015. Vocal learning in the functionally referential food grunts of chimpanzees. *Current Biology* 25. 495–499.

Wertheimer, Max. 1925. *Drei Abhandlungen zur Gestalttheorie*. Erlangen: Verlag der Philosophischen Akademie.

Wild, Markus. 2006. *Die anthropologische Differenz: Der Geist der Tiere in der frühen Neuzeit bei Montaigne, Descartes und Hume*. Berlin & New York: Mouton de Gruyter.

Wind, Jan, Edward G. Pulleyblank, Eric de Grolier & Bernhard H. Bichakjian (Hrsg.). 1989. *Studies in language origins, vol. 1*. Amsterdam & Philadelphia: John Benjamins.

Wunderlich, Dieter. 2008. Spekulationen zum Anfang von Sprache. *Zeitschrift für Sprachwissenschaft* 27. 229–265.

Wundt, Wilhelm. 1975 [1900–1912]. *Völkerpsychologie: Eine Untersuchung der Entwicklungsgesetze von Sprache, Mythus und Sitte, Bd. 1 & 2: Die Sprache*. Aalen: Scientia Verlag.

Zuberbühler, Klaus. 2009. Survivor signals: The biology and psychology of animal alarm calling. *Advances in the Study of Behavior* 40. 277–322.

Zuberbühler, Klaus, Kate Arnold & Katie Slocombe. 2011. Living links to human language. In Anne Vilain, Jean-Luc Schwartz, Christian Abry & Jacques Vauclair (Hrsg.), *Primate communication and human language: Vocalisation, gestures, imitation and deixis in humans and non-humans*, 13–38. Amsterdam & Philadelphia: John Benjamins.

Index

Abe, Kentaro 90
Adaptation 13–15, 31, 63, 73–75, 85, 99, 107–112, 125, 132, 145
Affen
– Lisztaffen 79–82, 85–86, 88–89, 92
– Meerkatzen 22–26
– Orang-Utan 13–14
– Schimpansen 13–14, 28–30, 185–187
Alarmrufe 22–26
Arbeitsgedächtnis 32, 43, 92–93, 132, 148–149, 155, 166, 181
Arbib, Michael 28
Arensburg 15
Argumente (syntaktische) 69–71, 105
Armut des Stimulus 45–46
Austin, John L. 104
Axel, Katrin 142

Bader, Markus 156–158
Badin, Pierre 14
Bahlmann, Jörg 96
Barney, Anna 15
Becchio, Cristina 170
Beckers, Gabriel 90
Bennett, Maxwell 173
Bertone, Cesare 170
Berwick, Robert C. 8, 25, 31, 33, 52, 55, 73–74, 145–146, 158
Bewusstsein (phänomenales) 174–184, 186
Bickerton, Derek 6, 31, 59–60, 62–64, 72, 108–110
Bierwisch, Manfred 74
Biolinguistik 35, 40–50, 58–64, 78–94, 112, 158–159, 172
Blackmore, Susan 134
Block, Ned 181
Blombos-Höhle 8–12
Bloom, Paul 64, 73, 107, 112
Boë, Louis-Jean 15
Boeckx, Cedric 72
de Boer, Bart 13, 15
Bolhuis, Johan J. 31
Bopp, Franz 140
Broca(-Areal) 91–93

Brockman, John 59
Bullinger, Anke F. 187
Bybee, Joan 139–142, 145, 150
Byrne, Richard W. 26

Call, Josep 164–165
Cann, Rebecca L. 61
Cannon, Garland 140
Chater, Nick 51, 132–134, 136, 141, 143, 145–146, 151–153, 159
Cheney, Dorothy L. 22–24, 34
Chomsky, Noam v, 5, 8, 30–32, 39–59, 61–64, 66–75, 79, 94, 99–100, 105–106, 112–113, 115–116, 122, 125–126, 131–132, 140, 143, 145, 147–149, 155, 158–159, 167–169, 172, 177, 178, 182, 186–188
Christiansen, Morten H. 51, 75, 131–134, 136, 145–146, 149, 151–155, 157, 159
Clark, Herbert H. 138, 167
Cognitive Grammar 56
Condillac, Étienne Bonnot de 27
Corballis, Michael C. 16, 28, 167
Crago, Martha B. 60
Crain, Stephen 47
Crelin, Edmund S. 15
Crockford, Catherine 24
Croft, William 34, 136
Curtiss, Susan 49

Darwin, Charles 13, 62, 64, 75, 140
Davidson, Donald 22
Davies, Anna M. 140
Dawkins, Richard 64, 134
Deacon, Terrence W. 24
Dediu, Dan 12, 61, 75
DeKeyser, Robert M. 50
Dennett, Daniel C. 174
Descartes, Réne 21, 41–42, 172
Deutsch 33, 43–48, 56–57, 101–104, 142, 153–158
Diller, Karl C. 61
Di Sciullo, Anna Maria 61

Eibl-Eibesfeldt, Irenäus 24
Elman, Jeffrey L. 150–151
Embick, David 53
Enard, Wolfgang 61
Engelmann, Felix 155–156
Englisch 33, 46, 103, 141, 148, 153–156
Evans, Nicholas 47, 148
Everett, Daniel L. 32–33, 183
Exaptation 73

Finite-State-Grammatik (FSG) 79–85, 87–89, 90–91, 148
Fisher, Simon E. 74
Fitch, W. Tecumseh 5, 14–16, 24, 27, 30, 78–82, 85–91, 93, 116, 119, 126, 170, 185
Fodor, Jerry A. 168, 176
Fokus → Informationsstruktur
Fossilien/Fossilfunde 4, 7–12, 15–16, 108
Frank, Michael C. 167
Frank, Stefan L. 152
Frazier, Lyn 148
Friederici, Angela D. 30, 90–93

Gardner, Beatrice T. 28
Gardner, R. Allen 28
Gebärden/Gebärdensprache 16, 26–30, 184
gebrauchsbasierte Linguistik 131–136, 139–141, 145–147, 149–156, 163, 173
Genetik 6–9, 13, 23, 34, 44–45, 47–48, 50, 59–62, 74–75, 121, 134–135, 145, 158
Gentner, Timothy Q. 82–87
Gibson, Edward 148–149, 152–153
Gibson, Kathleen R. 4
Gilbert, Margaret 137
Gimenes, Manuel 148
Givón, Talmy 142
Glass, Arnold L. 157
Goodman, Noah D. 167
Gopnik, Myrna 60
Gould, Stephen J. 73
Government-Binding-Theorie (GB-Theorie) 57–58
Griffiths, Thomas L. 147

Hare, Brian 164
Harris, Randy A. 56

Hauser, Marc D. 9, 30, 39, 65–67, 72–74, 76, 78–82, 85–91, 94, 99–100, 107, 112, 115, 119, 124–126, 132, 135–136, 149, 157, 159, 167, 173, 183
Hayes, Catherine 28
Heimlich, Henry J. 13
Heine, Bernd 141–142, 145
Henrich, Joseph 32
Henshilwood, Christopher 8
Hewes, Gordon W. 28
Hinzen, Wolfram 55, 172
Hobaiter, Catherine 26
Homo heidelbergensis 11–12
Homo sapiens 3, 7–10, 15, 29, 61
Hopper, Paul J. 141
Hornstein, Norbert 70
Humboldt, Wilhelm von 42, 140

Idiome 106–107, 135
Informationsstruktur 102–103
Intonationsphrase/-einheit 101, 142
Italienisch 47–48

Jackendoff, Ray v, 3, 31, 52, 59, 78, 86, 89, 99–112, 116, 118–124, 126, 143, 169, 174–186
Jackson, Frank 174
Japanisch 103
Jenkins, Lyle 50–51, 61
Jones, William 140
Jürgens, Uwe 27

Katz, Jonah 121
Kehlkopfabsenkung/-kontrolle 13–15, 27
Kendon, Adam 29
Kintsch, Walter 53
Kirby, Simon 32, 131, 133
Klein, Richard G. 9, 11
kollektive Intentionalität 136–138, 146, 164–166, 169, 177, 182
Kompetenz 31, 42–45, 49, 51–53, 67, 78, 122, 131, 132, 146–148, 152, 157–158
Konnektionismus 50, 147, 150–157
Konstruktionsgrammatik 132, 135–136, 140–141

Kreativität 33, 40, 42–44, 53, 73, 158, 178, 180–184, 187
Kreolsprachen 63
Krause, Johannes 61
kulturelle Evolution 9–10, 32, 34, 131–136, 139, 141–143, 145–146, 169–170, 173
Kuteva, Tania 141–142, 145

Ladd, D. Robert 61
Lakoff, George 55
Lai, Cecilia S. L. 61
Langacker, Ronald W. 56, 135
Langzeitgedächtnis 54, 110
Lasnik, Howard 47
Lenneberg, Eric H. 50
Lerdahl, Fred 119–121
Levelt, Willem J. M. 177
Levinson, Stephen C. 12, 47, 148
Lewontin, Richard 5, 7
Lexikon (mentales) 24, 54–55, 57, 70–71, 105–107, 110, 135–136, 146
Lieberman, Philip 15, 62
Lyons, Derek E. 164

MacDonald, Maryellen C. 149, 152–155
Makuuchi, Michiru 92
Marcus, Gary F. 87, 151
Marr, David 116–117, 146
Marshall, Catherine R. 167
McBrearty, Sally 9
McClelland, James L. 50, 147, 150
McKean, Kathryn Ojemann 51
McMahon, April M. S. 140
Meguerditchian, Adrien 28
Mellars, Paul 10
Memetik 134
Merge (syntaktische Operation) 70–72
Metzger, Wolfgang 117
Metzinger, Thomas 172
Miller, George A. 51, 148–149, 155
Minimalistisches Programm (MP) 67–72, 107, 158
Moll, Henrike 168–170
Mutation 13, 61–64, 74, 86, 112, 125–126, 140

Nagel, Thomas 174
natürliche Selektion 4, 13–14, 62, 64, 74–75, 107, 132, 135, 140, 145
Neandertaler 9–13, 15, 61
Nerlich, Brigitte 140
Neurobiologie/Neuropsychologie 35, 53, 61, 74, 78, 90–93, 150, 170, 173–175, 177
Newmeyer, Frederick J. 150

Okanoya, Kazuo 90
Owren, Michael J. 24

Pagani, Luca 8
Parallelarchitektur 100–108, 112, 131, 169
Performanz 42–43, 51–53, 58, 131–133, 146–149, 151, 158–159, 166, 183
Perler, Dominik 19
Perner, Josef 170
Perruchet, Pierre 87–89
Pesetsky, David 121
Phillips, Colin 52
Phrasenstrukturgrammatik (PSG) 43–44, 54–55, 57, 65, 79–85, 87–89, 90–91, 111, 115–116
Piaget, Jean 48–49
Piattelli-Palmarini, Massimo 75
Pidginsprachen 31–32, 63
Pinker, Steven 59–62, 64, 73, 78, 86, 89, 99–100, 107, 112, 116, 118, 126, 136, 147
Pirahã 33, 183
Plummer, Tom 11
Poeppel, David 53
Pollick, Amy S. 29
Popper, Karl R. 86
Povinelli, Daniel J. 185
Prince, Alan 147
Prinz, Jesse 177
Prinzipien- und Parametertheorie 46–48, 57, 68–72
Pro-Drop-Parameter 47–48
Progovac, Ljiljana 108
Protosprache 31, 60, 62–63, 108–112, 126, 141
Pullum, Geoffrey 87

Ramus, Franck 74
Rekursion
– in der Fähigkeit zum Gedankenlesen (Theory of Mind) 165–170
– in Handlungssequenzen 121–124
– in sprachlicher Kognition 43–44, 64–67, 70–73, 78–94, 99–100, 107, 111–112, 115–116, 125, 132, 135, 142, 145–149, 152–158, 165–170, 174, 177, 183–184
– in musikalischer Kognition 119–121
– in visueller Kognition 116–119
Rey, Arnaud 87–89
Ritter, Nancy A. 99
Rogers, James 87
Rumelhart, David E. 50, 150

Sauerland, Uli v, 87
Savage-Rumbaugh, Sue 185
Schleicher, August 140
Schlenker, Philippe 25–27, 186
Schmid, Tanja 157
Schurz, Matthias 170
Searle, John R. 104, 137
Seyfarth, Robert M. 22–24, 34
Sheehan, Michelle 172
Shifman, Limor 134
Singvögel 82–86, 88, 90, 93
Skinner, Burrhus F. 42, 44
Smith, Andrew D. M. 142
Smith, Kenny 133
Southgate, Victoria 163
Spelke, Elizabeth S. 117
Spracherwerb 5, 23, 28, 41, 44–51, 63, 68, 108, 132–133, 150, 158, 170
Sprachwandel 134, 139–143, 145–147, 173
Sprechakt 104, 166
Stalnaker, Robert 138
Steels, Luc 34
Sterelny, Kim 9–10

Tallerman, Maggie 4
Tamariz, Monica 32
Tattersall, Ian 8, 10, 75, 177
ten Cate, Carel 90
Thomas, James 148–149, 152–153
Thornton, Rosalind 47
Tomalin, Marcus 43
Tomasello, Michael 32, 47, 61, 119, 131–132, 134, 136–139, 146, 163–170, 182, 185–188
Traugott, Elizabeth Closs 141
Trotzke, Andreas 52, 87, 101, 106, 135, 156–159
Tsoulas, George 121
Tversky, Barbara 122

Ullman, Michael T. 53

Vargha-Khadem, Faraneh 61
Vasishth, Shravan 148, 153–157
Vernes, Sonja C. 61
Vonk, Jennifer 185
Vrba, Elisabeth S. 73

de Waal, Frans B. M. 29
Wagenheber-Effekt → kulturelle Evolution
Walenski, Matthew 53
Warner, John 157
Watanabe, Dai 90
Watson, Stuart K. 24
Weinberg, Amy S. 52, 158
Wernicke(-Areal) 91, 93
Wertheimer, Max 117
Wild, Markus 18–19, 23
Wind, Jan 62
Wittenberg, Eva 108
Wunderlich, Dieter 74
Wundt, Wilhelm 28

Zuberbühler, Klaus 24–26
Zwart, Jan-Wouter 106

www.ingramcontent.com/pod-product-compliance
Lightning Source LLC
Chambersburg PA
CBHW020124240426
43673CB00038B/586